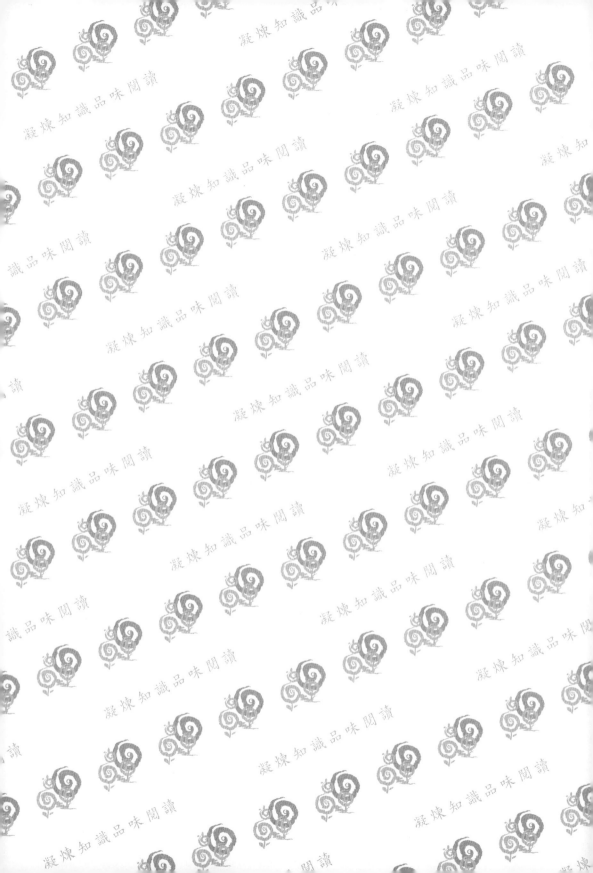

城鄉規劃讓生活更美好

實踐篇

韓乾 著

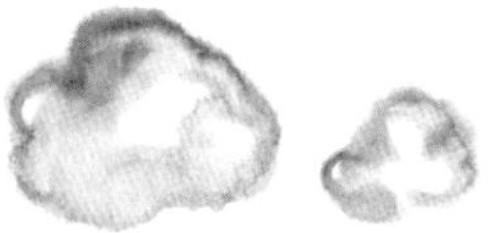

五南圖書出版公司 印行

｜ 推薦序：高承恕 ｜

數十年的知識精華結實纍纍，爲美好的豐收道賀。

韓教授的新書出版了，可喜可賀。

多年之前就認識韓老師。講起來這應是兩代交情。當年逢甲大學禮聘韓老師主持教授土地管理，並擔任主任、院長，是家父盼望能借重先生之長才，培育下一代人才。數十年來韓老師敬業樂群，以淵博之學識與豐富的經驗，諄諄誨人，是教育界的典範。今日更將其知識精華有系統的論述成書，相信必能對日後青年學子有所啓發。在此，再次感謝韓乾教授對逢甲大學教育的貢獻，永誌難忘。

逢甲大學董事長

推薦序：李秉乾

爲城鄉規劃釐出一道基礎而清晰的思路

「一年之計，莫如樹穀；十年之計，莫如樹木；終身之計，莫如樹人。」——管子．權修

日月光集團的企業責任開宗明義：「追求環境保護、地球永續，是人類的共同目標，而『教育』則是建立人們具備綠色環保意識的關鍵。」環境資源是地球永續發展的根基，在經濟快速成長的過程中，整體生態圈面臨極大挑戰。近年來環保議題備受矚目，如何以前瞻思維因應環境巨變與頻仍的天災，進而建立兼顧經濟發展與環境保護、符合生態共生的運作體系，不斷考驗著人類智慧，更是每個世代都必須面對的課題。韓乾教授多年來致力於土地經濟與環境經濟領域研究，學術成就斐然，作育英才無數，在《城鄉規劃讓生活更美好：理念篇》問世三個月後，其續作《城鄉規劃讓生活更美好：實踐篇》一書付梓，除集結多年學術研究與教學心得，細數從過去到未來的城鄉發展，如何從經濟與環保的平衡中，建置安全、宜居的生活環境。而教授的一席話「要用文化的觀點來瞭解城市，而不只是經濟學和社會學」，可窺見一位教育家對於人類賴以生存的土地所表露的人文情懷，承

載著對過往發展的深切省思以及對環境永續的長遠承擔。相信這本書的出版，將引領讀者在相關領域的思想、理念及作爲上，釐出一道基礎而清晰的思路。

逢甲大學校長

李秉乾

| 推薦序：賴世剛 |

讓城鄉規劃成爲美好的開始

城鄉規劃作爲一個專業學門是最近一百年的事情。美國伊利諾大學香檳校區的城市及區域規劃系肇始於 1913 年；中國大陸的同濟大學於 1952 年創辦城市規劃專業，並於 2011 年才將城鄉規劃編爲一級學科；我國國立中興大學法商學院於 1968 年成立都市計畫研究所，是台灣都市計畫教育的濫觴。相較於其他學門，城鄉規劃算是一個比較年輕的學門；因此，城鄉規劃學門到目前爲止仍沒有統一的理論，使得它的入門門檻很低，只要稍有生活經驗的人，便可對城鄉規劃的概念掌握一二。然而學習城鄉規劃專業如同學習英文，雖然門檻不高，只要熟背二十六個英文字母便可琅琅上口，但是如果要學得專精，並不容易。以美國伊利諾規劃學派爲例，它歷經了一百年的發展，直到最近才由 Lewis D. Hopkins 教授竟其一生的研究集其大成，將城市發展的規劃邏輯從經濟學、作業研究及區域科學等加以系統性地整理並闡述，形成一個城鄉規劃的知識體系。值得注意的是，城鄉規劃僅僅是美好生活的充分條件，不是必要條件。也就是說，城鄉規劃不是促成美好生活的唯一方式，其他諸如行政、法規及治理，都是促成美好生活不同但又不可或缺的手法。

韓乾教授是筆者十分敬重的城市規劃與管理專業的前輩及知名學者，筆者實在沒有資格來寫推薦序，但是在韓教授的盛情邀約下，筆者只好勉強爲之。本書以深入淺出的文筆，從歷史的觀點，將城鄉規劃的理由、正當性、程式、倫理及方法做了一個完整的梳理，並介紹了當代的規劃思潮及未來的趨勢，是一本對城鄉規劃有深入見解，但又不失易讀性的難得好書。不論是對城鄉規劃的初學者或是城鄉規劃的資深專業人士而言，本書值得一讀再讀，並予以珍藏。

同濟大學建築與城市規劃學院
賴世剛 教授
2019 年五月於上海

推薦序：劉廣珠

本書爲城鄉規劃的最高境界

隨著城鎮化水準不斷提高，城市人口不斷增加，發達國家城鎮化率已經達到 80% 以上。城鄉人口的流動，城市邊界的擴延，城市和鄉村都在不斷地發展和變化。在這種發展和變化中，如何讓居住在城市和鄉村的人們生活得更加美好，是擺在城市研究、規劃、建設和管理人員面前的一個重要問題。

我主要從事城市管理研究，深知目前城市存在許多問題，這些問題都與前期的城市規劃密切相關。例如：(1)城市和鄉村協調發展問題。城鎮化發展到一定水準後，鄉村人口流出，出現空心村，如何建設發展這些不適合大規模城鎮化開發的地區？(2)大城市和小城鎮協調發展問題。大城市發展的同時，中小城鎮如何開發、創建、改造和發展？(3)城市化進程中經濟發展問題。經濟發展，GDP增長，如何保護城市古建築和原有風貌，避免「拆毀性建設」？(4)城市用地和城市人口匹配問題。城鎮化是農村人口向城市集聚，農業用地按相應比例轉化爲城市建設用地，如何保證失地農民能夠融入城市？(5)城市人口構成問題。城市是不同職業人口組成的，如何保證城市中不同人口的比例？(6)城市土地結構問題。如何保證城市工業用地和居住用地比例合理？(7)城市規模與資源承載能力問題。如何保證城市經濟規模、人口規模、產業結構與城市水資源、土地資源、環境容量一致？

每一個城市都有其產生原因和發展歷史，任何城市規劃都必須充分考慮城市所處的地理位置和已有的城市特色，在此基礎上規劃未來發展，因此各個城市的規劃都不相同。但是，無論什麼樣的規劃，其思想都是一樣的，即讓生活更美好。從這一點上看，城市規劃的思想比具體方法和知識更具有普遍意義和指導意義。一本城市規劃的書，可以有三個層次，最低層次告訴人們規劃的知識，第二個層次告訴人們規劃的方法，最高層次告訴人們規劃的思想。韓教授的前作《城鄉規劃讓生活更美好：理念篇》，就是一本告訴人們規劃思想的書。

城鄉規劃，不但是該專業的學生和從業人員必須掌握的知識，也是城市建築、城市基礎設施、城市管理、城市研究專業的學生、從業人員必須掌握的知識，還是所有關注城鄉發展人們必備的知識。韓教授的《城鄉規劃讓生活更美好：實踐篇》爲大家提供了一本獲得這些知識的書。

《城鄉規劃讓生活更美好：實踐篇》一書是韓教授多年研究之總結，規劃思想之精華。全書共十一章，從多個角度對城市規劃進行了闡述，深入淺出，通俗易懂，既可以提供給學術研究做參考，也可以提供給學生學習做教材，還可以提供給廣大讀者作爲瞭解認識城市的讀本。

《城鄉規劃讓生活更美好：實踐篇》出版，可喜可賀。韓教授邀請我作序，作爲晚輩實不敢當。韓教授學富五車、才高八斗，是我學習的榜樣。能在第一時間拜讀韓教授的新作，十分榮幸，也獲益匪淺。韓教授不顧高齡之軀，筆耕不輟，著書立說，獻身科學之精神深深地感動了我。在韓教授一再邀請下，我把讀後的感想寫出來與大家分享，不敢稱序，實爲心得。

中國區域科學協會常務理事、城市管理專業委員會副主任

劉廣珠　教授

| 推薦序：莊睦雄 |

城鄉規劃之經典、城市管理之衣缽

福智日常法師指出：「教育是人類升沉的樞紐」，教育要提升，除了需要一群人，還需要有好的教材，欣聞韓乾老師將畢生的研究理念轉化爲著作——《城鄉規劃讓生活更美好：理念篇》，令人歡欣鼓舞，尤其是將規劃的招式去除，深談思想、理念與作爲，引領城鄉規劃思想與理念架構之建立，著實讓城市規劃與管理者打通任督二脈，思路更加廣闊，恰是規劃的最高境界。韓老師從善待土地與環境切入，點滴引導城市形成、規劃緣由、經典分析以及規劃之道，從而細說藏在細節的眞理、土地與環境倫理、城市開放空間的重要性與規劃邏輯，進一步勾勒城市規劃創新意涵與因應氣候變遷下的明日城市願景，著實是城鄉規劃之經典、城市管理之衣缽。

城市管理學會以科際整合的觀點研發城市管理前沿理論與創新科技，並提供城市規劃、治理、行政與法規的學術交流平台，探討並解決因全球城市化所產生的城市問題，提升城市管理的學術研究與實務操作，並進而以改善人居環境爲宗旨。著眼於韓老師《城鄉規劃讓生活更美好：理念篇》，城市管理學會也期待韓老師彙整創新的研究思維後，接續完成的這本《城鄉規劃讓生活更美好：實踐篇》，城市管理學會鄭重的推薦韓老師的巨著，城鄉規劃是硬道理；城市管理是軟著陸，共創美好的生活。

中華城市管理學會理事長
莊睦雄 敬賀

作者序

城鄉規劃的理念與實踐

在多年教授「土地使用規劃」課程的過程中，體會到傳授正確的思想與理念，遠比教授學生一些方法與技術更爲重要。正如耶魯大學校長理查．萊文（Richard Charles Levin）所說：「眞正的教育不傳授任何知識和技能，卻能令人勝任任何學科和職業。」所以本書不在於介紹與探討有關城鄉土地使用規劃與管制的政策、法規、方法與技術，而在於培養學生與從事實際工作的朋友，以及有志趣從事城鄉規劃或設計的朋友，有關城鄉土地使用規劃的基本思想、理念與作爲。因爲政策、法規、方法與技術是會隨著時間改變的。而思想、理念與作爲是規劃的基礎，是會傳之久遠的。

規劃的重點不在於發展出一套樣板式的規劃程序模式，而是在於先培養出一個理想的規劃理念與願景。如果讓你閉上眼睛冥想，你能看見二十五年，甚至五十年後人們的城鄉生活會是什麼樣子嗎？我們現在的城鄉成長與發展的樣子，和人們的生活型態與環境，正是受到書中諸多現代城鄉規劃先驅思想家的規劃理念影響的結果。

因此作者循著這個理念，蒐集現代先驅，以及當代城鄉土地使用規劃思想家的規劃理念與模式。擷取其精義，一方面作爲教材，一方面集結成書。學海浩瀚，作者才疏學淺，本書僅能介紹其中萬一。不過，仍然期望能讓讀者，無論是學生、從事實際專業工作的朋友，或者有興趣從事城鄉規劃或設計的朋友，重溫這些城鄉規劃、土地資源管理、環境規劃的理念。未來無論是在都市或鄉村地區，都能營造城鄉生活環境的良好素質，讓人們的生活更美好。

班傑明・富蘭克林（Benjamin Franklin）說：「If you would not be forgotten, as soon as you are dead, either write things worth reading, or do things worth writing.（如果你不想死後被人遺忘，最好寫些值得閱讀的東西，要麼就做一些值得寫的事情。）」自勉之。

韓乾

2019 年八月

目錄

1

你瞭解土地使用分區與規劃許可嗎？

看看兩者究竟是兩個不同的制度？以及它們的嚴謹程度有何不同？或者會發現這兩種制度，只是在審查的程序上有所不同，而沒有本質上的不同。

在這一章裡，我們要討論兩個有關土地使用規劃與管制的制度。一個是「土地使用分區」（zoning），另一個是「規劃許可」（Planning Permission）。從表面上看，土地使用分區與規劃許可，是兩個不同的土地使用管制制度。土地使用分區多用於美國，而規劃許可屬於英國的土地使用管制系統。台灣於 1990 年代，或許更早，因爲規劃主管機關覺得土地使用分區制過於嚴格僵硬，審查程序過於冗長，乃引進英國的規劃許可制，希望在審查土地開發案件時更有彈性。我們把這兩種制度放在一起討論，是希望大家看看兩者究竟是兩個不同的制度？以及它們的嚴謹程度有何不同？或者會發現這兩種制度，只是在審查的程序上有所不同，而沒有本質上的不同。

土地使用分區

土地使用分區在美國以及很多其他國家，都是地方政府管制土地使用的基本制度，台灣也不例外。當一個地方政府實施綜合計畫（comprehensive plan）時，土地使用分區規則（zoning ordinances）與土地細分規則（subdivision regulations）是兩項最常使用的工具。土地使用分區是把一個社區（community）或城市的土地，劃分成較小的地區（zones or districts），依照土地使用分區管制規則，分別規定那個地區的土地，可以被許可使用的方式和建築物的強度（集約度）、密度與量體（bulk）。在另一方面，土地細分規則，則是用來管制建築基地的劃分與區位、設計以及公共設施的建設等。整體而言，這些管制的工具會：(1)使未來的土地使用與綜合計畫一致；(2)使目前的土地使用免於不相容土地使用（例如：工業與住宅）的衝突；(3)使開發的地區獲得適當的道路、學校、公園遊憩與公用事業系統的配置；(4)使土地開發避開環境敏感地區，例如：洪氾平原、溼地和地震斷層帶等。

傳統的分區是把土地使用分成住宅、商業、工業和農業等四種基本使用方式。一個小城市可能只有這四種分區，分別爲住宅區、商業區、工業區和農業區。而一個大城市或都市地區，可能有更多種不同的住宅用地、商業用地和工業用地。例如：住宅用地又可以進一步分爲：獨棟住宅區、集合住宅區等。每一種分區裡，又分別規定住宅的密度，有的是以最小建築基地面積，或在單位建築基地（例如：公畝或公頃）上，可容許的住宅數來規範密度。在商業和輕工業地區，通常是藉由限制每一平方公尺內，可以建築的樓層或樓地板面積，來控制建築物的強度或集約度。集約度其實就是在計算樓地板面積與建築基地的比率（floor area ratio, FAR），也就是容積率。關於量體的規範，則包含對建築物高度的限制、建築基地面積的大小、建蔽率（lot coverage）、建築物臨街的退縮或保留院落大小，以及最小基地面積的要求。土地使用方式和強度的控制，實際上是規定土地開發的門檻。在大多數情形下，量體的管制只是建立設計的標準。其他還有對鄰近土地的影響，以及停車、裝卸貨區、對招牌的管理，和空氣汙染、噪音、通風、採光的標準等。

從起源到現代

要瞭解土地使用分區管制，必須先從瞭解它的起源開始。土地使用分區，最初主要是希望保護城市居民的健康和安全。之後，許多小型社區也採用這種管制。早期的城市，許多房屋因爲蓋得太密集，缺少採光及空氣的流通，一旦失火，就很容易蔓延開來。這樣的情況導致早期採用法律，對房屋的高度、建築退縮線的設計加以規範。其他更包括：減少火災以及建築物之間的密度，讓陽光和空氣流通，也使每一棟建築物中的每一間房屋，都能直接採光和空氣流通。而且規定建築物之間的棟距，及退縮線的設計，以減少火災的蔓延。其他管制還包括限制建築物的高度，以及廣告招牌的設置等。

當大城市處理居住問題的同時，小型而正在成長的社區，也面臨居民與工業所帶來的汙染問題。有些社區希望透過法律的限制，來禁止這些會發生汙染的工業座落在住宅區裡。之後，許多小型社區也採用這種管制。在紐約和其他大城市，經營者所關心的，在於如何保護它們的鄰近地區，成爲一個讓顧客感覺舒適的生活與購物環境。雖然在最有經濟效率的土地使用原則下，可能造成一些工業以及出租住宅侵入原來的主要商業區，而讓早期的商人感到威脅，進而尋找地方政府保護購物區的發展。

雖然早期的土地使用分區是基於健康、衛生與安全的考量，然而一般規定都超過這些基本的要求。而且基於美學的考量，還包括土地使用型態與量體的管制。在西元 1573 年，西班牙飛利浦國王二世（King Phillip II）公布第一個影響土地使用分區績效的計畫性文件，稱爲《The Laws of the Indies》。這個法律提供了解決在西班牙城市廣場中心問題的方針。地方政府領導者由更現代化的工作看見了土地使用分區，是使社區健康、安全、美麗的方法。而且也受當時一些知名規劃工作者的影響，包括柏恩翰（Daniel Burnham）於西元 1893 年紀念哥倫布發現美洲四百週年，在芝加哥舉辦世界博覽會開始的城市美化運動（City Beautiful Movement），以及霍華德（Ebenezer Howard）在英國提倡的田園市（Garden City）概念。

紐約市是在西元 1916 年，第一個完成綜合性土地使用分區管制立法的城市，對建築物的用途、高度、面積加以管制。紐約市的管制規則，是基於當時的實際狀況。當時的紐約市，街道擁擠，充滿了小汽車、貨車與馬車。建築物的密度太高，採光與空氣流通都成問題。各種土地使用龐雜，衝突、噪音、氣味、煙塵充斥，開放空間消失。紐約市的分區管制規則涵蓋全市，管制土地使用、建築物的高度、臨街建築物的退縮等。土地使用分區規則把紐約市的土地使用分爲住宅區、商業區、不管制區（unrestricted）與未定區（undetermined）等四個分區。它確實把不相容的土地使用分開，禁止工業使用在不管制區；但是容許商業使用在不管制區。此即金字塔式（pyramidal）或累積式（cumulatative）分區。未定區可供三種分區中任何一種使用，主要決定於未來港口的發展。高度限制分爲五級，通常是乘以街道寬度不同的倍數，並且管制開放空間、庭院的大小。

儘管紐約市的做法影響到全美國其他地方的土地使用分區管制，但實際上各州標準分區授權法案的採行，是直到聯邦最高法院對歐基里德村訴訟案（*Village of Euclid v. Ambler Realty Co.*）（1926）的判例確定，才眞正給 1920 年代的土地使用分區運動，提供了兩項主要的動力。然而，重要的是，儘管在 1920 年代建立了土地使用分區的概念和法律基礎，可是一直到第二次世界大戰後的快速重建時期，才讓人感覺到土地使用分區在地方上的普遍影響。在那個經濟蕭條的時代，成長管理還不是一個重要的議題。標準的州土地使用分區授權法案，是在 1922 年由美國商業部

（Department of Commerce）所頒布，然後在 1926 年又做了少許的修訂之後，全美各州最後都採行了此一土地使用分區規則的基本模式。雖然後來有幾個州做一些修改，但大多數都保持其原型。

第二件使土地使用分區奠定實施基礎的重要因素，是 1926 年聯邦最高法院對歐基里德村訴訟案的判例。這個判例建立了歐基里德分區（Euclidean Zoning）的全面性土地使用分區制度的合憲性。歐基里德村（Village of Euclid）是俄亥俄州克里夫蘭（Cleveland）市郊的一個小鄉村，該村有一個地主向土地使用分區法令挑戰，他認為他的土地財產如果用做工業使用，其價值應該是每英畝一萬美元，但是如果經過土地使用分區劃為住宅區，一英畝的價值就只值兩千五百美元。所以他認為他的財產權受到傷害，覺得土地使用分區法令違反憲法保障人民財產權利的意旨，因而提起訴訟。此一訴訟官司從地方法院，一直打到聯邦最高法院。後來聯邦最高法院判決定讞，認為土地使用分區法令並不違憲。判決認為土地使用分區管制，是一種維護公共衛生、安全、道德、福利的警察權，確定了土地使用分區的合憲性。誠如歐基里德村案一樣，大多數早期的土地使用分區法令，其意旨主要在於用來保護住宅區的獨棟住宅。不過歐基里德村案的判例，並非只支持土地使用分區，它也廣泛地具有社會和經濟層面的意義。法庭判決的意旨，可以用一個假想的例子來加以說明。如果一棟公寓大樓座落在一個獨棟住宅鄰里之中，它會被視為一個寄生蟲，其目的只是為了享用此一鄰里的開放空間與氛圍。不過，直到現在，保護獨棟住宅的環境品質，仍然是土地使用分區的基本理念。

另外一個支持土地使用分區的理念，是在不同的土地使用之間，有彼此相容的，也有不相容的。土地使用分區，是把不相容的土地使用彼此分離。當土地使用分區開始實施的時候，一般美國聯邦及州的法律系統並沒有對工業汙染的規範。但是，基於實際上健康、衛生的理由，許多工業區已經是與住宅區分離開來的。1916 年紐約市的土地使用分區法規更進一步，不但將住宅區與工業區隔離，而且也與商業區分開。既使在住宅區裡，也將不同型態的住宅區分隔開來，例如：把獨棟住宅區、集合住宅區等也分開。不過現在紐約市許多地方，不但各種型態的住宅健全地混合在一起，就連商業也是一樣。住商混合已經成爲現代城市土地使用規劃的一種新思維。珍雅各（Jane Jacobs）的名著《美國大城市的死亡與再生》（*The Death and Life of Great American Cities*）在 1961 年出版。她挑戰傳統土地使用分區的智慧，強調鄰近地區多樣性的土地使用，融合在一個充滿生機的城市裡的重要性。依據珍雅各在紐約格林威治村，以及對美國許多大城市的觀察，她在她的書裡，爲土地的混合使用（mixed use）提供了一部分學理上的基礎。

說得直白一點，土地使用分區最初的目的，不外乎保護住宅區，特別是美國式的獨棟私有住宅（高級住宅）。當人們談到都市生活的愜意性時，他們意在言外，指的是獨棟住宅區的環境品質。也有人說，土地使用分區規則，依照一般法（common law）的概念，就是管制公眾厭惡性設施法律（public nuisance law）的延伸。它告訴地主什麼事可以做，什麼事不可以做。甚至有些極端保守的人，認爲獨棟住宅區裡的工業和公寓大樓，也是令人討厭的東西（nuisance）。其實，依照珍雅各的混合使用概念，把公寓大樓放在不同的住宅區環境裡，不但不會令人討厭，反而可能是非常理想的。其實，依照美國多數州的包含式分區（inclusionary zoning）規則，在高價位住宅區裡，一定要包含 15% 到 20% 的中低價位住屋，以維護社會的公平正義。然而，像台中市的第七期重劃區，因爲市政府座落其中，乃有許多特殊規定，使其變成高價位的特區，也可以說是排除式分區（exclusionary zoning），實在是非常不恰當，而且具有封建思想的做法。

在美國最大城市——紐約所產生的土地使用分區法令原型，雖然當時只是基於有關住屋和工業區位的規定，今天仍然影響了美國絕大部分地區的土地使用。紐約市的土地使用分區法規也牽涉到一塊塊建築基地的設計，或者甚至一個街廓、一個街廓的設計，而且細微到建築退縮線的管制。雖然傳統式的土地使用分區仍然具有價值，但是畢竟今天地方政府所面對的許多問題，是與 1916 年的紐約市不同的。傳統的土地使用分區並沒有適當的機制來應付諸如：洪泛平原、色情行業、大規模的住宅發展、企業園區、購物中心、停車空間或規範廣告招牌等問題。因爲複雜的問題需要更周延的規範來管理，因此在以後的討論中，我們會對這些問題加以說明。

紐約市及其他地方開始實施土地使用分區時，是經由考慮它目前現有的土地使用方式及其鄰近地區的活動，以各地區最主要的土地使用型態現況，來作爲其土地使用分區劃分的依據。他們只是強調現有的土地使用狀況，而不是嘗試預測未來的使用方式。在這種狀況下，如果政府官員認爲一個社區實施某種土地使用分區是正確的，便可以用這種土地使用分區做基礎，去管理這個地區的土地使用。現在的土地使用分區系統，也不像當初由起草者所規劃的模式來運作。早期專家們的設計，是把分區視爲靜態的，認爲凡是許可、變更或特殊例外，都不會超出法規已有的範圍。當初的設計者，顯然沒有那個眼光，去看到未來土地使用的變化，以及對土地使用重分區（rezoning）的頻繁需要。

現在土地使用重分區非常普遍，每一個地方機關對土地使用重分區這個專業術語都很熟悉。土地使用分區的議案，經常出現在主管土地使用規劃會議的議程上，並且會影響到競選活動。一個不太成長的社區，每個月可能有十多件對土地使用重分區的要求。而一個成長中的城市，每星期就可能會有幾十件對土地使用重分區的申請。目前在台灣的各城市，就經常有重分區的要求與申請案件。每次的通盤檢討，大多數都是討論土地使用重分區的案件。

對土地使用重分區的大量需求，是因爲當初對未來土地使用預測上的困難。譬如一個被土地使用分區劃設爲區域性購物中心的小城市，可能因爲它的特定位置和用途，被負責開發者把唯一的購物中心設在更具可及性的另一個區位。而且當一個城市已經沿著鐵路、公路設置了重工業區，或者電子工廠在土地使用重分區後，能獲得一個沿著高速公路更爲吸引人的工業區來設置工廠，卻又不能阻止電子工廠對土地使用重分區的要求。再例如：一個成長中的城市，它的獨棟住宅，必須考慮單位地區內合理的人口數，爲了多容納一部分的人口，才能請求土地使用重分區劃爲公寓大樓區。

土地使用分區的理論基礎

早期土地使用分區規則的最高目的，是在保護獨棟、單一家庭住宅的住宅區。維斯康辛大學巴布庫克（Richard F. Babcock）教授認爲這種說法，對贊成的人或是不贊成的人，都沒有能夠建立一個說服人的理論基礎。早期的說法認爲，獨棟的住宅區可以防止火災蔓延，狹小的住屋影響衛生與健康等等。這種說法在 1920 年代沒有人相信，到今天仍然沒有人相信。現在的土地使用分區，已經經過巨大的改變，絕對不是 1920 年代的做法可以相比的。標準的 1920 年代分區規則，只把城市土地分爲：獨棟、商業與工業三個使用分區。如果說土地使用分區的主要目的，只是爲了保護獨棟住宅的利益。顯然對贊成的人或不贊成的人來說，都沒有什麼意義了。爲了解決這個問題，巴布庫克教授在流傳的文獻中發現了兩個比較合理的理論，它們是財產價值理論（property value theory）和規劃理論（planning theory）。❶

財產價值理論

對大多數的不動產經理人、土地經濟學者、律師、法官來說，土地使用分區是使財產價值極大化的方法。基於這個理論，土地財產的使用，基本上取決於市場的動能。看起來贊成市場機制，卻又支持土地使用分區，似乎有些矛盾。如果你眞正瞭解土地使用分區的功能之後，就會瞭解土地使用分區的眞義。土地使用分區的基本意義，就是要使每一塊土地的使用，達到市場力量所能決定的最高價值，也就是「最高與最佳的使用」（the highest and best use），而不至於減損其他土地的價值。因爲土地使用分區規則禁止建造一般法概念的令人討厭的東西。

財產權理論是法庭決定土地使用分區是否正確的基礎，地主的土地財產，以及它周邊土地的價值，則由估價師的估價所決定。土地使用分區的正確意義，乃是保護市場機制，免於自由市場供給與需求運作所造成的失靈現象。維斯康辛大學教授芮克里夫（Richard Ratcliff）說：「關於私人的土地使用決策，所要考慮的是社會的偏好與經濟效率因素，這是由市場價格所決定的。但是因爲市場的不完全，卻無法反映一塊土地的使用對其他土地的影響。」[2]於是，當一個私人土地開發者的土地使用，對其他土地使用產生不良影響時，我們便需要規劃元素的介入，來矯正私人的土地使用決策。但是如果傷害到地主的權益，也要給私人地主適當的補償。

理論上，土地使用分區的目的是要增進公眾的健康、衛生、安全與福祉。所用的方法是把不

---

❶ Richard F. Babcock, *The Zoning Game: Municipal Practices and Policies*, The University of Wisconsin Press, 1966, pp.115-117.

❷ Babcock, p. 118.

相容的土地使用分開。最早的土地使用分區規則，是有錢人排除窮人土地使用的手段。在 1880 年代，舊金山市通過一項法律，用來隔離華人的餐館或洗衣坊。當很明顯地看出這種做法違憲時，舊金山市便通過一項土地使用分區法，禁止在某些住宅區經營餐廳或洗衣坊。這樣做並不違憲，因爲排除洗衣坊是爲了增進公眾福祉，而排除不恰當的土地使用方式於獨棟住宅區之外。紐約市在 1916 年正式立法，實施土地使用分區，限制過大與過高的建築物所造成的「令人討厭的東西」（陰影、阻擋光線、視域等）。

一個城市政府管制私人的土地使用，一定是爲了某種城市的目的。除非一塊土地的使用對鄰近土地產生直接而且明顯的負面影響，否則就不能不給予補償即加以禁止或管制。但是，財產價值理論並沒有問：爲什麼某種土地開發會對鄰近土地財產的價值產生負面影響？產生負面的影響，就是一種令人討厭的東西。不過，如果把土地使用分區看作只是爲了保護社區或鄰近土地價值的手段，在現代社會裡，可以說是一項極端狹隘的觀念。實際上，土地使用分區之是否合理，應該由更多、更複雜的因素來決定。

規劃理論

在美國，學校裡上規劃課的學生，一定很熟悉的一句話，就是：「土地使用分區只是一個規劃的工具。」[3]也就是說，土地使用分區只是城市規劃的附屬品。當一個規劃師草擬一個城市的土地使用分區規則時，他會經過以下這些步驟：首先，由一個菜鳥規劃師準備一張地圖，顯示土地使用類別。然後由老鳥規劃師草擬一份整體計畫（comprehensive plan）或綱要計畫（master plan），說明這個城市的未來願景。然後，由規劃師提出幾個實施此一計畫的方案，它們包括：基礎設施計畫、土地細分管制法規，以及土地使用分區規則。在規劃師看來，土地使用分區，只是實施整體城市計畫裡的一項規則。然而，這一規則必須合乎憲法所要求的合法程序（due process）和平等保護（equal protection）原則兩項標準，以及綱要計畫所訂的特別標準。因此，土地使用分區規則必須遵照城市計畫。假使規劃的目的，除了硬體的設施建設以外，還希望達到一些社會、經濟與政治目的，土地使用分區會非常有效，它的正能量會把往往模糊不清的概念具體地表現出來。

那麼，什麼又是整體計畫或綱要計畫呢？一個整體計畫，簡單地說，就是一個：(1)能讓市政單位決定哪一種土地使用放在什麼地方最爲合適的計畫；(2)能提供最合法律規定的土地使用強度或集約度；(3)最適合法律規定的土地使用區位。除此之外，計畫要一貫地顯示符合城市發展的目標。或許我們應該說，公開聲明一個城市的目標，應該是第一步。而地方的土地使用法規，應該符合那個城市計畫的目標。而城市的計畫，在城市的行政決策上，也能不偏不倚地符合居民的需要。❹

的確，假使規劃不但能夠滿足居民實質上愜意的需要，而且也能夠達成社會和政治上的目的，土地使用分區的效果，就遠遠超過當初立法者所求所想的了。這樣說來，土地使用分區絕對不能被視爲一個「負面的工具」，而是一個塑造城市達成其願景的正面力量。當我們談到規劃時，我們一定會先設定一個客觀的實質環境目標，而漏掉看不見、摸不到的（intangible）「社會」這一塊。然後，不但實施規劃的土地使用分區會失敗，規劃也會跟著失敗。而且這種失敗會腐蝕我們的公民良

---

❸ Babcock, p. 120.

❹ Babcock, p. 122.

知，使我們披著公眾利益的外衣，遂行我們自私自利的目的。[5]眞正令人擔心的是，由於土地使用分區是幾乎大家都在使用的規劃工具，任何不智的使用，都會傷害到國家社會的形象。

土地使用分區的法律意涵

從法律層面看，土地使用分區是一項警察權，**警察權是政府爲了保護市民的公共衛生、安全、道德以及福祉而介入私人生活領域的公權力**。以美國的制度而言，人民是至高無上且具有主權的，他們並沒有把自身所擁有的權力全部都移轉給政府。在憲法之下組成政府時，他們把警察權授予政府。土地使用分區的權力就是地方政府執行警察權的工具之一。

雖然私人的土地使用要受警察權的管制，但是不論土地使用分區或任何其他警察權的工具，其施行都必須要能促進社會的公共衛生、安全、道德和福祉。然而值得注意的是，近年來法庭將公共衛生、安全、道德和福祉的定義做了愈來愈廣義的解釋。大多數地方政府的官員，受到選民關心自身權利的影響，在執行警察權時，其干預私人權利尺度的考量仍然是比較保守的。然而在採用一個新法規時，地方政府應該確保它在警察權干預之下的必要性。實際上，假如可以得到足夠選民的支持而核准一個新的法律，通常那個法律是在公權力之下所施行的，地方政府應該確保它是在公權力之下的產物。

在決定地方政府的土地使用分區權限時，限制地方政府的權力要比限制警察權的行使更爲重要。依照美國的制度，所有的地方政府都是由州政府依據州憲法或是法律所創制出來的。因爲城市（cities）、城鎮（towns）、小鎮（townships）、村莊（villages）和郡（counties）都是州的產物。它們沒有傳承的權力，也不能獨立存在及行使權力，它們的存在和權力都是由州所決定的。一般而言，地方政府大部分的權力都是由州的法律所授予的，州的法律，也授權地方政府去執行一些特定的權力。某些州有一種另類的地方政府，這些地方政府的權力，遠大於州所授予的權力。這種地方政府通常稱做地方自治（home-rule）政府。然而，既使在地方自治的城市或郡裡，州雖然沒有絕對的權力，但也提供相當程度的指導。

地方政府必須執行土地使用分區法令，才能使它有效。一個好的執法方式，一定要即時（prompt）、一貫（consistent）、可以預期（predictable）以及堅定（firm）。執法要即時的重要性有幾個原因：建築工作的延宕，會使建築商有時間去尋求法律上的漏洞，以防止地方政府執行法令。此外，即時執法表示地方政府已經知道問題所在，也會使違法者承認自己的犯行，法庭執行更具時效性。

土地使用分區執法的目的，是爲了防止未來違法行爲的發生。因此，除非執法有一貫性與可預期性，便無法阻卻未來違法行爲的發生。再者，如果執法沒有一貫性與可預期性，會使其他違法者認爲執法不公，公眾也將比較不會守法。執法須要堅定與具可預期性有關。假使民眾知道違法行爲必定會受到處罰，可以提高遵守法律的意識。另一方面，如果政府不願意執行某些法條，就應該考慮修改，但是不要置之不理。

---

❺ Babcock, pp. 123-4.

土地使用分區的原則

當我們談到土地使用分區的原則時，巴布庫克（Richard F. Babcock）認爲，做任何事情都要有原則，原則並不限於土地使用分區。在一個民主社會裡，對土地使用法規最多的困惑，來自於我們一而再、再而三地尊寵短期的工具和技術。在分析土地使用分區政策與實踐時，最大的障礙之一，就是無法分辨原則與技術的不同。前者可以繼續不斷地廣泛應用，而後者應該不斷地被檢驗，看它是否能夠適應社會和技術改變的需要。很不幸的是，太多的土地使用分區技術，都被提升爲原則了。[6]其實，土地使用分區只不過是一個法律上使用的工具，應該時時加以檢驗，如果發現不合時宜，可以隨時放棄。然而，我們的問題卻出在把分區當作「原則」，不敢輕易動它。

從 1920 到 1940 年代，分區都是累積的。所謂累積的，是說假使一個城市的土地使用有四種分區——獨棟住宅、多戶住宅、商業和工業使用。第一類是最高的，第四類是最低的。所有准許在最高級分區使用的方式，也都准許在其他三類分區使用。准許在第二種分區的土地使用，也准許在商業和工業區使用。直到工業區可以容納所有各類使用爲止。這種分區方式，顯然很合乎土地使用分區的財產價值理論。假使一個非常鄰近鐵路機廠的住宅區，提供高密度的住宅給貧窮人家，因爲這樣便會增加土地整體的財產價值。「令人討厭的東西」的概念，也反映在早期的分區規則裡，因爲重工業分區也被放在「未分區的分區」（Unclassified Zone）裡。在此一分區裡的地主，並沒有遭受損失。並不是「令人討厭的東西」不重要，而是因爲它並沒有什麼需要保護的。在土地使用分區實施的初期，這種累積式分區的理論，是一項無可爭辯的原則，對法庭、規劃師、地方官員和一般民眾，都是一樣的。

二戰之後，規劃原則變得較爲普遍，每一個分區的土地使用，都要完全依照所規定的類別使用，累積的分區就不再實施了，每一等級的土地使用都得到平等的保護。接著，「分離但公平設施」（separate but equal facilities）的概念開始進入土地使用分區。這種揚棄老辦法的做法，當然引起一些法律上的拉扯和政治上的問題。一個獨棟住宅座落在工業區裡，被認爲是不相容的土地使用；正如商業和工業使用設在住宅區裡同樣的不相容。這種新的做法，給專業規劃師增加了自信，因爲他們更容易預測城市成長的型態和方向。值得注意的是，廣泛地使用這種方法，表示規劃理論勝過了財產價值理論。當實施這種分區的地方愈來愈多的時候，「排除式的分區」就變成一種新的分區原則了。

很不幸的是，當大家普遍接受這種新原則時，工業的發展就衝撞到鄉村地區的土地使用。鄉村地區也希望工業使用的土地和非工業使用的土地，能夠各自有秩序地開發。排除式的分區對鄉村地區有許多吸引力，至少規劃大面積的土地作爲工業使用，可以隔離不理想的住宅區成長。然而，一個沒有被說出來的排除式分區的結果，是這種分區過分強調各分區土地使用的差異，而且不鼓勵尋求各分區之間土地使用類似之處。這種情形，在今天社會變遷頻繁、建築與設計日新月異的時代，肯定是會造成許多問題的。

這種排除式分區，在 1950 年代一開始建立時就受到反對人士的挑戰。這些相信傳統的人，提倡混合使用，他們認爲排除式分區並不是神聖不可侵犯的，他們提議去找出不合時宜的地方加以修

---

❻ Babcock, p. 126.

改，倒也並不是完全禁止使用。規劃師們也意識到，以土地使用類別的預測來引導都市的成長，並不是一件容易的事。

對排除式分區開始攻擊的，並不是獨棟住宅區，而是工業區。這些改革的倡導者，開始提出了一個新的口號——「績效標準」（performance standard）。他們質問，爲什麼工業區分爲輕工業區、中工業區、重工業區，要根據一個工廠生產出來的產品？爲什麼不能依照它們所排放出來的氣味、煙塵、汙水、廢棄物的性質，把它們放在所該放的分區？如果不能依照「工業績效標準」來分區，區分工業分區的法規將不會消失，也不會崩解。根據這一概念，假定某一社區有輕、中、重三種工業區，它們工廠的區位安排，將會依照工廠所製造的「令人討厭的東西」的性質，而不是依照它們的產品。這樣的標準將會詳細地列入分區規則，以作爲評估的依據。

傳統的土地使用分區是依照分區圖，以及分區項目來進行的。分區圖顯示城市的每一塊土地，依照它們的使用類別配置在一定的分區。假使分區爲重工業區，則所有的重工業，不論它產生多少的噪音、煙塵、氣味、震動，都配置在這個分區裡。但是績效分區則由城市訂定每一分區的績效標準。對工業而言，績效標準訂出所造成的噪音、煙塵、氣味、震動等令人討厭的東西的上限，再依照這些標準配置工廠的分區。績效分區可以說是傳統土地使用分區與課徵汙染費的妥協辦法。它雖然不要求廠商付費，但是卻給它們對區位有多種選擇的機會作爲鼓勵。

如果「績效標準」可以應用在工業分區，爲什麼不可以應用在其他分區？例如：在住宅區裡，可以有獨棟、雙併、公寓，應該和工業區裡，輕、中、重工業的分區一樣。另外還有一種「垂直分區」的做法，是把一棟大樓裡，依照不同樓層區分爲住家、商店所製造的「令人討厭的東西」來分區。還有一種現在非常流行的做法，也是依照「績效標準」把各種類型的住宅放在一個土地單元區裡的住宅社區，叫做「計畫單元開發」（Planned Unit Development, PUD）。這種分區是與「排除式分區」對立的。依照製造的「令人討厭的東西」的性質分區，以及在住宅分區裡，把獨戶和多戶住宅混合，也有拉平社會財富不均，但是可以共同居住在同一個分區裡的意義。

當土地使用分區愈來愈有彈性時，會讓人認爲傳統的分區太嚴格。贊成分區嚴格的人認爲，嚴格一點比較確定。至少會讓地主事先知道什麼事可以做，什麼事不可以做。所謂傳統的分區嚴格，卻會在行政上容易辦事，既使是小鄉、小鎮，也能自己很快地把土地使用分區工作做好。傳統分區是個原則，就好像開車速限的規定是「原則」一樣。比如說，高速公路的最高速限是一百一十公里，但是你開到一百一十五公里不一定會受罰。它只是一項立法上的技術，它的完整性並不是一個不能碰的前提，只是一個須要不斷證明它有效的假設（assumption）。這並不是說傳統的分區應該放棄，它只是一個在需要時可以使用的技術，而不是一個放諸四海而皆準的「原則」。換言之，如果沒有原則，我們的指南針又在哪裡？

一個城市的綜合土地使用計畫，可以作爲衡量土地使用分區規則應用在特定案例上，對不同當事人是否公平的標準。在土地使用分區也好，在其他法規的應用也好，所在意的是，類似的狀況是否有做類似的處理？好讓一般民眾或地主能夠預料公家對其私人行爲將如何處理。計畫（plan）本身的重要性，在於它的實施要確實、公開、公正，而且可以預期公家的決策將會如何。平等保護（equal protection）是公家機關行政的重要原則，對土地開發或任何其他事務，都沒有區別。

另外一個容易引起爭議的問題，就是在許多場合土地使用分區與土地徵收之間的界線模糊不清。法律規定，私人財產不應該在沒有補償的情況下，被拿來做公眾的使用。政府在使用私人財產時，必須給予適當的補償。這跟購買東西必須付錢的道理是一樣的，何況公共設施是整個社區的福利，如果由私人負擔其成本，顯然是不公平的。然而，土地使用分區往往被政府用來作爲使用私人土地的手段。例如：政府可能認爲，某塊私人的土地，適合用作野生動物保護，於是地主的土地就被劃入野生動物保育區，他就喪失了土地的使用權。如果政府使用徵收權，地主就應該獲得政府的補償。然而，政府卻利用土地使用分區，把那塊私人土地劃入野生動物保育區。這樣一來，政府達到了它的目的，原本的地主便損失了他的土地使用權，甚至他還必須爲此種用途負擔稅賦。所以，這種情形很明顯地是透過土地使用分區，以不公平的方式動用了國家對私人財產的徵用。

另外一個值得注意的問題，就是不論使用分區或徵收，都要經過合法的程序。一個好的城市計畫，如果在實施的行政程序上不公平或有瑕疵，還不如沒有計畫。合法的程序是一個重要的原則，不管對什麼案件、什麼人，都應該是一樣的。

與土地使用分區有關的其他管制方法

一個城市會在實施土地使用分區管制時，同時伴隨著其他管制方法，才能發揮整體管理的效果。例如：綜合計畫、細分規則、美學的和建築的管制（aesthetic and architectural controls）、路外停車的要求、建築法規以及公約（covenants），或者地契上的限制等。

綜合計畫或綱要計畫（Comprehensive or master plan）

雖然綜合計畫或綱要計畫通常幾乎是被地方官員在使用上，可以互相替換的名稱，可是它們兩者在土地使用分區法規上並不相同。依照土地使用分區授權法的規定，土地使用分區規則是要依照綜合計畫制定的。但是沒有任何地方政府對這一點有明確的規定。相反地，標準的城市計畫都會詳細地定義綱要計畫。

有兩個問題經常在法庭中被提起。第一個問題是：社區必須要有一個綱要計畫，才能做土地使用分區嗎？第二個問題是：如果社區已經有一個綱要計畫，土地使用分區一定要確實地跟從綱要計畫實施嗎？

在美國，普遍的答案都是不需要任何綱要計畫，就能實施土地使用分區。在多數環境中，計畫都偏向土地使用分區的決定。在少數的州（加州、佛羅里達州和奧瑞岡（Oregon）州）存在一些例外的情形。從 1970 年開始，他們修正州的法令，要求地方土地使用的管制規則要符合州的指導方針。在任何有這樣法律的州，計畫必須符合州本身的法律，土地使用分區必須根據州的計畫來實施。在大多數的州，地方政府可以將綱要計畫看作是一個可以任意選擇和提供參考的文件（獻）。然而要達到州級法律的要求，法庭不能忽略土地使用分區，而且要與綜合計畫達到一致性的要求。

儘管在多數的州和多數的情況下，綜合計畫或綱要計畫被視爲是具有參考性，且不拘束土地使用分區的計畫。如果地方政府採用或順應綱要計畫，就能從發展中獲得利益。這樣的計畫調和了未來的土地使用分區，以及重大建設對預算改編的影響。此外，一個好的綱要計畫，在制定的過程中，會蒐集關於社區目前以及將來的容積和需求的資料。計畫委員會和主管機關這時將能使用這些資料，做土地使用分區的決定。

其實，土地使用分區圖本身已經具有綜合計畫或綱要計畫的地位，土地使用分區圖只有在製圖產生錯誤的情形下，或者對鄰近地區產生變化時，才能加以修正。但是現在很少嚴格地依照這個原則去做，因爲在快速成長的地區，這樣的做法會很快地變得毫無意義。當規則確實發生作用時，它會對已經存在的鄰近地區中的小型土地使用重分區產生影響。土地使用重分區的形式，通常對社區產生的影響很少，但是，它可能對鄰近地區產生爭議。如果在分區圖中有錯誤，或者證明鄰近地區產生了改變的情況，土地使用重分區才會被同意。

法庭一般使用這個規則去防止零星分區，去推翻住宅區做商業使用的零星地點（spots），宣稱商業使用與綜合計畫是相牴觸的。法庭往往忽略了使用這樣的規則對抗零星分區，是由於綜合計畫的需要，因爲他們沒有考慮到綜合計畫的實質部分。如此一來，在某些情況下凌亂分區可能被許可。很慶幸的是，讓多數計畫的制定者認識到好的計畫，或許值得在住宅區設置鄰近的區域購物中心。一個好的綜合性計畫，認識到商業服務在住宅地區的需要。確實在住宅鄰近地區設置購物中心，將不至於違反原來的計畫。

然而，隨著計畫的發展，地方政府應該牢記它在預料或計畫將來私人土地使用上的侷限性。最特別的是，嚴格地指定未開發土地的未來使用，可能並不恰當。最糟糕的是，這樣的使用可能違反地方政府所規定的使用。例如：如果一塊土地被指定未來做工業使用，後來卻被土地使用分區劃爲住宅或農業使用。其土地所有權人即能在法院引用地方政府的原始計畫，要求使他的土地恢復爲工業使用。當然，地方政府可以在每次土地使用分區做改變時，修正土地使用計畫，可是這樣將會使計畫變得更不可信。一個比較好的做法是，使所設計的土地使用計畫不僅描繪出土地使用的分區，也在每一個分區之內，指定可能的使用類別和範圍。

綱要計畫最有價值的部分，在於它爲地方政府提出土地使用的目標和策略，有了目標和策略，即能導引土地使用、基本建設，以及地方政府未來長期土地使用的計畫。綱要計畫包括計畫街道、橋梁、水道、水岸景觀、大道、遊戲場、空地、公園、飛機場等區位，在綱要計畫中如何配置。而綱要計畫的目的，則在研究人口、街道與交通的現況與未來的成長情形，預測其與其他社區之間的關係，以增進公共健康與安全。

土地細分規則

與土地使用分區一樣，土地細分規則也是美國管制土地開發與使用管制的另一個重要警察權。在大多數的社區中，土地細分規則規範了各方面的意義。英文的subdivision有兩個意思，一個是作動詞用，土地細分就是把zoning中的分區再做細分，成爲個別的建築基地。它的功能是將建築基地劃分好，控制最小建築基地的大小，可做建築使用；它與台灣的細部計畫相似，但是又與細部計畫有少許區別。另一個意思是將subdivision作爲名詞使用，也就是說，subdivision就是指一個規劃好的住宅社區。

美學與建築的管制

多數美學與建築的管制，實際上都包含在土地使用分區規則中。而且許多傳統土地使用分區的管制，就是基於美學的角度。建築物高度的限制，以及建築線退縮的要求，都是基於美學的判斷，而不是基於保護居民的健康或安全等科學上的需要。

在一些社區中，存在著受建築管制或者美學管制的特別地區，例如歷史上著名的古蹟區，其建築的要求必須與歷史建築具有一致性，像新奧爾良市（New Orleans）裡的法國區（French Quarter）和美國新墨西哥州首府聖塔非（Santa Fe）的廣場地區，就是嚴格採用建築管制的地區。有一些社區採用建築高度的限制，是與當地路標或者景觀有關係的。直到最近，費城（Philadelphia）規定，建築物的高度不得超過市政廳頂部一個叫做威廉Penn's的帽子雕像。

用土地使用分區規則對建築和美學方面加以管制，是非常合邏輯的做法。首先，土地使用分區規則已經含有某些建築和美學方面的管制。第二、有時管制只侷限於社區的某些特定地點，也是很恰當的。第三、關於建築管制獨立立法的情形也不多，並且用土地使用分區規則做這樣的管制，也是最適合法源的。

路外停車

儘管有時路外停車規則會在土地使用分區法規之外單獨立法，但是路外停車在傳統上是土地使用分區規則的一部分。而且因為路外停車與土地使用、開發密度有密切關係，土地使用分區規則，又是設計來管理土地使用及開發密度的法規。

建築法規

建築法規控制建築物的設計和建造，儘管傳統的地方法規要求所要興建的建築物，在發出建築許可的情形下，要遵守所有土地使用分區的要求，可是土地使用分區與建築法規之間很少有直接的關係。

土地使用分區的型態與市場效應

土地使用分區有多種型態，各有其作用：

1. **汙染的分區或外部性分區**（externality znoing），**是要把不相容的土地使用分離**。最傳統的做法是把會造成汙染的工業移到市外的工業區。同樣地，商業使用所造成的外部性，如車流的壅塞、空氣汙染、噪音、煙塵、震動、氣味等，也將它們納入商業區。高密度的辦公大樓與公寓大樓也會造成交通與停車問題，它們可以放在高密度的分區。通常，土地使用分區被認爲是一項環境政策工具，但是土地使用分區只能轉移汙染到其他地方，卻不能減少汙染。

2. **汙染費的空間管制，也就是課徵汙染稅或開發捐**（development charge）。從效率的角度看，汙染費的課徵額度，應該等於汙染的邊際外部成本，也就是每多一單位的汙染，所增加的社會成本。汙染費的課徵會使汙染的外部成本內部化，迫使造成汙染的人負擔此項成本，正如他負擔勞力、資本、原料的成本一樣。廠商爲了減少汙染費的負擔，他便會設法減少汙染。

理論上，汙染費應該能夠使廠商產生最適當的汙染量，以及最適當的汙染空間分布。例如：假使工廠距離住宅區十公里，要償付每噸二十元的汙染費；但是如果工廠距離住宅區五公里，他就得償付每噸五十元的汙染費。在這種情況下，工廠就會基於汙染費負擔的考量，選擇最適當的汙染排放量，以及最適當的工廠區位。

舉例而言，假使一個城市開始實施工業分區政策，一個工廠開始座落在工業區。當此一工廠移向住宅區時，會同時產生利益與成本。在利益方面，勞力成本會減少，因爲工廠趨近勞工較多的地區。在成本方面，因爲工廠的汙染會影響更多的人，所以汙染費會增加。這時，工廠就會選擇邊際利益等於邊際汙染費的地點設廠。

因此，我們或者可以說，汙染費政策會比土地使用分區政策更有效率。理由有二：第一、汙染費政策會讓廠商選擇生產成本最低的區位。從社會的觀點看，如果節省的生產成本超過汙染費，則新的區位可以節省通勤成本。第二、汙染費政策會迫使工廠付汙染費，這樣會使汙染降低到最適當的水平。

接著，也許我們會問，爲什麼城市多使用土地使用分區而不使用汙染費政策來控制工業汙染？理由有二：第一、土地使用分區要比汙染費政策的實施來得簡單易行。因爲偵測與估計各區位工廠的邊際汙染成本，再據以課徵汙染費，要比把工廠集中在某一地區來得困難。第二、改變土地使用分區爲課徵汙染費，會增加某些住宅區的汙染。因爲雖然課徵汙染費會減少汙染的排放，但是某些工廠會移動接近住宅區，使某些住宅區受到更多的汙染。

3. **零售業的汙染**：零售商會產生一些影響附近居民的外部效果，諸如：交通壅塞、空氣汙染、噪音與停車問題。傳統的土地使用分區會劃分零售商業區，防止零售商與重型送貨車進入住宅區。績效分區則在合乎停車、交通、噪音等標準下，准許在住宅區的某一區位營業。城市當局也會規定最低的停車位數、車速，與最高噪音標準。績效標準也要求商業區的開發，提供路外停車場。規劃道路以免車流壅塞，規劃景觀植栽以減少空氣汙染與噪音。績效分區准許住商混合的土地使用，因爲這樣可以避免大型購物中心在市郊開發。

4. **住宅區的汙染**：大多數住宅區的外部效果是由於高密度住宅所造成。例如：在一個獨棟住宅區裡蓋一棟四、五層高的公寓大樓，此一公寓大樓勢必會增加車流壅塞、噪音，以及對路邊停車的需求。再者，此一大樓也可能遮蔽鄰居的視野與陽光。傳統的土地使用分區會排除此一大樓，以保護獨棟住宅區。但在績效分區政策下，假使開發者能提供足夠的停車空間，改善街道與景觀的設計等，此一大樓可能會被准許。基本的思考是，高密度不是問題，問題在於此一大樓是否會產生外部效果。

5. **財政分區**：由於地方公共設施是由財產稅收所支應，財政分區是一個城市的分區，會排除增加地方政府財政負擔的住宅消費。假如一棟住宅使用的公共設施價值爲五千元，但是它的地方財產稅只有三千元，此一住宅便增加了地方政府提供公共設施的財政負擔。財政負擔有三個來源：(1) 住宅在高密度住宅區；(2) 住宅在城市的郊區；(3) 新商業區、工業區的開發。地方政府用分區的方法，把低密度（高價值）的住宅分開。因爲土地與房屋的價值是互補的，地方政府可以限制基地面積，來建立最低的住宅價值。

6. **排除式與包含式分區**：大基地的分區，通常多屬於排除式分區，也就是在高所得住宅區，排除低所得住宅，如：公寓住宅。如果公寓住宅蓋在低密度分區，則會提高公寓住宅的房價。以至於排除式分區會排除低所得家庭，造成社會的貧富隔離。針對排除式分區所造成的問題，許多城市開始實施包含式分區。在包含式分區政策下，政府強迫開發商在低密度地區蓋中低所得家庭的住宅，用高所得住戶與地主的稅收補貼包含式分區。

7. **城市郊區的土地使用**：通常新的住宅多會蓋在城市的郊區，這樣就會使提供公共設施的成本高於市內地區。因此，郊區的新住宅會增加地方政府的財政負擔。最好的辦法就是維持郊區爲鄉村及農業區，也符合劃設城市邊界的政策。否則，課徵開發影響費（development impact fee）或開發捐也是可行的辦法。開發影響費多隨供水、排水、公園遊憩設施與街道設施課徵。

8. **設計式分區**（design zoning）：正如建築師設計房屋一樣，規劃師設計一個城市，安排各種活動，有效率地使用城市的基礎設施（街道、上下水道系統等）。引導居民與就業人口到有效提供公共設施的地方。設計式分區也被用來保留開放空間。保留開放空間的另一種方法是發展權的移轉（transferable development rights, TDR）。使用TDR，一個城市可以劃設保留區和開發區。假定城市各區的開發價值是一樣的，保留區地主的發展權可以轉售給開發區的地主。如此，則保留區的地主得到開發區地主購買發展權的價金作爲補償，而應該保留的開放空間也得以保留。TDR可以消除保留分區所造成的不公平，發展權的市場價值則取決於法律所多賦予的開發強度，以及市場對容積的需求。

英國系統的規劃許可制

以上我們看過了土地使用分區制度，現在讓我們來看看規劃許可制。規劃許可制始於英國1947年的《城鄉計畫法》（*Town and Country Planning Act of 1947*）。在此之前，英國對於土地的開發並沒有很有效的管制。土地開發多半由市場機制來決定，因而造成土地開發使用的凌亂、都市的蔓延，影響都市環境至鉅。於是從1947年開始實施規劃許可制，加強管制與審查。規定今後的土地開發案，除非得到主管官署的許可，否則不得著手。[7]可見規劃許可制的原意是加強管制，而非放鬆管制。而台灣主管規劃官署的理解剛好相反，認爲使用分區制過於嚴謹僵化，乃引進規劃許可制。

但是我們發現，雖然英國實施規劃許可制，但是基本上仍以土地使用分區爲規劃土地使用的基礎。英國系統的國家或地方，如澳洲、香港、新加坡也莫不如是。表1-1的資料，即是澳洲涵蓋雪梨市（Sydney）的Cumberland County之規劃準則（Planning Scheme）。我們從表中可以看到，規劃許可制的實施，仍然是要以土地使用分區作爲基礎的。在左邊縱向的各欄位裡，標示出土地使用分爲住宅區、商業區、工業區、鄉村地區、綠帶地區等。橫向的各欄則顯示準則的審核標準：無條件許可、有條件許可（要申請），與禁止開發等類別。也就是說，在每一種分區裡的土地使用，都要看它是否合乎該區的使用條件，來決定是否能獲得開發許可。例如：在住宅區裡蓋家庭住宅，當然可以無條件獲得許可；蓋公寓大樓就須要申請許可；而蓋發電廠，則在禁止之列。

從這個規劃綱領，即可以看出土地使用分區仍然是土地開發能不能獲得開發許可的基礎。因此，如果我們在引進規劃許可制時，完全揚棄使用分區制度，則許可與不許可的審核將無所依據。實施的結果，可能會使我們的土地使用狀況更形紊亂。

如果拿使用分區與規劃許可做比較，土地使用分區的審查程序的確僵化而冗長。但是以現今環境問題的嚴重性來看，規劃許可制的審查也未必單純與快速。這一點從目前的區委會、都委會與環境影響評估的審查程序中，即可看得出來。Cullingworth與Nadin指出，許可制的長處在於它比使用分區來得有彈性，但是彈性也可能帶來「便宜行事」（expediency）的弊端；規劃的彈性，可能要以犧牲可靠與責任（accountability）作爲代價。❽

香港大學「都市計畫與環境管理中心」（The Center of Urban Planning and Environment Management）的教授給我們的看法，可以歸納爲以下幾點：

一、香港雖然是實施英國規劃制度的地方，但是仍然是以使用分區爲主要基礎。他們也認同表1-1的「規劃準則」，認爲使用分區仍然是判斷許可與不許可的基礎。

二、規劃許可制用在非都市地區比較合適。都市地區的土地使用狀況比較複雜，需要考慮的因

---

❼ Marion Clawson and Peter Hall, *Planning and Urban Growth: An Anglo-American Comparison*, Resources for the Future, The Johns Hopkins University Press, 1973, p.161.

❽ J. Barry Culling Worth and Vincent Nadin, *Town and Country Planning in Britain*, 11th, ed., Routledge, 1994, p.48.

素較多，訂定審核標準不易。因爲，在都市地區實施規劃許可制，土地使用一旦許可變更爲最高與最佳使用，其所有權人將會獲得暴利，有失公平正義原則。曾經在中部地區區域計畫通盤檢討中，規劃單位提議擴大規劃許可制之實施至都市計畫地區，我們認爲此一問題值得愼重思考。台灣非都市土地的開發，事實上已經實施規劃許可制，其成效及影響如何，值得檢討。因爲規劃許可是個案審查，尤其近年來山坡地災害頻仍，國土千瘡百孔，是否與規劃許可制有關，也值得做進一步的探討。

三、規劃許可制的關鍵在於審查，審查的標準需要周密的法律規範，以及審查人員或委員會的裁量。以我們華人的傳統人際關係，以及不夠深厚的民主與法律素養，極易造成舞弊及貪瀆（corruption）。回顧我們過去及現在炒作地皮的狀況，不由得令人對實施規劃許可制不敢樂觀。

綜合以上的討論，我們認爲規劃許可制的實施，必須審愼將事，首先要從速訂定配套的法規，以及詳盡周延的審查標準。尤其重要的是，仍然要以土地使用分區作爲基礎。也就是要把《國土計畫法》的三大功能分區訂得周延，什麼開發需要禁止？什麼開發需要申請許可？以及什麼開發應該無條件許可？以美國而論，也發現使用分區制的許多缺點，但是已經發展出很多其他的相關辦法，以補充使用分區的不足，並改善其缺點。這些方法包括：發展權移轉（TDR）、計畫單元開發（PUD）、混合使用、彈性分區、訂定績效標準等，已經在前面加以說明了。

表 1-1　澳洲雪梨市Cumberland County 的規劃許可制準則

I.使用分區	II.圖示	III.不需要申請主管機關許可之開發使用項目	IV.需要申請主管機關許可之開發使用項目	V.禁止開發使用之項目
1. 住宅區	淺紅	家庭住宅	住宅大樓、公共禮拜場所、集會場所、教育訓練場所、公共建築、醫院、商店、倉儲與大賣場以外的商業使用、專業事務所、地方性輕工業、發電廠以外的公用事業設備、任何不包含在第III欄與第V欄的使用。	發電廠、倉儲、大賣場、地方性輕工業以外的工業、開礦、機關會館、露天影院。
2. 企業與商業中心（縣）	深紅（加注文字）		住宅大樓、家庭住宅、公共建築、公共禮拜場所、教育訓練場所、醫院、公共集會場所、商店、商用場所、專業事務所、發電廠與瓦斯廠以外的公用事業設備、嫌惡性、危險性或萃取性工業以外的工業及任何其他不包含在第V欄的使用。	機關會館、嫌惡性或危險性工業、開礦、萃取性工業、發電廠與瓦斯廠。
3. 企業與商業中心（區）	深紅		公共建築、公共禮拜場所、教育訓練場所、醫院、家庭住宅、住宅大樓、集會場所、商店、商用場所、專業事務所、發電廠與瓦斯廠以外的公用事業設備、地方性輕工業、任何第V欄禁止以外的其他建築。	地方性輕工業以外的工業、開礦、機關會館、發電廠與瓦斯廠。

（續表 1-1）

I.使用分區	II.圖示	III.不需要申請主管機關許可之開發使用項目	IV.需要申請主管機關許可之開發使用項目	V.禁止開發使用之項目
4. A級工業區	紫色加注「A」		任何第V欄禁止以外的土地使用。	任何嫌惡性或危險性工業之外的工業，其基地與建築的配置必須對鄰近的開發，不具嫌惡性與危險性，或者具備適當的處理設施。家庭住宅或提供從事該項工業員工所必需的住宅大樓、開礦。
5.B級工業區	紫色加注「B」		任何第V欄禁止以外的建築與土地使用。	任何輕工業以外的工業、機關會館、開礦，任何區內或提供從事該項工業員工所必需的家庭住宅與住宅大樓。
6.保留的B級工業區	紫色加注「B」，另加白線條		任何第V欄禁止以外的建築與土地使用。	任何輕工業以外的工業，它們不至於干擾到當地目前特殊主要使用的寧適性，開礦、機關會館必須供給當地工業的員工以外的家庭住宅與住宅大樓。
7.水岸區的工業區	紫色加注「W」		任何第V欄禁止以外的建築與土地使用。	任何不至於給鄰近的土地使用造成嫌惡性或危險性以外的嫌惡性或危險性工業，或者它們具備適當的處理廢棄物的設備，必須供給當地工業的員工以外的家庭住宅與住宅大樓、開礦。

（續表 1-1）

I.使用分區	II.圖示	III.不需要申請主管機關許可之開發使用項目	IV.需要申請主管機關許可之開發使用項目	V.禁止開發使用之項目
8.萃取性工業	紫色加注「E」		任何萃取性工業、任何直接與萃取性工業關聯或依靠萃取性工業的工業、任何第V欄禁止以外的建築與土地使用。	任何屬於第IV欄的工業、任何必須供給當地工業的員工以外的家庭住宅與住宅大樓、公共禮拜場所、寧適性建築以外的集會場所、教育訓練場所、醫院、專業事務所、商業用場所、直接與第IV欄許可的工業有關的使用。
9.嫌惡性與危險性工業區	紫色加注「O」		任何第V欄禁止以外的建築與土地使用。	任何必須供給當地工業的員工以外的家庭住宅與住宅大樓、機關會館、公共禮拜場所、寧適性建築以外的集會場所、教育訓練場所、醫院、專業事務所、直接與其工業有關的商用場所。
10.鄉村區	淡褐色		任何第V欄禁止以外的建築與土地使用。	鄉村住宅以外的家庭住宅、鄉村工作者的家庭住宅，或者臨近工作地點的家庭住宅、住宅大樓、商用場所、專業事務所、鄉村工業以外的工業、萃取式工業與嫌惡性或危險性工業、倉儲、大賣場。

（續表 1-1）

I.使用分區	II.圖示	III.不需要申請主管機關許可之開發使用項目	IV.需要申請主管機關許可之開發使用項目	V.禁止開發使用之項目
11.綠帶區	淡綠色		任何第V欄禁止以外的建築與土地使用。	鄉村住宅以外的家庭住宅、鄉村工作者的家庭住宅或者臨近工作地點的家庭住宅、住宅大樓、商店、旅館、商用場所、專業事務所、鄉村工業以外的工業、萃取式工業、嫌惡性或危險性工業、倉儲、大賣場、鋸木場。
12.未定區	白色加褐線		任何使用。	
13.特殊使用區	黃、灰相交		任何使用	
13A.特殊使用區（大學）	黃色加綠邊		大學使用、輔助大學的使用、大學招待所、大學學院、家庭住宅、公用設施、道路、下水道、農業、開放空間、醫院、公共禮拜場所。	任何第IV欄許可之外的使用。

規劃許可制在台灣的實施

台灣從 1995 年開始實施規劃許可制至今已有二十多年的歷史。法令的依據除了《區域計畫法》、《非都市土地使用管制規則》外，在區域計畫委員會審理開發申請案時所根據的基本法規爲《非都市土地開發審議作業規範》。其法律依據爲《區域計畫法》第十五條第二項。

第一、其做法僅以行文的方式，查詢當地行政機關或主管機關。而被詢問機關是否具有翔實可靠的資料做依據，則是疑問。

第二、它只詢問開發行爲是否在某種應保護或禁止開發地區的範圍之內或之外，並沒有對土地開發行爲的種類做實質的審查，以至於無法據以判定該項申請開發行爲是否應該予以核准或不予核准。

目前我們所最缺乏的是國土規劃分區的基本資料。因此，如果我們實際上眞正能夠依照國土計畫法第四章各條之規定做好土地使用分區，並且建立該分區的詳實基本資料庫，即可以很正確地判別何種分區之內可以容許何種開發行爲。

其實土地使用分區的規定不是沒有。因爲在區域計畫法施行細則第十三條已經規定非都市土地得劃定爲：(1) 特定農業區；(2) 一般農業區；(3) 工業區；(4) 鄉村區；(5) 森林區；(6) 山坡地保育區；(7) 風景區；(8) 國家公園區；(9) 河川區；(10) 其他使用區或特定專用區等十種分區。而第十五條又更進一步將各分區之土地使用編定十八種用地，並且依照地方實際需要劃入地籍圖。在《非都市土地使用管制規則》之附表一，也已列出各種使用土地的容許使用項目及許可使用細目。但其管制標準則列在《非都市土地使用管制規則》中，如能整合如下述美國奧瑞岡州（State of Oregon）的做法當更爲理想。

在制定《非都市土地使用分區圖》及編定各種使用作業須知裡，也依照區域計畫法施行細則第十六條規定，按照鄉、鎮、縣、市，制定非都市土地使用分區圖，編定各種用地。而我國實施規劃許可制的基本癥結問題，即在於缺乏這種基本的土地使用分區標準，並將之劃入圖示。我國的作法似乎是完全揚棄土地使用分區，無論開發案在何種土地分區裡，都僅做個案審查。無怪乎我國的國土已經被東一塊、西一塊地開發，弄得千瘡百孔，災害頻仍。

第三、如果能夠更進一步，在各可申請開發分區內，訂定各種詳細的績效標準，則地方或中高層政府行政機關即可據以審查，而不必經由中央政府的區委會，或都委會來做審查的工作。也就如《國土法》第二十八條之規定：「於農業發展地區或城鄉發展地區內，從事一定規模以上開發行為時，開發者應檢具開發計畫向直轄市、縣（市）主管機關申請規劃許可，並檢具都市計畫書、圖，向直轄市、縣（市）都市計畫主管機關申請，一併辦理都市計畫之擬定或變更。」關於績效標準的訂定，美國奧瑞岡州住宅區的土地使用分區與許可標準（表 1-2）可以做參考。

第四、以區域委員會的形式來審查，雖然有《審議作業規範》及其他法規作爲依據，但是這些法規只是就重點做原則性的規定。加上各委員的專長不一，任期有別，其審查之一貫性，也值得檢討。而且特別是在小組審查階段，委員會之出席率並不一致，其公信力也遭到質疑。如果以上所說明的土地使用分區做得詳實，能清楚地畫在圖上，則可以授權地方政府自行審查。一則可以精簡審查作業的程序，縮短審查時間，也可以節省許多人力物力的花費。

在我們討論土地使用分區制和規劃許可制之後，我們應該瞭解，究竟土地使用分區制和規劃許可制是兩種不同的制度，還是同一種制度的兩個不同層次？我們引進規劃許可制，是因爲覺得土地使用分區制在審查作業的程序上異常僵化，曠日廢時。引進規劃許可制之後，把它用在非都市土地的開發，而且是不論分區爲何，逕行做個案審查；而都市土地的開發，仍然使用土地分區制。但是，我們的實踐是否正確，是不是值得再進一步加以探討？

於是，我們必須面對四個問題。第一、都市與非都市如何定義？第二、把土地分爲都市土地與非都市土地是否恰當？第三、都市土地與非都市土地的開發，分別使用不同的制度是否恰當？第四個問題，也是最重要的問題，到底土地使用分區制和規劃許可制是兩個不同的制度，還是同一個制度的不同階段或面向？現在，我們先討論前三個問題，在我們說明規劃許可制之後，第四個問題的答案就會自然浮現了。

關於第一個問題，在對某一個地區做規劃時，我們所面對的地區可能是完全鄉村（rural）的，也可能完全是都市（urban）的；或者有的地區是介於鄉村與都市兩個極端之間的。但是無論它們是鄉村的或者是都市的，都是必須做規劃的，因爲有人居住其間，就需要公共設施，就需要做規劃。依照韋氏大辭典的定義，英文urban一字是形容詞，是指人口聚集的地方，或某一個地區內包含有一個城市（city）的地區，所以我們通常都說「都市地區」（urban area），而非都市。而城市則是名詞，是指一個經過立法成立，具有法律地位和行政組織的市鎮（town）單位，由市長及市議會管理。依照英國*The Countryside Agency*的研究，傳統的所謂town或city是一個自由建築的地區，它具有相當規模的服務業，其中包括各種商店、市場等。它也有行政、教育、娛樂以及其他公眾社會服務功能，而且是具有歷史性的。它也會有一個交通運輸網絡，以此爲中心，能夠吸引人口從外圍聚集，以尋求就業與服務，通常此一地區都超越市鎮的界線而形成「都市地區」。它也可能包含一些周邊的「鄉村地區」（rural countryside）。

通常定義「都市地區」的方法有三：

1. 它是一個具有眾多建築物的地區（build-up area）。
2. 它是一個可以提供設施或服務的地區（functional area）。
3. 它是以人口或建築物的密度作爲都市化的指標。

第二個問題，台灣的制度是把土地分爲都市與非都市兩類。根據《區域計畫法施行細則》第十二條的定義，都市土地包括已經發布都市計畫，及依《都市計畫法》第八十一條規定爲新訂都市計畫，或擴大都市計畫的地區。非都市土地則是指都市土地以外的土地。都市土地的使用規定在《都市計畫法》裡；而非都市土地的使用，則是規定在《區域計畫法》裡。或者根據《區域計畫法》第十五條，訂定《非都市土地使用管制規則》及其他法規加以規範。那麼，城市與其周邊鄉村之間的過渡地帶，到底是都市土地還是非都市土地？需要計畫還是不需要計畫？

如果以人口數爲門檻來定義鄉村或都市地區的話，則不同的國家或地區有不同的標準。有的國家或地區規定超過 2,000 人或 3,000 人，也有超過 10,000 人、20,000 人或 25,000 人等不同的標準。以美國的標準而言，有的州認爲超過 2,000 人，即需要從事公共設施計畫及土地使用規劃。美國奧瑞岡州則規定，任何人口聚集超過 2,500 人的地區，即需要從事公共設施及土地使用規劃，也就是需要做都市計畫。因此，奧瑞岡州城市如波特蘭（Portland）的都市生活環境是公認全美最好的之一。目前台中市的大坑風景區因爲管制不善，雖然法律上是風景區，人口已經超過 21,000 人。這時當然就需要做都市計畫，而不能認爲那不是都市地區，要等到它成爲城市之後，才做都市計畫或城市計畫。

第三個問題，爲了因應《國土計畫法》發布實施後，土地開發的範圍可能同時涵蓋都市與非都市及城鄉過渡地帶，所以可能要以城鄉一體或區域的概念做全面性的規劃與管制。《國土計畫法》

的國土功能分區，是指基於國土保育利用及管理之需要，依土地資源特性劃分國土為保育地區、農業發展地區、城鄉發展地區及海洋資源地區，並訂定管理計畫，以規範土地開發、使用及保育。如果硬性地把都市土地與非都市土地一刀切開，其合理性是值得商榷的。

《國土計畫法》第二十一條的國土三大功能之分類分區如下：

一、國土保育地區：為保護自然資源、生物多樣性、自然景觀、文化資產及防治天然災害、確保國防安全，並限制一定開發利用或建築行為之地區。

二、農業發展地區：為農業發展及維持糧食安全之需要，供農業使用之地區。

三、城鄉發展地區：為規劃供居住、經濟、交通、觀光、文教、都市發展及其他特定目的等需要做有計畫發展之地區。

《國土計畫法》第二十七條下半的規定：

直轄市、縣（市）主管機關於擬訂直轄市、縣（市）國土計畫時，應依全國國土計畫國土功能分區之劃設構想及國土保育地區之劃設，製作國土功能分區範圍圖，視自然地形及地籍界線作必要之調整，並將其套疊既有土地使用分區圖，併同直轄市、縣（市）國土計畫報請中央主管機關核定。

更重要的是，這些土地區劃的資料庫及圖說應該儘速建立，否則無從知道地區的劃分，更不可能據以審訂哪裡是禁止開發區、哪裡是有條件開發區、哪裡是可開發區。為了因應《國土計畫法》發布實施後以及規劃許可制的實施，這些基本資料及圖說的建立是十分必要的。這也就是規劃許可制需要改進的地方。

各種土地使用分類分區的原則與標準

劃定某一地區爲環境敏感地區或保育地區的目的

1. 告訴土地所有權人、開發者、政府官員以及一般公民，這些土地具有特別的性質，而且對某些人類的行爲十分敏感，所以要加以管制或徵收。
2. 對這些土地的保育措施與管制法規、徵收或其他公共政策提供法律與政治基礎。
3. 這些地區或土地已經發生或可能發生一些潛在的環境問題，以至於需要建立可以引起公眾注意的優先順序。
4. 減少以公眾的資源，補助這些土地或地區的開發。例如：減少貸款及相關聯的基礎建設。
5. 提供解決爭議的基本架構。

劃設保育地區的特殊功能

1. 防止居民的生命財產免於自然災害，例如：洪氾、山崩、地震、水岸的變動或其他災害。
2. 保護自然與環境資源免於人類行爲的破壞，例如：城市建設、農耕、採礦、伐木等。特別需要保護的土地，包括河口、溼地、水岸、集水區、地下水補注地區等。
3. 保護與管理自然資源供經濟生產。例如：特殊農地、林地、砂石礦源、魚貝類生產地、水源地、提供用水的地下水源補注地。
4. 保護並增進自然與文化愜意地區。包括特殊的地景，如岩石、峭壁、沙丘，或其他地質景觀；溪流、瀑布、水岸、橋梁、教堂、寺廟或特殊景緻。這些地區則需要基礎建設以提高其可及性。

5.保護或提供戶外遊憩、教育或文化設施。例如：步道、營區、展示場、動物園、高爾夫球場、戶外音樂廳。

6.形塑都市意象：例如：綠帶、開放緩衝空間、廣場等。

劃設保育區的原則與標準

1.保育區的土地應該包括：主要的溼地、未開發的水岸、脆弱或容易發生災變的地方、野生動物棲息地（包括珍稀物種與原生物種）、公共供水的水庫與集水區、公共管制的公園與森林、洪水平原、陡坡、土石流地區以及具有特殊自然風景與遊憩地區。

2.協調原則：劃設的保育區必須：(1)與周邊特質協調；(2)區內的各地方特質要一致；(3)使用的方式要彼此沒有衝突。

3.關聯性原則：與周邊其他開放空間具有互補與強化功能的作用。

4.可及性原則：具有可及性與阻礙可及性的雙重作用。例如：對遊憩使用應具有可及性，而對於需要保護的地區，則要具有阻礙可及性的作用，例如溼地。

5.都市壓力原則：假使都市發展有立即性，則保育區的劃設更應加速。應以法規管制，都市發展不得在行水區及其邊緣。不影響洪氾儲存的地區，不阻滯水流的地區可以准許使用，但必須使最低層的使用高於一百年頻率的洪水水位。

6.保護並管理植被，特別是在陡坡或溪流沿岸，要維持自然滲透力與逕流，防止淤積與有機物的汙染。坡度的標準從 10% 到 25%，甚至更大的坡度。通常坡度越大，開放空間也要愈大，開發的密度要愈低。通常河流沿岸的緩衝帶可以從十五公尺到一百公尺。

7. 保育區要大到足以承載野生動物的棲息，其大小可以從五、六公頃到四、五十公頃，甚至一百或數百公頃。

8. 在地下水補注地區，只准許低密度的開發，並且要以法規限制不透水敷面的面積。

美國奧瑞岡州的土地使用分區與許可標準

美國奧瑞岡州是美國各州中，土地使用計畫做得最好的州之一。因此，它的各種功能分區劃設原則及標準，都可以作爲我們改善規劃許可制的參考。

土地使用分區

奧瑞岡州把在城市／社區裡的土地，劃分成各種土地使用分區。大的分區有住宅區（R）、商業區（C）、工業區（I）以及重疊使用區（O）。因爲住宅區爲都市地區的主要土地使用，而且限於篇幅，所以僅以住宅區爲例，說明如下：

住宅區

住宅區之下，又分低密度住宅區（LDR）、中密度住宅區（MDR）與住商混合區（RC）（如表 1-2 和 1-3）。分區的原則有如下幾點：

(1) 增進鄰里秩序，而且能改善環境的發展。

(2)使土地與公共設施做整體計畫，並且做有效使用。
(3)設計適合社區所需要的住宅樣式與密度。
(4)提供彈性建地標準，使各種土地使用與景觀、環境協調相容。
(5)用最少的法規來達到與現有的住宅、學校、公園、交通設施與鄰里公共設施相融合。
(6)減少居民對小汽車的使用，在鄰里與社區裡盡量步行，或使用自行車與大眾運輸工具。
(7)使居民便於使用學校、公園與鄰里的公共設施。

看了以上奧瑞岡州的住宅區土地使用標準之後，我們發現我國的《建築技術規則》中，亦有類似的規定，不過多為建築工程方面的規定，並沒有與相關的土地使用類別相結合。而《都市計畫法》及《台灣省施行細則》中，雖有分區之規定及使用類別之規定，及三十二條建蔽率、三十四條容積率之規定，但並未明文規定標準之基礎。這也是容易令人不易遵守之處。

景觀設計的標準

景觀設計的意義在於保護自然植物。訂定土地開發的景觀標準、路樹、圍籬與牆壁，以增進社區的健康、安全與福祉。整體來說，這些自然與人造的環境會增進視覺的品質、環境的健康與社區的特性。樹與其他植物可以調節氣候，隔離行人與車流。景觀規劃的地區可以幫助控制地面排水、改善水質。景觀的保育要避免移動樹與其他植物，包括河流、溼地，與其他自然資源地區。景觀設計也涉及停車場的緩衝帶與迴旋區，以及不同土地使用之間的隔離。

表 1-2　住宅區土地使用分區與許可標準（LDR, MDR, RC）

土地使用	許可使用的標準		
	LDR	MDR	RC
獨棟住宅	P	P	P
輔助使用建屋	S	S	S
街角的雙併	P	P	P
裏地的雙併	C/N	P	P
一棟以上的雙併	N	S	S
獨棟相連，各在自己基地上	S/N	S	S
簇群式（2~4 居家房屋，共有庭院每棟 100~130m² 樓地板面積）	CU/N	P	P
預銷住宅	S	S	S
零基地線住宅	S/N	S	S
集合住宅	S/N	S	S
多家庭住宅	S	S	S
公用設施住宅	N	S	S
商業土地使用			
開車進入／得來速、ATM等	N	N	N
民宿	CU+S/N	CU+S/N	S
教育設施（非學校）200 m²以下	N	CU/N	P
娛樂設施	N	N	N
家庭居住（依標準）	S	S	S
辦公（200 m²/使用）	N	CU/N	P
戶外遊憩（商業性）	N	N	N
快速修車	N	N	N
零售與服務（200 m²/使用）	N	CU/N	P
自助式儲藏庫	N	N	N
短期假期租用	CU+S/N	CU+S/N	S
工業使用			
工業服務（室內）	N	N	CU
製造與生產（室內）	N	N	N
倉儲與貨運	N	N	N

（續表 1-2）

土地使用		許可使用的標準		
		LDR	MDR	RC
廢棄物類		N	N	N
批發業		N	N	N
基本公用事業		P	P	P
學院		N	N	CU
社區服務業	－200 m^2以下	CU	CU	P
	－200 m^2以上	N	N	CU
托幼、托老設施（12 個兒童以下）		P	P	P
公園與開放空間在特定地點，為住宅區的一部分		CU/P	CU/P	CU/P
宗教機構與禮拜堂		CU	CU	CU
學校		CU	CU	CU
其他使用				
輔助用結構體	（不高於 5m，底部不大於 100 m^2）	P	P	P
	（高於 5m或底部大於 100 m^2）	CU	CU	CU
農業－畜牧	（每 600 坪 1 頭牛、馬、羊或同樣大小的家畜）	P	P	N
	（小動物，每 600 坪 5 隻雞、兔；豬 2 頭）	P	P	P
園藝作物（室內或室外）		N	N	CU
採礦		N	N	N
廣播頻道輸送設施		CU	CU	CU
鐵道與公用事業路權		CU	CU	CU
短期使用		P/CU	P/CU	P/CU
社區交通運輸設施		P	P	P

符號：P＝許可（經審查）
S＝依標準許可
CU＝有條件許可
N＝不許可

表 1-3　住宅區的開發標準（適用於所有的建築物）

土地使用	許可使用的標準		
	LDR	MDR	RC
密度（最小基地面積）			
獨棟（不連接）	550~660 m^2	450~550 m^2	450~550 m^2
獨棟（連接）	330~450 m^2	280~330 m^2	220~330 m^2
獨棟（有輔助設施）	670~720 m^2	550~660 m^2	550~600 m^2
雙併	670~1000 m^2	550~780 m^2	550~660 m^2
集合（簇群）住宅	670~1000 m^2	670~1000 m^2	670~1000 m^2
非住宅使用	670~1000 m^2	670~1000 m^2	670~1000 m^2
最小基地密度			
獨棟（不連接）	13m	13m	13m
獨棟（連接）	7m	7m	7m
雙併	17m	17m	17m
集合（簇群）住宅	17m	17m	17m
非住宅使用	7m	7m	7m
最小基地深度	最小寬度 2 倍	最小寬度 2 倍	最小寬度 2 倍
建築物最大高度			
平地（坡度 15%＜）	9-10m	10-12m	10-12m
坡地（坡度 15%＞）	平地+1.5m	平地+1.5m	平地+1.5m
建蔽率（最大）			
獨棟	40%	50%	50%
獨棟（共用牆壁）	60%	70%	70%
雙併	60%	60%	60%
集合（簇群）住宅	60%	60%	60%
混合使用（住／商／工）	不適用	70%	70%
辦公／開放空間	60%	60%	60%
最低景觀面積（基地%）	10%	7%	7%
最小退縮			
前面鄰街			
高於 5m	5m	5m	5m
有停車空間	7m	7m	7m
低於或等於 5 m	5m	5m	5m
開放結構（陽台等）	1.5m	1.5m	1.5m

（續表 1-3）

土地使用	許可使用的標準		
	LDR	MDR	RC
兩側退縮（巷道除外）			
高度＞9m	5m	3m	3m
高度 5-9m	4m	3m	3m
高度≦5m	3m	3m	3m
停車空間	7m	7m	7m
巷道	1.5m	1.5m	1.5m
開放結構	1.5m	1.5m	1.5m
共用牆壁／零基地線	0m	0m	0m
後面退縮（巷道除外）			
高度＞9m	5m	3m	3m
高度 5-9m	3m	3m	3m
高度≦5m	1.5m	1.5m	1.5m
停車空間	7m	7m	7m
共用牆壁／零基地線	0m	0m	0m
巷道退縮	0.7m	0.7m	0.7m

注：

1. 建蔽率的計算，是建築或結構物垂直投影所占建築基地的面積。它不包括車道、停車亭與陽台所占的地面。
2. 不透水面積的計算，包括前項所稱之建蔽率，以及其他不透水的地表。（例如：柏油、水泥的不透水敷面，它不包括種植的面積與可供洪水滲透的地面。）

景觀設計的面積標準

（最低基地百分比）

1. 住宅與住商地區：基地的20%。
2. 市中心主要街道／地區：基地的0~10%。
3. 一般商業區：基地的10~20%。
4. 一般工業區：基地的0~20%。
5. 輕工業區：基地的10~20%。

景觀設計的材料

1. 使用既有的原生種植物：每一吋直徑的既有樹之間，需要種一株一吋直徑的新樹。
2. 植栽的選擇要多樣

化：決定於當地的氣候、日照、水源與排水狀況，土壤也須改良。

3. 外來種必須排除。

4. 硬體設施：應有 10% 的覆蓋率。遊憩區的標準另訂。

5. 地表覆蓋：不種樹的地區要有地表覆蓋——最少要有每十二吋一株，要達到 50~75% 的覆蓋率。

6. 樹的大小：最小要有四呎高二吋的直徑大小。

7. 灌木叢：最少要有五加侖容器口的大小。

8. 滯洪設施需要用耐水的原生植物做景觀設計。

景觀設計的標準

所有的庭院、停車空間與路樹都需要做景觀工程，以保持水土、視覺舒暢、緩衝綠帶、隱私、開放空間與通路的判別、遮蔭與防風等用途。其設計標準如下：

1. 庭院退縮的景觀

(1) 在房屋側面與後院要做景觀設計，以供遮蔽、私密之用。但在前院與入口處則保持開放，以策安全。

(2) 用樹或灌木叢做防風之用。

(3) 保留原有自然植栽。

(4) 供辨別行人通道與開放空間。

(5) 提供開發的焦點，例如：大樹或奇花異草。

(6) 在公共開放空間與前院種樹以遮蔭。

(7) 用各種植物使景觀長年維持。

(8) 在戶外儲運與機械設備地區、坡地、滯洪設施地區做景觀規劃。

2. **停車空間**

全部停車空間與迴車地區，最少要有 10% 的面積做景觀規劃。最少每六個停車位要種一棵樹。所有的停車空間在二十個停車位以上，即要做景觀分隔島隔離十到十二個停車位。所有停車面積的景觀面積不得小於 2.5 平方公尺，或者至少寬一公尺、長二公尺，以保持水土並供植物健康生長。

3. **緩衝與影壁的需要**

(1) 臨近街道的停車場與迴車道之間要有 1-1.5 公尺寬的植栽，但中間要分段隔開，以便行人通過或安全監測。

(2) 臨近建築物的停車迴車空間與道路之間，至少要有 1.5 公尺寬的植栽以隔離，並保護行人、景觀與建築物。如果停車場臨近住宅，則需要至少 1.5 公尺寬的緩衝綠帶。

(3) 在機械設施、戶外儲運與裝卸貨地區，要有景觀植栽或牆壁做影壁之用。

停車空間的設計標準

路外停車空間設計標準：見表 1-4 和表 1-5。

表 1-4　各種土地使用的最低停車標準

<table>
<tr><th colspan="2">土地使用</th><th>最低停車標準</th></tr>
<tr><td colspan="2">集合住宅（多家庭）</td><td>1 停車位／1 臥室單位
1.5 停車位／2 臥室單位
2 停車位／3 臥室或較大單位</td></tr>
<tr><td colspan="2">療養院、旅遊者的住宿處，或類似住宅</td><td>0.5 停車／ 4 臥室單位</td></tr>
<tr><td colspan="3">商用土地使用類</td></tr>
<tr><td colspan="2">開車購物、ATM設施</td><td>無規定</td></tr>
<tr><td colspan="2">民宿</td><td>1 停車位／1 臥室</td></tr>
<tr><td colspan="2">教育設施（非學校）</td><td>2 停車位／100 m^2 樓地板面積</td></tr>
<tr><td colspan="2">娛樂設施</td><td>依參與人數規劃</td></tr>
<tr><td colspan="2">辦公空間</td><td>2 停車位／100 m^2 樓地板面積</td></tr>
<tr><td colspan="2">戶外遊憩（商業性）</td><td>依參與人數規劃</td></tr>
<tr><td colspan="2">停車場</td><td>依規模規劃</td></tr>
<tr><td colspan="2">快速修車、得來速設施</td><td>2 停車位／使用條件</td></tr>
<tr><td rowspan="6">零售與服務業</td><td>零售商店</td><td>2 停車位／100 m^2</td></tr>
<tr><td>家具、家電、汽車銷售等</td><td>1 停車位／100 m^{2}樓地板面積</td></tr>
<tr><td>餐廳、酒吧</td><td>8 停車位／100 m^{2}樓地板面積</td></tr>
<tr><td>健身房、保齡球館等</td><td>3 停車位／100m^{2}樓地板面積</td></tr>
<tr><td>住宿設施（旅館、汽車旅館等）</td><td>0.75 停車位／出租房間，如附帶餐飲、酒吧則依上列標準。</td></tr>
<tr><td>影院、劇院</td><td>1 停車位／6 座位</td></tr>
</table>

表 1-5　各種土地使用的最低停車標準

土地使用	最低停車標準
工業土地使用類	
工業服務業	1 停車位／100 m^2樓地板面積
製造與生產業	1 停車位／100 m^2樓地板面積
倉庫與輸運設施	0.5 停車位／100 m^2樓地板面積
與廢棄物相關設施	依需要條件規劃
批發業	1 停車位／100 m^2樓地板面積
機構土地使用類	
基本公用事業	無
學院	依自身需要的範圍內
社區服務業	1 停車位／20 m^2樓地板面積
托老、托幼設施	1 停車位／50 m^2樓地板面積
公園與開放空間	依實際需要規劃
宗教設施（教堂）	1 停車位／10 m^2主要集會場所的樓地板面積
學校	包括小、中、高校：1 停車位／教室 高中：7 停車位／教室

2

你知道都市蔓延是城市發展的病態嗎？

我們的討論，也許不應該侷限於城市應不應該成長。我們應該更進一步，討論城市如何成長，以及在什麼地方成長。

什麼是都市蔓延？

世界上幾乎所有國家的城市，幾乎都在往周邊擴散蔓延。人們對都市蔓延（urban sprawl）問題的認知，開始於 1940 年代末。第二次世界大戰後，由於人口的增加和小汽車的普及，使城市居民的活動空間逐漸往外延伸，不再侷限在城市之內。於是城市周邊的土地也逐漸被開發，使得郊區的綠地減少，以至於產生都市蔓延現象。❶

都市規劃專家懷特（William H. Whyte）在 1958 年的一篇文章 *Urban Sprawl* 裡，第一次使用都市蔓延這一詞語。而賈特門（Jean Gottmann）與哈波（Robert Harper）在 1967 年合編的 *Metropolis on the Move: Geographers Look at Urban Sprawl* 中，認爲都市蔓延是：「中心城市以外的都會區，以低密度的開發持續不斷地向外擴張。」斯檜爾（Gregory D. Squires）定義都市蔓延：「是一種都市與都會區的成長型態，它是低密度、倚賴小汽車作爲交通工具，在衰敗的城市中心周邊的新土地開發。這種往外開發的延伸，往往是無止境的。土地使用規劃凌亂，或者是毫無規劃，造成許多經濟與社會結構的問

❶ Bernard J. Nebel and Richard T. Wright, *Environmental science: The Way the World Works*, Sixth Edition, Prentice Hall, 1998, p. 606.

題，以及城鄉與區域之間的不均衡發展，和社會中所得不均族群之間的隔閡。」❷舒勒（David C. Soule）則提出以下比較完整的定義：

蔓延是在都市中心邊緣，以低密度、倚賴小汽車爲主要交通工具的土地開發。通常都是從目前較高密度的核心，以蛙躍式的開發方式，在未開發的土地上開發獨棟的住宅小區（subdivision），以及校園式的商業與零售園區。❸

如果我們更詳細一點來看，一個操作性的定義就會牽涉到幾個概念。當人口與工作從中心城市外移時，蔓延的路徑是沿著交通走廊向外擴散的。根據*Planning Commissioners Journal*的說法，蔓延是一個影響城市、市郊與鄉村社區的重要問題。蔓延的結果是，城市周邊農地的消失和舊城市中心的衰敗。在所經過的路徑上，如果蔓延改變一千公頃的農地、森林與溼地，政府就要花上數千萬的經費，去建設新的道路、學校、供水與排水系統等公共設施。事過境遷之後，就會留下住過的房子、空閒的店鋪、關閉的商店、廢棄而且汙染的工廠，以及聯絡市中心的壅塞道路。❹

藍道夫（John Randolph）舉出了造成美國都市蔓延的幾個因素：

1. 二戰之後的嬰兒潮，造成人口的增加，以及城鄉之間的人口移動。
2. 前所未有的經濟繁榮。
3. 廣泛的使用小汽車作爲交通工具。
4. 大量興建高速公路與其他道路，使旅行至郊區更爲便利。
5. 城市中心的經濟、社會衰敗、犯罪，造成人口與稅基外移。

6. 在城市裡興建高速道路，造成社區、鄰里的隔離。

7. 政府低利貸款興建獨棟住宅，使人實現「美國大夢」（American Dream）❺。

8. 地方政府的土地使用分區法規（zoning law）造成分散的住宅小區、購物中心和各種其他就業的機構。❻

都市蔓延與土地使用

造成都市蔓延的土地使用，是由於一套複雜的法律與土地使用規則。以美國來講，州與地方政府的法規都影響土地使用。但是私人地主與開發商，也都在地方政府的規劃與分區規則中尋求開發的機會。在私有財產權制度下，如果沒有合理的補償，政府不能徵收私人財產。私有財產權問題，經常被土地所有權人利用，設法規避地方與州政府對開發的管制，隨著他們土地所在的區位任意開發。這種情形在台灣尤其有過之而無不及，由政府主導的市地重劃多在市郊，更助長都市蔓延。都

---

❷ Gregory D. Squires, "Urban Sprawl and the Uneven Development of Metropolitan America", in *Urban Sprawl: Causes, Consequences & Policy Responses*, The Urban Institute Press, 2002, pp. 2~3.

❸ David C. Soule, Editor, *Urban Sprawl: A Comprehensive Reference Guide,* Greenwood Press, 2006, p. 3.

❹ Ibid., p. 3.

❺ 所謂美國大夢，就是在美國立國之初所宣示的願景，希望每一個家庭都能擁有自己的獨立住宅，建立其私有財產權領域。

❻ John Randolph, *Environmental Land Use Planning and Management*, Island Press, 2012, p. 59.

市蔓延快速地消費農地、開放空間，以及野生動植物的棲息地。改變土地使用成爲建築用地，開發住宅小區、購物中心和道路。中央與地方政府都以此籌措財源，提供公共設施與服務，私人也以此生財。市政當局明言：**「市地重劃可以增加土地所有權人的財富」但是卻沒有顧及它所造成社會貧富不均的不公不義。**

卜丘（Robert Burchell）認爲蔓延已經是深埋在美國人生活中的心理狀態，也許是殖民拓荒時代開發思想的延續。另外，我們在《城鄉規劃讓生活更美好：理念篇》第四章裡談到影響現代都市規劃理念的三位先驅思想家：霍華德、柯比意與萊特。其中萊特是個人主義者，他的城市規劃理念剛好與柯比意相反，他的廣域城市（Broadacre City）是以高速公路連接的郊區主義（suburbanism）與個人主義城市。萊特希望整個美國變成一個屬於個人的國家。他的廣域城市是完全去中心化（decentralization）的，城市周邊的鄉村地區被成千上萬的住屋所覆蓋。每一個人都有權取得他所想要的土地，最小也有一英畝。這些分散的城鎮以高速公路路網連接。萊特認爲，個人意識要建立在個人所有權上，才能表現出來。去中心化才能讓每一個人在自己的土地上，以自己的方式過生活。美國人實現了萊特所夢想的寬廣公路和廣域城市，但是他的夢想，卻也變成了後代美國人的夢魘。

如果我們從歷史上看，人類從狩獵、遊牧時代，演進到農業時代，必然都是定居在肥沃，而且容易開發的土地上的。城市的發展，更是往鄰近良好的農地去擴張。適宜於農耕的土地，地勢平坦而且排水良好，也剛好是宜於開發的土地。但是這些農地，也是一個國家生產糧食、蔬果、飼養禽畜的優良土地。根據美國農地信託（American Farmland Trust）的資料，優良農地生產全國 79% 的水果、69% 的蔬菜、52% 的乳品，以及 25% 的肉類與穀物。這個信託機構也計算出，美國每小時流失掉四十六英畝的優良農地。以致當農民被迫使用次等土地，達到等量的出產時，他必須使用更多的化學肥料，也因此造成更多的土壤酸化和水汙染。[7]

卜丘等人將蔓延總結爲八個方面的因素，它們是：低密度的土地開發；空間隔離、單一功能的土地使用；蛙躍式或零散的土地開發型態；帶狀商業開發；依賴小汽車做交通工具的土地開發；犧牲城市中心而進行城市邊緣地區的開發；就業的分散；農業用地和開放空間的消失。在後來的研究中，他們又將蔓延的定義縮小爲三個最主要的特徵：(1) 無限制地向城市外圍未開發用地擴散；(2) 低密度的住宅與工商業土地使用型態，以及 (3) 蛙躍式的開發。

都市蔓延，廣義地說，是指城市郊區的土地開發。土地的使用是經常變化的，但是這種變化是需要加以檢討的。因爲土地一旦被開發，人民定居下來，工、商業開始營運，便形成永久性的土地使用型態。商業土地的開發，多半是沿著公路的，如：7-11、麥當勞等連鎖商店與速食餐廳。也有的是聚集在購物中心，而購物中心也座落在郊區。這些設施的可及性，都是要倚賴小汽車的。企業的辦公空間，多半座落在沿著高速公路的企業園區裡，周邊設有廣大的停車場，使用大片的土地。住宅的開發，通常都是在郊區住宅小區裡的獨棟住宅。因爲分區規則把各種使用分開，所以小汽車成爲必要的交通工具。

許多反對蔓延的理由認爲：第一、毫無限制的快速開發（消費）土地資源，長期來講，都市發

[7] David J. Cieslewicz, "The Environmental Impact of Sprawl", in *Urban Sprawl: Causes, Consequences & Policy Responses*, The Urban Institute Press, 2002, pp. 26~27.

展將不可能永續（unsustainable）。支持城市生存的腹地，因爲城市擴張而快速消失。第二、會造成社會公平正義的爭議。因爲人口與經濟活動外移，大量的政府經費與私人投資，也從中心城市流往郊區，更加強了蔓延，造成中心城市的衰落，使居民孤立無援。所造成的問題是：既然反對蔓延的聲浪相當普遍與強烈，爲什麼城市的發展仍然往外蔓延？要正確地瞭解蔓延的原因，除了使用分區等法規之外，我們也必須考慮複雜的社會、經濟與政治力量相互交織所產生的影響。

蔓延發展的好處是，它創造及維護了私人家庭的領域，但是在公共領域中卻是失敗的。因爲它隔離了住、商、不同年齡層以及不同族群、文化、不同所得的居民，而失去了社區的共同生活。賈特斯（Keith Charters）說：「如果不指導土地開發到某些希望的地方，它將蔓延到任何地方，如果它蔓延到任何地方，那麼所有的地方看起來都是一樣的。」[8]

在大多數蔓延開發的地區，人們被迫使用小汽車作爲交通工具。或者可以說，現代的都市發展，是爲了小汽車通行的便利。由於使用小汽車，接下來又要建設更多的道路與高速公路，形成一種惡性循環。於是小汽車充斥，造成擁擠，更消耗能源與造成空氣汙染。蔓延也侵蝕農地、開放空間與野生動植物的棲息地。除了這些實質的影響之外，也損害社區的視覺與文化價值，與對社會經濟的影響。而地方政府爲了提供公共設施，在財政上往往捉襟見肘。

要正確地瞭解蔓延，必須先瞭解幾項更多的因素。社會結構在性質上可能比其他因素更爲重要，社會結構需要評估誰得利？誰受損？損益之間需要做調整。妨礙公平的障礙，以及彌補衝擊的機制需要做分析。還有造成社會上種族與經濟階級的隔離，也不能不加以注意，有錢人要比沒錢人多些選擇。從十九世紀到二十世紀初期，富裕家庭不斷地移出擁擠的都市地區。藉著交通運輸的進步，社會階級的隔離，開始出現在地理區域上。

在經濟隔離之外，社會階級更幫助我們瞭解，爲什麼能遷移的人選擇某些地區。職業是因素之一，文化氣息是另外一個。例如美國的波士頓是人文薈萃的城市，加上卓著聲譽的學術機構（哈佛、MIT等大學），形成了十九到二十世紀的社會階層，並且影響了經濟、政治與社會等方面的發展。在某些方面，影響到一些老城市的主管級人物，他們在城市裡工作，但是卻住在郊區。

當注意環境的人士宣稱，蔓延是 21 世紀的頭號環境問題時，環境法律保護了水源、汙水處理、溼地和其他環境問題，以補充土地管理系統規範的不足。特別是對公有土地的保護，和溼地開發的管制，尤其需要注意。影響所及，環境保護人士即要求政府，更積極地管理土地開發所造成的外部性。例如：最好由國家取得開放空間的永久所有權，以免遭到開發。因爲這是遏阻開發者消費土地最有效的做法。然後，環境敏感地區的溼地和集水區的土地，才會被保護下來。台灣的環保思維，目前還停留在清理垃圾、防治汙染等技術、工程階段。至於土地開發管制、環境敏感地區與溼地和集水區的保護等政策方面的問題，台灣的政府似乎還沒有這些概念。

造成都市蔓延的幾種力量

都市蔓延的因素不止一端，而是多項複雜的因素交互影響的結果。這些因素包括：技術、法規、地理、地方政府結構，以及政治的運作等。

第一、技術的進步，使蔓延更爲容易。人類的定居與活動的範圍，過去受交通與通訊的限制，

❽ John Randolph, *Environmental Land Use Planning Management*, Island Press, 2012, p.59.

所以群聚在某一個地理區域之內。但是現在，我們生活在高科技與快速運輸、快速通訊的時代。於是有些學者認爲，我們不再需要居住在緊密的環境裡，城市是過時的東西。有些所謂的未來學者（futurists），認爲科技縮小了空間，人們可以在任何他所喜歡的地方居住與工作。既使需要面對面的商談，搭飛機或上高速公路，也是輕而易舉的事。這種說法雖然有理，但是也有可以討論的空間。從事規劃的人認爲，我們或許可以規劃一個社區，人們不必住得太近，但是卻具有高度彼此互動的機制。

高速公路與小汽車使交通運輸更爲四通八達。但是也使居住、工作的土地使用更具擴散性。如果與軌道運輸比較，軌道運輸的廊道和場站比較固定，也使居住與工作的地點具有群聚性。有如傳統的城市、小型的鄉村和新市鎮。在歐洲，各國的鐵道系統使緊湊的開發更爲可行。這也就是爲什麼法國、德國、英國與荷蘭等國家的城市可以適當地成長，而不會造成失控的蔓延。

第二、我們把土地的供給看作是無窮無盡的。土地開發業者並不關心他要開發的土地是否應該被開發，完全不關心土地的保育，和對環境的影響。德勒峰（John Delafons）形容美國的土地使用方式，受草原心理與萊特的城市規劃理念影響很大。[9]

第三、土地所有權受憲法的保護，並且鼓勵人民擁有土地財產；保護私人財產，是憲法的基本原則。但是在某種程度上，卻也保障了土地蔓延開發的權利。這種價值觀有它的歷史根源，也在於限制政府與私人的自由。私人財產權，正足以顯示這些原則。中華民國憲法第一百四十三條前段說：「中華民國領土內之土地屬於國民全體。人民依法取得之土地所有權，應受法律之保障與限制。私有土地應照價納稅，政府並得照價收買。」不過，時下在台灣，多數解釋憲法對私人財產權的態度，只講保障，而少講限制。特別是憲法中照價收買的規定，根本沒有實施。以致於地價不實，助長土地投機炒作、逃漏稅賦的情形日益嚴重。一般百姓根本無力購買自住房屋。在推動公共建設、徵收私人土地時，往往因爲需要龐大經費，而一再延宕。然而，在另一方面，政府卻又秉持其公權力，強制徵收優良農地（近者如苗栗大埔的徵收案），做工業園區的開發。可見我們的土地使用缺乏規劃與管制的嚴重性。

第四、造成都市蔓延的因素，政治與利益團體的影響，也不可忽視。金融機構、不動產業者、律師、土地開發商、媒體、各種企業、民意代表等，在規劃不良的土地使用上，各自爲了自身的利益，構成一個互相糾結的社會政商利益結構。加上不合理的租稅與利率政策，公、私兩部門都以土地作爲生財的工具，各自以最有利於自己的方式開發土地，而造成都市蔓延的土地使用型態。

第五、在台灣，另有一種造成都市蔓延的力量，可以說是由政府主導，有計畫的蔓延。就是由各地方政府所實施的市地重劃。基本上，市地重劃應該是正面的都市土地整理措施。土地法第一百三十五條說：「土地重劃的目的是要地方政府就其轄區內之土地，面積畸零狹小，不適合於建築使用者；在農地方面，耕地分配不適合於農事工作或不利於排水灌溉者，才實施重劃。」但是台灣的市地重劃，並不是整理都市之內面積畸零狹小，而且建築老舊、造成都市衰敗，需要做都市更新的土地。而是在都市的邊緣，把農地、綠地變更爲建築用地，造成都市蔓延。其主要目的之一，乃是經由拍賣抵費地籌措財源。或是任由政治人物、商業財團炒作發財。完全沒有保護農地、綠地，以及維護都市環境的概念。

當然，當人口不斷增加的時候，某些土地必須拿來開發。但是我們的問題出在所開發的土地，

---

⑨ John Delafons, "Land Use Control in the United States", in Soule, p. 5.

遠遠超過人口成長的需要。例如：根據《台中市市地重劃成果簡介》的資料，第一、二、三、四期擴大都市計畫區之住宅發展率較高，三個屯區的住宅區仍有大面積可建築用地尚未使用。其實，造成都市蔓延的因素，土地開發的量與型態，還不能算是唯一重要的因素。另外一項重要的因素是，開發的區位在哪裡？很不幸的是，蔓延與開發正是落在我們最好的農地上。該簡介說：「在台中市的十一個重劃區中，第一期重劃區，在重劃前多爲稻田農地使用，農戶三合院散居其中，無公共設施，無法提供建築使用。第二期重劃區在重劃前，也多爲農田用地。第三期原爲一望無際的農田。溝渠縱橫其間，農路狹小無公共設施。第五期大部分爲農地，無公共設施及要道。第七期重劃區也原爲農業區，經變更爲新都市中心。第八期原爲農業區，無法充分有效建築使用。第十期重劃區也原爲農業區，灌溉溝渠縱橫。第十一期重劃區也原爲農業區，農路及灌溉溝渠交錯，或間雜著住宅、商、工土地。」

總而言之，造成都市蔓延的因素非常之多。有的是因爲政府的政策，例如：提供低利率而且高額度的貸款，住宅政策、稅收財源、交通運輸政策等。贊成的人認爲，蔓延給人帶來更多的自由，更多的活動空間，以及更多的經濟繁榮。更有人認爲，蔓延可以使鄉村生活與城市中產階級的生活成爲一體，更加和諧。但是蔓延的缺點卻包括：使城市中的中產階級出走，帶走了財富與稅收，同時留下殘破的住宅與廠房。尤其是，蔓延踐踏了農地、綠地與開放空間，對環境的衝擊無法衡量。

從我們以上的討論，可以看得出來，贊成與反對都市蔓延之間的爭議，各有其立場。說得溫和一點，是基於人們對這些因素的價值判斷。說得嚴重一點，那是由於政府立法部門與行政部門，受到有錢人認爲開發與成長是經濟發展，與累積財富思想的影響，而造成蔓延的機制。使許多國家以及台灣的都市發展，分不清何處是城市？何處是鄉村？

都市蔓延對環境與健康的影響

都市蔓延最顯著的影響，可能就是它所造成的各種環境問題，以及對人體健康的嚴重影響。空氣、水與土地的汙染，可以用科技的方法加以整治。但是，都市蔓延對景觀、生態的傷害，卻是永久的，而且是不可逆轉的（irreversible）。特別是倚賴小汽車作爲交通工具的生活方式，增加空氣汙染；汙染的空氣又會造成氣喘、肺癌與心血管疾病。而且，城市愈往郊區發展，小汽車的使用愈形增加。跟著而來的是要開闢更多的道路，消費更多的能源。人口居住的分散，也使捷運系統的興建與服務更加困難。土地開發減少農地與綠地空間，也毒害水體。現代的消費型態，增加能源的使用，過度砍伐森林、破壞臭氧層，甚至造成全球氣候變遷。當住宅與購物中心分布在城鎮周邊，把農地和自然棲息地改變成建築用地的時候，其對生態造成的損傷卻是永久的。蔓延所造成農地、綠地以及野生動植物棲息地的消失，這種持續性蔓延的土地開發，是無法使城市的發展永遠持續的。

世界諸多的科學家，包括國際氣候變遷顧問團（Intergovernmental Panel on Climate Change, IPCC）的研究，氣候變遷所造成的環境影響，包括：(1)海平面的上升影響淡水的供給，連帶地會使陸地掩埋場、衛生設備的汙染物進入河流水道；(2)毀損海岸溼地，影響大約 43% 的水生物多樣性；(3)改變森林生態，造成林木火災、病蟲害；(4)風向型態改變，會造成毀滅性的風暴；(5)冰川會融化，影響水資源供給及農業生產；(6)當南北極氣溫上升、冰帽融化時，極地生物的生存將受到威脅。[10]

---

[10] Sarah Gardner, "The Impact of Sprawl on the Environment and Human Health", in Soule, p. 245.

都市蔓延對供水的影響，可以從兩方面來看。第一、人口的增加對水的需求跟著增加，飲用水的來源是森林和地下水源（aquifer）儲存的水。所以改變林地爲建地，或者過度開發土地，都會減少水的供給。第二、當都市蔓延把林地改變成建地時，就會影響飲用水的品質。因爲不透水的敷面會產生最大的逕流。根據研究，一英畝停車場的逕流量，是一英畝草地的十六倍。道路、停車場、屋頂，占大部分的不透水地面。現代美國式獨棟住宅區的不透水地面，要比簇群式或傳統住宅區多 10 到 50% 的不透水敷面。郊區的土地開發，常常會毀傷溼地、野生動物棲息地。溼地有重要的水文功能，因爲它能儲存洪水、補注地下水、過濾汙水。敷蓋溼地與洪水平原，會增加洪氾的危險。當土地開發破壞了野生動物棲息地時，將導致野生動物的滅絕。

都市蔓延的低密度住宅，使人增加開車、減少步行與運動。車輛所引起的汙染，使人生病。並且使人過著一種懶散的生活，以至於引起肥胖、體重過重、高血壓、心臟病、糖尿病、氣喘和精神失調與憂鬱症等疾病。其所造成的空氣汙染會引起呼吸道疾病。不透水敷面增加所造成的水汙染，同樣影響人們的健康。與美國城市不同的是，許多歐洲城市的設計，便於人們步行和騎單車。並且，歐洲城市的城際交通，多用軌道運輸以節省用地。

一項在西雅圖所做的研究，發現住在 1947 年以前所蓋房子的人，因爲密度較高，而且社區土地混合使用，所以居民每兩天就會有三次以上騎單車或步行的機會。但是住在 1977 年以後所蓋房屋的居民，難得每兩天能有一次步行或騎單車的機會。特別是對高齡居民，像是陷在郊區鄰里中，幾乎沒有步行距離內的鄰里社交和購物生活。兒童則窩在家裡看電視或玩電動遊戲。低密度的郊區居住型態，有利於私人生活。但是卻埋沒了社區意識，以及缺乏敦親睦鄰的美德。[11]

都市蔓延的成本與利益

從我們以上所討論關於都市蔓延的問題，似乎負面的情形較多。然而，我們也注意到一些蔓延的利益。因此，我們在這時看看都市蔓延有哪些成本與利益。或許最確定可見的成本，就是蔓延式的土地開發所造成的各種環境問題。都會地區的向外擴張，特別是倚賴小汽車作爲交通工具的生活方式，所造成的空氣汙染，會引起各種疾病，包括：氣喘、肺癌以及心血管疾病。蔓延開發所造成的水汙染，會毒害河流、湖泊和其他水體。人們的消費型態，會使用更多能源、傷害森林、破壞臭氧層，並且可能增加全球暖化的程度。改變農地與林地成爲住宅和工商使用，會造成周邊的環境衝擊。

在一個都市蔓延的區域架構中，高所得人口與經濟活動外移，會使外圍社區有較大的稅基，有餘裕的財力提供公共設施。在另一方面，貧窮集中在都市中心地區，造成社區之間的不均衡發展。這種發展，也帶來犯罪、吸毒、族群之間的衝突。這些社會成本，可能遠比我們所想像的高。

在討論都市蔓延的成本時，往往問題會集中在交通與土地使用上。蔓延發展會需要龐大的道路、下水道系統、學校，和其他基礎設施的投資。在此同時，中心地區的公共設施又沒有充分利用，形成投資的浪費。車輛的壅塞，使更多的人在小汽車裡浪費更多的時間。更嚴重的是增加公路上的車禍，造成生命財產的損失。尤其是會影響社會上弱勢族群的家庭生活，因爲他們無法負擔小汽車旅行。除了不利於弱勢族群外，都市蔓延發展也會削弱地方上的社區意識與人際關係。由於蔓

⓫ Sarah Gardner, "The Impact of Sprawl on the Environment and Human Health", in Soule, pp. 252~3.

延增加了住家與工作之間的距離，通勤費時，也會破壞鄰里的同質性。空間與社會經濟的兩極化，房價的高漲快於一般人所得的增加。

在另一方面，都市與郊區的蔓延，對某些人來說，也帶來一些利益。這種開發提供了低密度的生活方式，保障了自家生活的愜意與隱私。也使居住在鄰近購物中心的居民，購物更爲方便。這些居民也遠離了城市中心的喧囂、擁擠、貧窮、汙染與髒亂。

針對蔓延與不均衡發展有哪些對應政策？

針對都市蔓延所帶來的問題，美國總統柯林頓（Bill Clinton）與副總統高爾（Al Gore）在 1999 年提出呼籲建造宜居的社區（building livable communities）。聯邦政府也因此提出各種措施，改善都市的蔓延發展。重要的政策之一，即是提倡區域規劃。一方面遏止蔓延開發，並且鼓勵城市中心地區棕地（brownfield）的再開發，並且以內塡（infill）的方式興建住宅，以及利用既有的公共設施，擴充商業發展。

在都市發展的過程中，往往會有集中與分散兩種互相衝突的力量。在都市化的初期，人口會因爲就業、生活等因素向城市集中。但是人口集中到了某一個程度，因爲人口眾多，產生擁擠、髒亂、環境敗壞、房地價格高漲等因素，人口與產業開始往郊區移動，如果沒有良好的規劃，便造成都市蔓延的現象。這種現象的形成，有兩種力量。海爾布朗（James Heilbrun）說，一個是外溢效果，一個是小汽車效應。[12]所謂外溢效果，有如往一個杯子裡倒水，當水滿到杯口的時候，還繼續倒，水就會往杯子外頭流。小汽車效應則是說，當人們擁有小汽車之後，他的活動能力增強了，活動的範圍擴大了。當他們尋求更愜意的生活環境時，就會移往郊區。於是這兩種力量互相加乘，就形成了都市的蔓延。

蔓延成長的法律因素

我們的社區和景觀型態，會受法律的影響。首先，土地使用分區會助長低密度、單一使用、倚賴小汽車的郊區開發，而且房價較高。在另一方面，某些法律也會有助於高密度、混合使用、多類型交通工具，以及合理價位的住宅。因此，我們將討論幾個與都市蔓延和智慧成長有關係的法律問題。

第一部分會討論歐基里德分區對郊區化的影響。第二部分將討論歐基里德分區的缺乏規劃、區域的分散，以及排除式分區的影響。第三部分會討論歐基里德分區的可能改變，包括傳統鄰里的發展、地方的成長管理，以及包含式分區。第四，也是最後一部分，我們會從區域的尺度來看有關智慧成長的幾項法律。

關於使用分區法律的歷史，我們在討論第一章時，已經有詳細的說明。使用分區嚴格地依照一致的標準，分隔不同的土地使用。這種分區方法延續到 1950 年代，在都市更新和市郊的蔓延發展方面，已經變成一種強而有力的意識型態。直到今天，仍然承襲著無法擺脫的餘緒。在每一種分區裡，土地都只做單一種類的使用，例如：獨棟住宅、公寓、商業或工業。既沒有意願，也沒有可

⓬ James Heilbrun, *Urban Economics and Public Policy*, Second Edition, 台灣翻印，中央圖書出版社，1981，p. 42.

能做混合使用。不動產開發業者、金融業者、律師、建築師和城市規劃師，都把使用分區視爲理所當然的事。正反映出我們已經不知道，一個充滿活力的城市和區域是需要混合使用的。[13]在生態學上，要維持生態的平衡，生物的多樣性是必要的條件。都市地區的情形也是一樣的，土地多樣化的混合使用，才能使城市有生命力，而且平衡地發展。

在同一個分區裡，所有的土地所有權人，都受同樣的規範。規範的項目有：准許使用的種類、建築物的量體（大小與樣式）、開發的密度。使用規則會列出准許的使用種類，以及有條件的許可種類。除非取得許可，否則其他任何使用都是被禁止的。從 1920 年代起，大多數的使用規則，就開始使用累積式或金字塔式的分區模式。在這種分區系統之下，最受限制的使用是單一家庭的獨棟住宅，其下是多戶的集合住宅，再次是商業使用，最下層是工業使用，尤其是重工業使用最沒有任何限制。當然在每一種分區之內，都還會有更多、更細的分區。除了使用種類的分區之外，建築物的大小、高度、退縮線、密度與區位，也都加以限制。

土地使用分區造成城市郊區化

雖然城市的郊區化開始於十九世紀，然而，快速的郊區化則呈現於二十世紀五十年代之後。以美國的情形來看，州際高速公路的興建、低利率的融資（目前台灣的貸款利率更低），促進了郊區住宅區的開發。接著便有購物中心、工業園區、辦公大樓等，如雨後春筍般出現。老舊的市中心商業區和住宅，已經不復存在。在台灣，這種情形近幾十年來，不斷地在複製。但是很不幸地，台灣卻沒有像美國一樣有那麼多的土地，可供我們揮霍。

土地使用分區在這個郊區化的過程中，扮演著一個重要的角色。因爲分區規則把住宅、商業、工業土地使用遠遠地隔離開來。土地使用分區規則也鼓勵商業，沿著主要道路，做低密度的帶狀發展。這種土地開發的型態，因爲居住、工作、購物都不在同一個地區，就需要倚賴小汽車作爲交通工具。由於使用小汽車，接下來便要建設更多的道路與高速公路。於是小汽車充斥，造成擁擠、停車困難，更消耗能源與造成空氣汙染。公共運輸系統（特別是軌道運輸），因爲成本的考慮，反而阻礙重重。而地方政府爲了提供公共設施，在財政上往往捉襟見肘。蔓延也侵蝕農地、綠地、開放空間與野生動植物的棲息地。除了這些實質的影響之外，也損害社區的視覺與文化價值，與對社會經濟的影響。台灣都市蔓延的因素，除了土地使用分區之外，又有人爲的因素，就是政府的市地重劃政策。也可以說是各地方政府帶頭使城市往郊區蔓延。關於台灣的市地重劃問題，本書另有專章加以討論。

歸納言之，爲了描述都市蔓延的具體狀況，Towson University地理資訊科學中心提供了幾個可以量測都市蔓延的空間指標和特質，這些指標和特質包括：

1. 細條狀或蛙躍式的發展。
2. 片段的人口聚居或土地使用。
3. 鄰近地區的土地使用之間缺乏良好的可及性。
4. 缺少具有機能性的開放空間（例如：公園）。

⑬ Jay Wickersham, "Legal Framework: The Laws of Sprawl and the Laws of Smart Growth." In *Urban Sprawl: A Comprehensive Reference Guide,* Greenwood Press, 2006, p. 28.

5. 在都市中被遺忘的棕地，也就是破敗、老舊，有待再開發（redevelopment）的地區。
6. 依賴小汽車，而且大眾運輸系統不普及，或相當缺乏。
7. 由鄉村轉變爲都市的土地比率遠超過人口增加率。
8. 能源消耗率比緊湊發展（compact settlement）的新市鎮高。
9. 公共服務的提供，會隨空間與時間的增加而增加稅收負擔與成本。

土地使用分區的其他問題

1. 土地使用分區並不能控制地方發展所帶來的外溢效果。因爲一個城市發展的利益，可能造成鄰近城市的傷害（交通壅塞、空氣與水汙染，擾亂經濟與社會秩序）。而且很多工商業的發展是跨越行政疆界的。

2. 土地使用分區無法保護自然（森林、山嶺、湖泊、河流、溼地、海岸）與人造（歷史遺跡、農地）資源，造成「公有地的悲劇」（the tragedy of the commons）問題。因爲這些資源也是跨越城市行政疆界的，必須經由區域性的合作或機構，才能保護這些資源。

3. 某些地方政府會利用使用分區的權力，隔離高、低所得的住宅（例如：台中市的七期重劃區）、鄰避設施（not in my backyard, NIMBY），或地方上不要的土地使用（locally undesirable land uses, LULU）。

土地使用分區之外的其他規劃理念和方法

針對土地使用分區所引來的諸多問題，規劃師、設計師和許多學者都對土地使用分區提出了一些針砭的意見。比較重要的有：孟甫德（Lewis Mumford）對田園市的看法，都市主義者珍雅各的看法，以及現代新都市主義者對以上兩者的看法。

1. 早在 1920 年代，孟甫德及其區域計畫協會的同僚，開始推廣霍華德的田園市理念，認爲那是矯正當時快速郊區成長的另一條路。田園市理念提倡緊湊、自給自足的社區，周邊有綠帶環繞。田園市提供各種所得階級家庭的住宅、工作機會，以及文化和遊憩的機會。田園市理念啓發與創造了 1950 與 1960 年代，英國和美國一連串的新市鎮。直到今天，田園市的理念仍然是影響區域計畫和解決都市蔓延問題的一帖良藥。

2. 珍雅各在她的名著《美國大城市的死亡與再生》裡，對歐基里德分區提出強烈的批判。我們在本書理念篇第五章已經對珍雅各的理念做過詳細的說明，此處再做一個簡要的回顧。珍雅各認爲，一個適宜於經營與發展商業的城市，也應該是一個適宜居住的城市。珍雅各讓我們看到，一個城市的經濟與社會的活力和多樣性，是由它的街道、公園與建築物的鋪陳所決定的。她提出了四個創造與保存城市活力的先決條件：(1) 高人口與活動的密度；(2) 主要土地使用的混合；(3) 小尺度而且行人友善的街廓和街道，也同時提供公共空間；(4) 保存老建築物，與新建築物混合。對於人口和建築物的密度，她也批評孟甫德與霍華德的田園市理念。她認爲單一使用的功能，妨礙了想法與經驗的交流，這種交流對一個城市的經濟和社會健康非常重要。如果一個城市沒有強壯健康的心臟，各種功能都將分崩離析。

3. 珍雅各的想法與歐基里德分區的基本假設剛好相反。珍雅各主張緊密的規劃，歐基里德分區主張限制密度，以減少擁擠、犯罪，和其他的都市病態。珍雅各主張主要使用的混合，歐基里德分區主張各種使用隔離，互不影響。珍雅各提倡行人友善的街廓和街道，並且保存老建築物。歐基里德分區要求道路的修建，要適應小汽車的需要。

4.歐基里德分區是假定土地使用是小尺度，而且是一塊一塊開發的。它並不是設計用來規範一些諸如：大面積的住宅區、工業園區、綜合辦公區、區域購物中心，以及重要的都市建設。於是許多分區規則，開始包含計畫單元開發。最普遍的PUD型態是簇群式分區（cluster zoning），在一個單元裡，住宅會比較緊密，可以留下較多的綠色空間。PUD可以容許獨棟、連棟和公寓住宅的混合，它也容許住宅、辦公、商業零售等的混合。這樣的規劃，通常會增進較多的公共利益。例如：較多的空間、綠地，較好的生活環境。

5.開發捐或開發影響費是土地所有權人因爲開發獲利，但社會受到影響所應提供的補償。這種補償可以是土地或是金錢，要求開發者貢獻一塊土地興建公園、道路、學校等公共設施。或是向開發者徵收開發影響費，以改善受開發案所影響的公共設施。開發捐或開發影響費，已經在美國過去二十年來普遍地使用，但是也有一些爭議。例如：開發者認爲開發捐或開發影響費會影響成本的不公平，也會影響審查的方向。

因應密度、混合使用與都市設計的使用分區

雖然歐基里德分區有利於大基地、獨立、單一使用，而且周邊有停車空間的使用方式。但是，依照歐基里德分區的新開發案，幾乎都不可能使老市區中心或鄰里單位，變成吸引人的地方。另外一條可行的路，便是目前在廣泛實驗階段的做法。就是設計一種新的分區方法，可以有助於緊密、混合使用、對行人友善且吸引人的土地使用開發型態。這種分區規則，就是眾所周知的「傳統鄰里

開發規則」（Traditional Neighborhood Development Code, TND）。TND分區可以達到混合使用、最低密度／容積（floor area ratio, FAR）、最大停車需要，以及建築物、街道與公共空間設計的目的。TND由新都市主義者所倡導，目前已經有很多城市採用實施。美國奧瑞岡州的土地保育與開發部（Department of Land Conservation and Development）和交通部，把很多項TND元素應用在該州所有的城鎮。

混合使用分區

TND可以讓商店、餐廳、工作和住宅混合在一起。這種混合可以使人行道和公共空間在白天、夜晚都安全而且充滿活力，也便於使用公共快捷運輸系統。分區規則可以透過獎勵容積的辦法提高密度，鼓勵混合使用。但是開發商不得利用容積獎勵只賺取容積，而不開發一個混合使用的開發案（例如：住、商、辦）。

最高停車標準

傳統的分區法規，通常是規定最低的停車標準。使所有的小汽車都能有停車位。這樣可能會降低開發的密度，增加不透水敷面，以及地區性的交通問題。如果用TND分區規則，可以建立最高，而非最低的停車空間標準。限制停車位的提供，可以遏阻小汽車的使用，而鼓勵使用公共運輸系統。更重要的是，可以減少興建停車場的土地，保留開放空間；可以滯洪與減少水汙染，並且有更多的土地興建住宅。

都市設計方面的考量

從都市設計的角度看，TND所注意的是街道的寬度、人行道、路邊停車和建築物面街的設計。在城市裡，路邊必須有足夠的人行道和路邊停車的空間；街邊的建築物，必須要在周邊有足夠的退縮（setback）；公共空間，如：公園、綠地、廣場等，必須建立特定的標準；政府、學校、宗教、文化與交通設施，更要注意景觀的設計。

地方政府的成長管理法規

地方政府成長管理法規的目的，是要改變土地開發的型態和步調。說得更清楚一點，使用它們的目的，是要改變現在流行的低密度、單一使用功能的郊區蔓延，成爲比較緊湊（compact）、較高密度、較爲混合的使用。而且使用綠帶，隔離都市地區和郊區，使它們之間有明顯的差別。倡導成長管理的人認爲，限制都市蔓延，可以保留現有的開放空間，可以強化自然生態系統。這樣便可以提供更多的休閒遊憩機會，維持農業與其他鄉村產業的經濟活力。較高的密度可以使公共運輸、自行車與步行，成爲比小汽車更爲可行的交通工具。這樣便可以減少空氣汙染、能源消費，以及交通壅塞。

從經濟的角度看，在已經具有交通與其他公共設施的地方開發，可以降低成本與稅賦，提高企業的競爭力。此外，高密度的住宅，可以降低土地成本與房屋的單位成本。因此可以使中低所得家庭買得起房子。

某些法規與策略，可以達到成長管理的目的，包括：限制發出建築許可、要求公共設施的提供要與開發工作同步進行、設定城市成長邊界、農業分區、發展權移轉、注重長期成長、提供可負擔的住宅（affordable housing）、反對排除式分區，提倡包含式分區、環境影響評估等。

城市智慧成長——對蔓延發展的回應

針對都市蔓延問題，許多城市政府便開始採用一些控制成長的辦法，來管理這種開發所造成的負面影響。這些辦法之一，便是透過成長管理來達到智慧成長的目標。成長管理的工具，包括：使用創新的分區規則、規劃都市成長邊界（Urban Growth Boundary, UGB）、對基礎建設的投資，以及實施社區規劃、租稅政策與土地徵收等方法。如果地方政府無法有效地實施區域性永續的成長管理，則必須提升到省的層次，甚至中央政府的層次。

因爲針對於都市蔓延所造成城市無秩序的擴張，智慧成長則是倡導緊密、有效使用能源、環境友善、住、商、辦混合、盡可能地利用現有基礎設施開發土地、更新老舊建築物、提倡使用單車連接公共交通工具，以及保留公共空間等。

實際上，城市智慧成長（smart growth），包含著田園市和珍雅各的規劃理念。雖然對於智慧成長還沒有一個大家一致接受的定義，但是一般的瞭解，它是反對都市蔓延的。智慧成長所倡導的土地開發模式是緊湊的、聚焦於城市中心的、高密度的；開發地區與保護的開放空間，是界線分明的。智慧成長也提倡住宅、商業與公眾使用有相當程度混合的。高密度與混合使用，有利於多種交通工具的發展，包括：公共捷運、共乘、單車和步行。

城市智慧成長的概念開始於 1980 年代，美國規劃協會（American Planning Association，APA）大力而廣泛地推廣智慧成長模式與政策立法，是在 1995 年與 2002 年間。這些倡導人，包括：建築師、規劃師和土地開發業者，並且與當時推動的新都市主義運動合流。在過去的十多年間，智慧成長概念被環境保護人士、合理價位住宅倡導者所採納。但是在此同時，他們之間也存在著一些潛在的緊張關係。環境保護人士認爲，智慧成長的目的，是遏阻城市蔓延到郊區和鄉村；而他們的同道卻認爲，其目的是鼓勵城市中心的成長；而合理價位住宅倡導者，則關心是否會對住宅的供給有所限制，並且使價格升高。這種對歧異與衝突的看法，必須互相妥協，才能使智慧成長政策有所進展。

美國規劃協會的智慧成長定義

美國規劃協會對智慧成長所下的定義，是使用綜合規劃（comprehensive planning）來指導人造社區（built communities）的設計、開發，使其恢復生機。他們的看法包括以下幾點：

1. 使城市具有它獨特的性格與地位。
2. 保留並且增進有價値的自然和文化資源。
3. 平均分擔與分享開發的成本與利益。
4. 在財務可能範圍內，擴展交通、就業與住宅的多項選擇。
5. 重視長期、區域性的持續發展，而非短程、獨自地區的發展。
6. 增進社區的公共衛生與健康。[14]

美國規劃協會的智慧成長原則

APA更進一步建議，智慧成長反對現在流行的開發方式。它主張從較大的區域性角度看中心城市、都市化地區、郊區、農地，以及環境敏感地區。在集約成長和新都市化、開發壓力大的地區，應該依照智慧成長的原則來規劃與開發。**APA** 的智慧成長原則包括：

1. 各階層的政府和非營利機構，以及私經濟部門，都應該在支持與實施智慧成長政策上，扮演重要的角色。尤其是地方政府，更要注意長期的土地使用政策，以及公共基礎設施的建設與管理。
2. 中央與省級政府在都市建設投資上，應該支持緊湊式的開發，以及土地資源的保育。並且檢討可能導致都市蔓延的土地開發誘因（台灣的市地重劃是其一）。
3. 各階層的土地使用規劃，都要推動使用與意見的多樣性、土地分配的公平性，以及智慧成長原則。
4. 在各階層政府的規劃上，都要增加公眾的參與，使決策具有廣泛的公民基礎。
5. 要有多種選擇，並且平衡發展的交通系統。交通系統的建設要與住宅、工作、購物的土地使用規劃整合。並且要給行人、自行車使用的便利與友善。
6. 要從區域的角度看城市的發展，特別是在都會區裡，城市與社區的發展是一體的。
7. 各地方、各區域的風俗習慣、法律、政治、經濟、自然條件等都不相同。智慧成長的規劃與實施，要因地制宜，發展適宜各地方需要的策略與方法。
8. 要充分而有效地使用土地與基礎設施。高密度的開發、內填式（infill）開發、再開發，以及

⓮ Ralph Willmer, “Planning Framework: A Planning Framework for Managing Sprawl”, in *Urban Sprawl: A Comprehensive Reference Guide,* Edited by David C. Soule, Greenwood Press, 2006, pp. 63~64.

現有建築物的再利用，都是在都市地區有效使用土地的方法。在新成長地區，道路、上下水道、學校等公共設施，都要從區域的角度做綜合性規劃，合作開發。

9. 要重視城市中心的活力。每一個層級的政府，都應該對現有的市中心再投資，重新使用工廠的廠址，使用老建築物做新的開發，也要對低所得與弱勢鄰里做新的開發。

10. 要重視小市鎮與鄉村地區的活力。應該有政策、有計畫地投資支援小市鎮與鄉村地區的經濟活力，以及提供住宅與公共設施。小市鎮與鄉村地區的經濟發展特別重要。

11. 在鄰里與社區裡，要有各種合乎人性尺度，以及各種所得階級的住宅混合在一起。住宅也要注重安全、私密和視覺上的協調。

12. 要保育與增強環境資源。要把生物多樣性、生態系統、自然的開放空間（綠基礎設施）、綠建築融入智慧成長。智慧成長要保護農地、野生動植物的棲息地、自然地標與文化資源，也要改善空氣品質、節約能源，以及增進居民的健康。

13. 要創造並且保存一個地方的特性，包括：地理、自然景觀、氣候、文化、歷史資源和生態。⓯

智慧成長的特性

在 1998 年六月號的 *Urban Land* ，概括摘要出智慧成長的一些特性，包括：

1. 在經濟上可行的開發案，必須注意自然與開放空間的保留。
2. 對於可以促進經濟發展，同時又能保護環境的開發案，應該讓它順利地取得開發許可。
3. 改善基礎設施，以滿足新開發住宅區和商業區的需要。
4. 市政當局、私經濟部門以及公民大眾，要爲共同目標合作。

5. 土地的再開發，要聚焦在內塡式、廢棄的廠房、空屋的再利用等方面，而非綠地和未曾開發的處女地。

6. 在現有的商業與新市鎮，以及交通樞紐地區，要鼓勵緊湊式的開發。

7. 要經由規劃與設計，保障行人的可及性與安全。

8. 要保持並且促進傳統市中心和都市鄰里的經濟活力。[16]

智慧成長的政策

美國國家住宅建築師協會（National Association of Home Builders, NAHB）也提出了智慧成長的政策：

1. 規劃是爲了預期人口、經濟活動、住宅需求的成長。以及人口結構、生活型態的改變。同時，也是爲了環境的保護。

2. 要爲社區裡各種不同偏好、不同所得的居民，提供他們所需要的住宅。

3. 在地方階層採用綜合土地使用計畫（comprehensive land-use planning），要清楚地認識，並且劃分住宅、商業、工業、休閒遊憩，以及所應該保留的開放空間。

4. 採取平衡而且可靠的財務措施，以償付道路、學校、上下水道設施，以及其他一個繁榮社區所需要的基礎設施。

---

[15] Ibid., pp. 74~76.

[16] Ralph Willmer, p.64.

5.制定創新的土地使用政策，有效率地使用土地，鼓勵高密度的開發、混合使用、對行人友善，並且提高大眾運輸和開放空間的可及性。

6.促進老鄉村與城市中心的復甦，並且鼓勵內塡式的土地開發。

7.確定落實地方政府無可取代的土地使用規劃責任。[17]

新都市主義或稱新傳統開發（neo-traditional development）者，也主張同樣的概念。然而，特別在傳統的鄰里街坊開發上，新都市主義者更直接著重鄰里街坊的設計問題。在鄰里街坊設計上，他們主張設計更多樣化的住宅、更人性化、更友善行人、更多開放空間、更倚賴大眾運輸、更注重地方歷史文化、氣候、生態與建築景觀設計的鄰里街坊。

智慧成長最基本的原則，是保存土地與自然資源、農地與森林，更緊湊的開發以保護開放空間，以及內塡式開發和棕地的再開發，並且減少道路的寬度與停車場。緊湊的開發，可以減少對小汽車的倚賴，也就是可以減少能源的耗用和汙染。

從另外一方面看，城市成長的新土地開發，提供所需要的基礎設施，需要龐大的資本成本。這些成本包括：土地的取得和營建。此外，還要加上營運、維護與修繕等花費。緊湊式的開發，則可以因爲不需要增加太多的新設施，而且可以節省成本。混合的土地使用，特別是住宅、商店、辦公、服務、學校與公園，可以減少小汽車的使用，同時增加行人、單車和大眾運輸工具的可及性。

如何正確地實施城市智慧成長？

任何城市智慧成長計畫的成功與否，關鍵在於其實施（implementation）。實施要有正確的規範，以及具有彈性的審查程序。計畫的彈性可以使其符合基地的條件來設計，太嚴謹的標準會妨礙智慧成長原則的發揮。通常，地方政府的土地使用規則，在傳統上就對智慧成長的實施，具有某些障礙，因爲傳統的土地使用規則比較僵化。解決的方法就是需要修改這些法規，給具有創意的開發計畫一些發揮的空間。一個很明顯的例子，就是傳統的審查過程冗長而繁複，設計的審查標準又不一致。往往使開發計畫失去爭取時間與設計上的優勢。

或許在規劃上最不容易定義的詞彙就是永續發展（sustainable development）。雖然我們經常在文獻上看到對永續發展在環境生態上的描述，但是到目前爲止，還沒有大家一致認同的看法。在國際間比較常被引述的定義，就是聯合國於 1983 年在其第三十八屆大會中，通過成立世界環境與發展委員會（World Commission on Environment and Development）。這個委員會經過四年的研究，在 1987 年發表了《我們共同的未來》（*Our Common Future*）研究報告，以該大會的主席，挪威總理布倫德蘭（Gro Harlem Brundtland）命名，稱爲《布倫德蘭報告》（*Brundtland Report*）。此一報告提出永續發展的概念。所謂永續發展，即是：**我們的發展不可以爲了滿足現在世代人類的需要，而妨礙未來世代的人去滿足他們自身需要的能力**。

世界環境與發展委員會進一步把永續發展的原則做一摘要：

1. 不得爲了現在世代人的需要，而犧牲未來世代人的需要。也就是要顧及世代之中，以及世代之間的公平。
2. 人類的經濟未來，繫於自然系統的整體性（integrity）。也就是人類要生活在自然環境的承

⑰ Ibid., p. 65.

載力之內，要盡量節用自然資源。

3.現在的世界系統是不永續的，因爲它不能滿足大多數人的需要，特別是貧窮族群。也就是要滿足所有人類的基本需要。

4.除非我們能改善世界上窮人的經濟願景，否則我們將不可能保護我們的環境。

5.我們必須盡可能地保留給未來世代的人多樣的發展機會，因爲他們的需要，他們有權由他們自己決定。

總而言之，永續發展背後的概念，是希望達到社會的公平正義、經濟的繁榮，以及環境的完美。永續發展可以實施在社區、開發個案，以及個別建築物。在社區層面，政府的土地使用，要使其對自然資源的負面衝擊減到最小。特別是開發開放空間的時候，要對自然資源加以保護與復育。對於個案與個別建築物的開發，要鼓勵使用現有的基礎設施，要保護基地的自然景觀。並且要多樣化，以滿足多種社會、經濟的需要。對於新開發地區，要注意交通與可及性設施的配合，並且要做緊湊式的開發。例如：從公共電視所製作的DVD《城市的遠見》，可以看到新加坡的都市規劃，在新開發地區，一定會有捷運系統同時完成，加以配合。而從台北到桃園國際機場的捷運系統，卻在機場完成啓用二十年後才完成。

從地方政府規劃的角度看，可以透過各種土地使用分區與相關法規來達成。永續發展規劃的目的，至少包括以下幾項：在某些地區提高密度、減少小汽車交通、鼓勵其他運輸方式、增加住宅的選擇與可負擔的價位、保留都市公共空間、提高能源使用效率、廢棄土地的再開發而非綠地的開發、保護飲用水源等。任何土地的使用，都要瞭解土地的承載力，而且不得超過土地的承載力。另外，非傳統的土地使用規劃還包括：野生動植物棲息地的保育、廢棄物的處理，以及節能減碳的方法等。

以上所說的基本土地使用規劃概念，是針對都市蔓延，以及蔓延對環境與生活品質所造成的衝擊而產生的。成長管理，特別是智慧成長，引起許多城市成長與開發的討論。我們的討論，也許不應該侷限於城市應不應該成長。我們應該更進一步，討論城市如何成長，以及在什麼地方成長。對於這個問題的答案，可能每一個城市都不一樣。重要的是，每一個地方政府都應該開始瞭解，而且仔細研究這個問題。特別是在台灣，無論是政府或私人，雖然大家都知道環境保護、國土保育問題的重要，但是開發、成長、有土斯有財，由土地致富的傳統觀念，已經根深柢固，難怪有人稱台灣爲貪婪之島。也許我們需要比其他國家更進一步，先從研究如何建立土地使用與環境倫理觀念開始，才能談成長管理、智慧成長吧？

3

城市成長管理是醫治蔓延的良藥！

城市智慧成長是有效成長管理的目標和結果；而成長管理是達到智慧成長的方法與過程。

城市智慧成長的起源與演變

城市智慧成長的概念，是人們針對城市日漸嚴重的向外蔓延趨勢而提出的。隨著經濟在二戰後的復甦和人口的急遽增加，加上小汽車的普及，以及政府對財產私有制和基礎設施建設的大力支持。人們購房置產選擇居住地區的範圍不斷擴大，城市開始盲目地擴張和無秩序地往郊區蔓延發展，從而破壞了大量的農地、開放空間、森林、溼地及環境敏感土地（environmental sensitive lands）。因爲這個原因，研究城市規劃的人提出智慧成長的理念，希望解決城市蔓延所造成的困境。

城市智慧成長的起源，可以追溯到 1920 年代，積極規劃國家資源的時代。Fred Bosselman 與David Callies的著作*The Quiet Revolution in Land Use Control*，肇始了我們現在所知道的智慧成長。此書的著作受命於由 1969 年的《國家環境政策法》（*National Environmental Policy Act*）所創設的環境素質委員會（Council on Environmental Quality）。美國從最初幾州的立法，如：Vermont Environmental Council Law，the San Francisco Bay Conservation and Development Commission，the Massachusetts Wetlands Protection Program，以及the Wisconsin Shoreland Protection Program，就可以

看出智慧成長的環境保護根源。

城市智慧成長是有效成長管理的目標和結果；而成長管理是達到智慧成長的方法與過程。成長管理是以政策、計畫、法規、投資的誘因等方法，來引導或規範城市土地開發的型態、區位、數量、時機以及成本，並且設法達到開發成長與保護自然環境之間的平衡，同時增進城市的生活品質。智慧成長著重開發行爲是否在已經具備基礎設施，而且適於開發的地區從事開發；同時不鼓勵在不適宜開發的地區從事開發。如果以這種方式作爲土地開發的準則，則應鼓勵在已經開發的地區繼續開發，或從事棕地的再開發，而保留自然資源土地不開發。也就是說，我們的鄉村土地，以及一般農業區的改變使用與開發，都應該加以更嚴格的管制。智慧成長則著重在既有的基礎設施上做緊湊式的開發與混合使用；而在不適於開發的地區則不准許開發。

反對城市往郊區蔓延的思潮，開始的時候主要是美學和社會的考量，現在卻是從科學的角度來看這個問題。氣象學家把蔓延跟全球暖化連在一起；經濟學家說，蔓延跟倚賴外國石油有關；環境學家認爲，蔓延造成空氣與水質汙染；公共衛生官員認爲，蔓延與肥胖和糖尿病有關。當然，其他諸如使都市範圍擴大，小汽車和各種車輛增加、交通事故增加，造成生命財產的損失等因素，就更不在話下了。

我們可以很清楚地看到，許多社會、經濟、環境與健康疾病問題，直接關聯到我們如何建造和管理我們生活的社區與城市。單一使用方式的土地使用分區，大量的道路興建與都市規劃管理的不當，把本來可以持續生存發展的鄰里街坊，造成必須用小汽車聯繫的單一使用社區。我們可以從生物學的基本知識知道，單一作物的生產，雖然在短時期內可以大量生產，但是無法長期持續地蓬勃發展。然而大多數的都市地區，仍然實施單一型態的土地使用分區，而非混合使用，更不是步行導向的新都市主義。智慧成長正是反對倚賴小汽車爲主要交通工具的郊區開發。因此，我們城市的未來，就要看我們能不能實踐成長管理，以達到智慧成長了。

的確，在我們經驗到氣候變遷、能源短缺、公共衛生、過時而且頹壞的基礎設施，以及財務的無能爲力時，我們會很自然地想到，這幾種問題都與都市蔓延有關。我們所能找到的解決方法大概只有智慧成長了。我們大家或者都會同意，因爲人口與經濟、社會、文化活動的日益增加，城市的成長是無可避免的。「智慧成長」一詞的本身，也隱含著成長是具有正面意義的，因爲城市成長是不可避免的。但是，我們必須讓它循著理想的型態去成長。我們所希望的不是不成長，而是要有智慧的成長。有效都市規劃管理的第一步，就是要接受成長的事實，第二步則是要注重成長的品質。

其實，城市智慧成長並不是一個全新的概念。美國政府對土地開發的干預，已經有相當長的歷史，其手段包括土地使用分區、規劃（planning）、成長管理／永續發展（growth management/sustainable development）和智慧成長等。這些措施從根本上來講，都是政府爲了更好的發展所採取的措施。爲了達到這個目標，美國環保署訂定城市智慧成長的原則如下：

1. 混合型的土地使用，將不同的住宅類型混合起來，並且提供零售、個人服務業、輕型工業園區、學校和其他公共設施。

2. 充分利用緊湊式的城市設計，通過高密度、垂直而非水平的成長方式來保護綠色空間；同時減少建築物之間的空間，以減少對土地的需求、增加步行比例、減少車輛交通的需求。

3. 創造多種型式的住宅，爲各種所得階層的家庭，提供優質而且可負擔的住宅。

4. 設計便於步行的鄰里街坊（walkable neighborhoods）。爲了提倡步行，社區必須有混合的土地使用類型、緊湊的建築，對公共安全的保障和步行專用道。

5. 培養具有強烈空間感的特色型、魅力型社區；設定社區發展和建設標準，並且結合建築及美學，推動具有地方特性的、吸引人的社區發展。

6. 保留地方文化特色、開放空間、耕地、自然美景和主要環境保護區，實現財政收益、環境質量與健康效益的三贏策略。

7. 加強現有社區的發展建設，充分利用已開發地區所能提供的資源，並且避免跳躍式的發展。

8. 提供多種交通方式與工具，及高品質的公共交通服務。確保步行、單車、公共交通系統和道路之間的銜接，協調土地使用與交通的聯繫。

9. 使發展決策具有可預測性、公平性和成本經濟性，激勵私人資本（投資者、銀行家、開發商、建築商及其他）積極參與土地開發利用。因爲只有私人資本市場才能提供大量的、滿足城市智慧成長所需要的資金。

10. 鼓勵社區居民在發展決策制定的過程中，與政府和規劃機構合作。因爲眞正能夠理解、實現城市智慧成長的，正是工作和生活在同一地區的城市居民。❶

到了 1990 年代，大多數的城市開始鼓勵緊湊式的開發（compact development）、大量使用捷運系統，並且加強環境保護——是爲智慧成長計畫。此一計畫繼續演化，今天所謂的永續發展，也衍生自智慧成長運動。智慧成長包含許多目標類似的政策，以至於此一詞彙並不侷限於最初的土地使用管制或成長管理。此一運動反映了一連串開始於 1970 年代以前，一直持續到今天的土地使用政策。雖然美國各州的重點不盡相同，但是其核心想法是一致的。❷

狄葛羅夫（John DeGrove,1984; 1992; 2005）把從 1970 年代開始的成長管理政策，到現在智慧成長的發展歷程，分爲三個階段。第一波是在 1970 年代，有七個州實施成長管理方案，以推動環境保護。這些方案是規範全州，或指定某些地區的土地使用。在這幾個州裡，只有奧瑞岡和夏威夷（Hawaii）有眞正的全州綜合計畫。在加利福尼亞和北卡羅萊納州，其計畫只限於水岸地區。在維蒙特（Vermont）、佛羅里達（Florida）和科羅拉多州（Colorado），重點則放在某些環境脆弱地區。只有佛羅里達和奧瑞岡州，一直到今天仍然算是繼續實施智慧成長的州。

第二波是從 1980 年代到 1990 年代初期，在這個時期，規劃管理的目的是推動經濟成長和資源保護政策。以及如何在州、區域和地方政府之間配置資源。同時也是建設公共設施，成爲重要土地使用規劃工具的時期。這個時期的州有：佛羅里達、新澤西、緬因、維蒙特、羅德島、喬治亞和華盛頓。

第三波開始於 1990 年代，趨向於智慧成長，重新重視經濟成長，特徵在於從反對成長演變到接受成長。許多州的做法是脫離土地使用規範、都市成長邊界，以及要求地方做綜合計畫。他們的重點放在城市的復甦、改革地方的土地使用分區，鼓勵緊湊及內填式的開發（compact and infill development）；整合州內的成長政策；重新調整永續發展的投資策略。

馬里蘭州（Maryland）在 1977 年最先立法，鼓勵保護開放空間與農地，並且使都市開發集中在已經具備基礎公共設施的地方進行開發，成爲全國的典範。其他採取類似做法的州，包括：明尼

---

❶ US EPA, http://www.epa.gov/dced/about_sg.htm#principles

❷ Gregory K. Ingram, Armando Carbonell, Yu-Hung Hong and Anthony Flint, *Smart Growth Policies: An Evaluation of Programs and Outcomes*, Lincoln Institute of Land Policy, 2009, p. 6.

蘇達、猶他、賓夕法尼亞和田納西。在第三波時期，首要工作以修繕優先（fix it first）的州包括：麻薩諸塞、賓夕法尼亞、密西根和俄亥俄。這些州的政策是優先投資修繕既有的公共設施，然後才建設新的設施。❽

因爲氣候變遷，能源成本高漲，以及對公共設施投資重點的轉變，加強了智慧成長的討論。由於小汽車旅行和溫室氣體的排放，更鼓勵緊湊型開發。加利福尼亞州在這方面的做法居於領先的地位，州長史瓦辛格（Arnold Schwarzenegger）在 2006 年簽署了*Global Warming Solutions Act*，目標是要到 2020 年時減少溫室氣體 25%。在 2008 年，州立法通過土地使用規劃與區域交通政策，減少溫室氣體排放。直到最近，注意到土地使用型態對全球暖化的影響。問題在於，這些第三波的智慧成長計畫，能否有效達到目標？

總結來說，未來可能出現第四波的智慧成長政策。各州政府會重視土地使用規劃，以達成減少溫室氣體排放的目標。一方面以法規規範開發案件，使其符合智慧成長框架；另一方面以市場力量鼓勵更緊湊、更混合式的土地開發，以減少旅程距離，並且節省能源。

智慧成長的政策目標與評估指標

有關智慧成長的文獻大致出現於 1970 年代，多半是在成長管理的範疇之內。Ervin等（1977）提出成長管理的三項目標：

1. 保存公共資產（自然資源）。
2. 使納稅的成本負擔極小化（使用已具有公共設施的地區）。

3. 使具有負面作用的土地使用所產生的交互影響極小化。

智慧成長的目標又比成長管理更進一步。它在住宅的開發方面，提倡混合式的住宅開發，也就是打破傳統的「排除式住宅分區」（exclusionary zoning），而採用「包含式住宅分區」（inclusionary zoning），其做法是把高級豪宅與一般住宅混合在一個住宅區裡，不使高所得居民的住宅自成一區，其目的就是注意到社會的公平正義。台中市的第七期重劃區，是市政府特別規劃的市府廳舍與高級住宅的特區，其房價不是一般所得階級負擔得起的，其做法正與普世提倡「affordable housing」的主張背道而馳。也可以說是傳承了封建思想的餘毒。

其次，智慧成長更積極地主張創造正面的土地使用之間的相互影響。也就是注意到各種土地使用的整體規劃。例如：居住與工作之間、休閒與購物之間、鄰里街坊之間的和諧與社會經濟之間的平衡發展。根據以上智慧成長的目標，尼爾森（Arthur C. Nelson）提出了以下幾項智慧成長的原則：

1. **保護公共財產**

(1) 避免都市周邊的擴張。

(2) 使用系統方法做環境規劃——從開發導向轉變為生態系統導向的規劃。

(3) 保護高質量棲息地的周邊地區——如果是在都市周邊之外，便要盡可能地擴大。

(4) 做節約能源的設計。

---

❸ Gregory K. Ingram, Armando Carbonell, Yu-Hung Hong and Anthony Flint, pp. 6~7.

2. 使負面土地使用影響極小化

(1) 避免各種土地使用之間的負外部效果。

(2) 行人與汽車使用的土地要分離。

3. 使土地使用的正面互相影響極大化

(1) 使居家與工作的區位之間取得平衡，最好能保持五公里左右的距離。

(2) 街道的設計要有多重的接點，並且保持直線通車。

(3) 提供良好便捷的行人與自行車道。

(4) 把大眾運輸工具融入住宅小區。

(5) 維持住宅適當的密度，包括簇群式住宅，以留下寬敞的開放空間。

智慧成長的驅動力是環境素質的考量及區域性土地友善規劃，從地方到州，甚至到聯邦階層。雖然美國的全國性土地使用立法並不占重要地位，國家層級的立法重點，則多放在淨化空氣、淨化水質、國家公園，以及水岸管理方面。都市土地使用規劃方面的事務，多半是州及地方政府層面的責任。

美國各州、市鎮、區域的智慧成長計畫，包含了各種互相關聯的實質與社會目標。這些目標的達成，需要一連串的土地使用開發與公共設施的建設。州與地方政府在財政、法規等方面，理性地規範城鎮的成長型態，以符合廣義的城市智慧成長目標。這些目標包括：(1) 推動緊湊式土地開發；(2) 保護自然資源與環境素質；(3) 提供並且改善多種的交通工具；(4) 供給可負擔的住宅；(5) 創造正向的財務影響。[4]

在每一項目標之下又各有指標，用來衡量目標達成的程度：

1. 推動緊湊式土地開發

就業與人口密度，土地使用的種類與改變，人均土地開發量，人均邊際土地開發量。

2. 土地使用集中程度

人口空間分布的基尼係數（Spatial Gini coefficient）❺，就業空間分布的基尼係數，每個人口超過一百萬都會區的人口分布的基尼係數，每個人口超過一百萬都會區的就業分布的基尼係數。

3. 都市化程度

都市土地分配與密度，都市、新都市與鄉村地區人口成長百分比，主要都會區都市、新都市與鄉村地區人口成長百分比。

---

❹ Ibid., p. 11.

❺ 空間基尼係數（Spatial Gini Coefficient）是衡量產業空間集聚程度的一種指標，由克魯格曼（krugman,1991）年提出，當時用於測算美國製造業的集中程度。

公式表達：

$$G=\sum_i (s_i-x_i)^2$$

G爲行業空間基尼係數，S_i爲i地區某行業就業人數占全國該行業就業人數的比重，X_i爲該地區就業人數占全國總就業人數的比重，對所有地區進行加總，就可得出某行業的空間基尼係數。

空間基尼系數的值介於0和1之間，其值愈大，表示該行業在空間上的集中程度愈高，即產業在地理上愈加集中。

4. 人口集中程度

都會區圍繞中心城市各圈人口分布，都會區圍繞中心城市各圈人口密度，都會區圍繞中心城市各圈人口就業分布，都會區圍繞中心城市各圈人口就業密度。

5. 保護自然資源與環境素質

資源土地的改變（單位），每增加一人的資源土地改變，每增加一人的農地改變，在農地保育計畫下的農地改變，私人信託項下的土地改變，州內公園的土地改變。

6. 各種交通工具的提供與改善

大眾運輸工具的搭乘旅程，自行車與步行旅程，大城市年平均高峰期塞車的變化，人口密度與小汽車壅塞的變化，人／年平均公共捷運旅次，人／日車輛旅行里程數。

7. 可負擔住宅的供給

中價位住宅變化的百分比，中價位租金占家庭所得的百分比，中價位住宅所有權人每月生活費占家庭所得的百分比，住宅占家庭花費負擔（最低爲 30%），新租賃住宅占總新住宅的百分比，集合住宅占總新住宅的百分比。

8. 創造正面的財政影響

各縣市人口成長，各縣市人口密度變化，各縣市家戶成長，各縣市就業成長，各縣市個人所得成長，各縣市零售成長，各縣市稅基成長，各縣市住宅價值成長，各縣市集合住宅成長，各縣市上班旅程變化，各縣市總支出變化，各縣市個人支出變化，各縣市收入變化，各縣市個人收入變化，各縣市總收入與總支出比例的變化，各縣市個人收入與個人支出比例的變化，各縣城市／郊區總財產稅、稅基與稅率的變化，各縣城市／郊區個人財產稅、稅基與稅率的變化[6]。

空間結構是否爲智慧成長的標準

1. 空間結構是否使土地資源得到最大效率的使用，或者說土地是否按「最高與最佳使用原則」配置和使用。
2. 空間結構是否使城市資本、勞力資源得到最大效率的使用。
3. 空間結構是否產生最小的城市交易（交通）成本。
4. 空間結構是否只要政府在公共服務方面最小的投資，就能滿足城市發展的需要。
5. 空間結構是否與社會、環境、生態等永續發展所要求的目標一致。

一個智慧成長的城市空間模式，一定是能使城市的資源（土地、資本、勞力）得到最大使用的模式；一定是能使城市的交易成本最小的模式；一定是能使城市的聚集效用最大化的模式；一定是能使經濟、環境、社會等多方面平衡發展的模式（丁成日，2004；丁成日等，2005）。具體而言，一個智慧成長的城市空間模式應該具備：

1. 一個相對集中和高密度的就業中心，特別是大、特大和國際性大城市。
2. 一個互相協調的城市交通系統，能使城市居民（就業者）經濟有效地接近所有的就業機會。
3. 能以最低的基礎設施投入，即足以滿足市民的需求。

非智慧成長城市的空間結構

1. 不同的土地使用類型高度分離，每種土地使用類型相對封閉，自成一體。例如：單棟住宅是

---

❻ Ibid., pp. 18~20.

獨立式發展的，公寓式住宅的發展模式也是如此（土地使用分區是重要原因之一）。

2. 有限的道路（或道路出口）承擔著與外界聯繫的通道，這樣的空間結構帶來以下幾個方面的後果：

(1) 增加了對小汽車的倚賴和使用：住在單棟住宅的居民無論上學、購物或訪友，都需要開車，而不能利用其他交通方式（如步行或單車）。

(2) 封閉式住宅區限制了交通路徑的選擇，開車時一定要由住宅區道路轉入主要交通幹道，增加了主要交通幹道的壓力。

(3) 封閉式社區限制了居民間的交往與溝通。一棟單棟住宅可能與一棟公寓大樓在空間上的直線距離很短，但是它們之間的路線距離可能是其空間距離的數倍。這樣的設計無助於社會不同（所得）階層之間的聯繫與溝通，造成社會隔離。

3. 智慧成長的空間結構或土地發展模式是開放式的，城市居民可以：

(1) 有更多樣的交通方式可以選擇，如步行、自行車或開車去上學、購物。

(2) 有更多樣的交通路徑可以選擇，既可以走主要的交通幹道，也可以走城市街區道路。選擇哪條路徑則取決於交通流量的空間分布、時間和距離成本等因素。

4. 開放的發展模式會促使居民增加交流。相對而言，合理的空間結構中，格網式道路設計使交通效率提高，有利於環境保護，以及社區的人性化與和諧發展，便利居民之間及對外的交通聯繫，縮短了通勤時間，並且有利於擺脫對小汽車的依賴，增加步行和自行車的比例。[7]

從歷史上看，早期的歐洲以及十九與二十世紀初期的美國，都是依照緊湊而且混合的型態從事城市與土地的開發。但是二戰以後，由於人口的成長、經濟的發展、小汽車的普及、公路網的建造、城市中心的衰敗以及土地使用分區，把住宅、商業、工業等土地使用分開，而造成都市的蔓延與郊區及鄉村地區土地的開發。蔓延式的開發，不但消耗土地資源及能源，而且損傷住宅小區的視覺與文化價值。此外，蔓延式的開發更造成實質、經濟與對環境的衝擊。因爲蔓延侵蝕了農地、開放空間，並且破壞了野生動植物的棲息地。

城市智慧成長對自然資源保育與環境素質的影響

緊密的都市發展和開放空間的保育，是兩個智慧成長政策的主要共同目標。智慧成長的衡量，就是要看實施這兩項政策的計畫，造成多少的土地使用變更。實施智慧成長政策的地方，會硬性規定某種土地必須被保護。這些地方所流失的土地資源和農地，就會比那些沒有硬性規定的地方相對地較少（相對於人口成長）。這是最簡單、也是最基本衡量城市智慧成長對自然資源和環境素質影響的標準。

整體而言，美國「林肯土地政策研究院」（Lincoln Institute of Land Policy）對實施智慧成長的各州和未實施智慧成長的各州所做的比較研究顯示，實施智慧成長的各州，在保護環境素質與自然資源方面，並不比未實施智慧成長政策的各州好；未實施智慧成長政策的各州，也並不比實施智慧成長政策的各州差。如果以土地資源的改變和農地的改變兩方面做比較時，實施智慧成長政策各州的表現，只比未實施智慧成長政策的各州稍微好一點點。再者，這也並不必然表示，某些州在環

---

❼ 丁成日，2006，城市智慧增長與土地政策：空間結構。

境和自然資源保護方面，做得比別的州更好。

但是，最好不要將這項研究結果當作一般法則，演繹到其他地方，例如：台灣。因爲美國的近代資源保育和環境保護思想的發展已經有相當的歷史，資源保育和環境保護的理念早已深植人心。而且美國幅員廣大，無論實施城市智慧成長政策與否，都不會對它產生太大的正面或負面影響。不過都市蔓延的現象，的確是美國土地規劃政策所造成的，我們最好不要學樣。

城市智慧成長與土地資源保育

城市智慧成長的目標之一，就是要透過保育未開發的土地，以及改善空氣與水資源品質，來保護自然資源與改善環境素質。城市智慧成長政策與土地資源保育有直接的關係，城市智慧成長政策可以規定保留某種土地不得開發。例如：農地、開放空間，以及環境脆弱土地。但是城市智慧成長與改善空氣品質的關係比較間接，倡導城市智慧成長的人士相信，城市智慧成長政策可以減少汽車旅程，間接地，可以減少汽車排放造成空氣汙染的廢氣。至於城市智慧成長與改善水資源品質的關係，則更爲間接。倡導城市智慧成長的人士相信，城市智慧成長政策的實施，可以減少逕流和不透水層的土地使用型態，以至於可以保護環境敏感的行水地區。

保護自然資源和改善環境素質，是兩個不同但是相關的概念。自然資源是實質的資產，例如：空氣、水、土地和礦產、植物與動物，這些都與環境素質有關係。保護自然資源是防止開發或從這些資產榨取資源。這種保護自然資源的行爲，即可以達到改善環境素質的效果。或者可以說，改善環境素質就可能是保護自然資源的結果。這種說法所隱含的意義，就是讓資源保持它們的自然狀態，能夠提供生態（水質）和社會功能（遊憩）。這種功能的價值，至少不會低於它們開發後所能提供的功能的價值。愈來愈多的知識，讓我們知道森林、河流、行水地區、草原，與其他各種自然資源，能夠提供生態系統（ecosystem）的集體功能。這些功能會影響我們的氣候、空氣、水和糧食的生產。如果我們能好好保護、管理自然資源，它們便能提供人類無價的生態功能。如果任由它們敗壞，社會將蒙受重大損失，既使能夠復育，也將付出極大代價。

在規劃都市土地使用時，自然界的特性將會限制可開發土地的供給，例如：溼地和坡地都不適宜開發。區域和都市規劃，都會事先做各種分析，包括：(1) 基於生態條件須要保護的土地；(2) 依據政策須要保護的土地；(3) 排除須要保護的土地之後，可供人居和就業成長的土地。這種分析已經在奧瑞岡和華盛頓州的智慧成長計畫中實施。幾乎在全美各州都有政策、計畫、方案和機構，正在從事各種改善環境素質的工作。這些工作，有些是聯邦政府強制的，有些州則是透過私人信託或以設定地役權的方式保育土地。這些土地包括：開放空間、遊憩用地或環境保護，以及其他重要的土地，以及有經濟使用價值的農業土地。

城市智慧成長與環境素質

許多研究指出，依照智慧成長原則發展的城市或社區，可以減少水資源與空氣的汙染，促進棕地的清理與重新開發使用，而且可以保全自然資源土地。所謂棕地，是指在都市地區使用過然後廢棄的空閒，以及受到汙染的土地。因爲具有可能的財物與環境的風險，開發困難。開發棕地的效益，一方面可以清除汙染，增加都市的不動產價值，另一方面可以替代開發城市周邊的綠地（green fields）。[8]

都市環境（built environment）是我們居住、工作、購物與休閒遊憩的地方，對自然環境有直接與間接的影響。我們如果開發這些土地，增加不透水的水泥與柏油敷面，就會直接影響自然與野生動植物的棲息地。開發的型態也會間接地影響環境素質，因為它們會影響人類的活動空間。當開發愈形分散、蔓延的時候，人們必須開車行經更遠的距離到達目的地。增加的行車距離，就會排放更多的廢氣與溫室氣體，造成全球的氣候變遷。最終，空氣汙染與氣候變遷又會傷害水資源的品質與野生動植物的棲息地。

城市智慧成長的做法可以減少開發土地所產生的環境影響。其方法包括：緊湊式的開發、減少不透水敷面、改善水的滯留（可防洪及補注地下水源）、保護環境敏感地區、混合的土地使用（例如：住、辦、商）、大眾運輸的便利以及步行與自行車道設施的方便等。

實際上，這些做法產生了相當多實質的環境改善。一項 2000 年在新澤西州所做的研究發現，緊湊式的開發要比蔓延式的開發減少 40% 的水汙染。[9]另一項 2005 年西雅圖的研究發現，土地混合使用的住宅區，其街道連接得較好，使不開車的旅次更容易與便利，要比蔓延式的住宅區節省 26% 的車程。[10]如果單項的智慧成長做法能夠產生如此的環境改善，整合起來的整體方案，將能產生更大的環境利益。

以下再就空氣與水資源品質、棕地再開發與保留開放空間等方面的利益，進一步說明：

1. **空氣品質**：根據一項美國環保署（EPA）1999 年的評估報告，內塡式（infill）的開發要比開發城市邊緣的綠地開放空間，減少 58% 的開車里程。對一個社區來講，提供步道、自行車道或大眾運輸工具，要比闢建公路容易，而且可以減少小汽車的空氣汙染與煙塵（smog）的排放。

2. **水資源品質**：緊湊式的開發與保留開放空間，有助於改善水資源品質。減少不透水敷面，可以讓自然的土地過濾雨水與逕流，提高飲用水的供給。土地開發地區的水流，經常含有毒性化學物質。磷、氮等都是最常見對溪流、湖泊、河流的水汙染物質。⑪

3. **棕地的再開發**：棕地是被棄置、閒置或低度使用的工業、商業土地與設施。因爲環境的汙染，開發比較複雜。清理與再開發棕地可以清除環境的汙染，引導鄰里街坊的再生，減少都市邊緣土地開發的壓力，而且可以利用已有的基礎設施。

4. **保留開放空間**：保留自然土地並且鼓勵在既有的社區成長，可以保護農地、野生動植物的棲息地、戶外遊憩地與水資源的過濾與淨化。「Rutgers大學都市政策研究中心」2000 年在新澤西州的研究發現，有計畫的緊湊式成長，要比蔓延式的成長減少 28% 的農地改變使用、43% 的開放空間改變使用，以及 80% 的環境脆弱土地的改變使用。

---

⑧ Randolph, 2004, pp. 40~41.

⑨ Rutgers University, Center for Urban Policy and Research. *The Costs and Benefits of Alternative Growth Patterns: The Impact Assessment of the New Jersey State Plan.* 2000. Available online at http://www.nj.gov/dca/osg/plan/impact.shtml

⑩ Lawrence Frank and Company, Inc. *A Study of Land Use, Transportation, Air Quality, and Health (LUTAQH) in King County, WA.* 2005. Available online at http://www.metrokc.gov/kcdot/tp/ORTP/LUTAQH/

⑪ EPA. *The National Water Quality Inventory: 2000 Report to Congress.* Available online at http://www.epa.gov/305b/

資料的取得與分析困難

要分析城市智慧成長政策對自然資源保護與環境素質，資料來源必須合乎兩個基本標準：(1)對於規劃政策，要相對地簡單；(2)各州的資料在時間上必須有一貫性。如果可能，最好能細分到郡（縣）的層級。但是資料的取得與整理使用，仍然有許多困難與限制，特別是空氣與水質，以及對動植物的影響，不容易量化：

1. 環境素質指標與規劃理論之間的關係不容易建立。例如：空氣品質直接受工業汙染的影響，受都市規劃的影響更是間接的。
2. 環境系統非常複雜，各式各樣的人類行爲與自然系統，都影響環境素質，特別是水質。往往不可能由某一單獨特殊行爲或規劃政策所造成。
3. 資料的複雜性：詮釋某些環境資料，不是現有規劃專家的知識所能勝任的，特別是對水質的分析。
4. 資料的時間性：有很多資料是每十年或每五年調查一次，使用時須要微調。
5. 資料未必依照需要的時間序列。
6. 有關環境素質和自然資源保護的資料，不一定按照地理或行政區域提供。

城市智慧成長的實踐要從區域面著手

城市智慧成長的規劃，只從單一城鎮的成長著手是不夠的。因爲工作、購物、休閒娛樂、教育、交通，以及其他的日常活動，都會跨越市鎮邊界，如果沒有從區域面著手，像區域性廊道、捷運系統、都市中心的設定等，反而會造成個別市鎮的蔓延。然而，有效的區域規劃並不多見。因爲在一個廣大的都會地區，要分布其中的城鎮在行政上互相協調合作，並不是一件容易的事。否則規劃工作就要提升到縣或省的階層。或者成立如交通、空氣汙染或水資源管理等專責機構。例如：美國的田納西流域管理局（Tennessee Valley Authority）就是一個以流域爲主，跨州際的水資源管理機構。

如果從區域層面著手，但尼（Andres Duany）、斯比克（Jeff Speck）和賴登（Mike Lydon）合著的《智慧成長手冊》（*The Smart Growth Manual*），建議了十項擬定區域計畫的程序或步驟。它們是：劃設綠色足跡地區、劃設鄉村保留地區（preserve）、劃設鄉村儲備地區（reserve）、劃設土地開發區的先後次序（priorities）、劃設鄰里街坊地區、劃設特殊地區、劃設區域廊道與區域中心、運用發展權移轉（TDR）機制、獎勵智慧成長、制定智慧成長規章。

1. 劃設綠色足跡地區

綠色足跡土地是自然資源土地，用來指導城市可以和不可以成長的地區。手冊列出了九種須要劃設爲綠色足跡的土地：

(1) 溼地和它們的緩衝帶。
(2) 洪氾地區和洪水平原。
(3) 中度與高度的坡地。
(4) 地下水源和地下水補注地區。
(5) 森林地。
(6) 生產性農地。

(7) 野生動物棲息地。

(8) 歷史、考古與文化遺跡地區。

(9) 公路兩旁景觀、風景區。

2. **劃設鄉村保留地區**

保留開放空間是保護環境的重要步驟。鄉村保留地區也包括上面所列出的綠色足跡土地。保留地區是開放空間的核心資源，不但可以遏阻城市的蔓延發展，而且具有內含的社區、經濟與環境價值。

3. **劃設鄉村儲備地區**

鄉村儲備地區可以補充鄉村保留區，組成完整的綠色足跡土地。第一步先仔細調查綠色足跡土地是否有所遺漏；其次將鄉村儲備區納入自然廊道系統。完成之後，便顯示出最須要優先保護的土地。

4. **劃設土地開發區的先後次序**

(1) 計畫開發地區：都市可內填開發地區最優先，棕地以及捷運車站次之。

(2) 管制成長地區：都市外展和郊區內填的中度優先開發區。

(3) 限制成長地區：郊區外展和已有基礎建設的新開發區，屬於低度優先開發區。

(4) 禁止成長地區：開發需要新基礎建設，或環境脆弱地區。

5. **劃設鄰里街坊地區**

都市地區包含四種土地使用型態，它們是區域中心、鄰里街坊、特殊地區和廊道。瞭解這四種土地使用型態，會幫助你瞭解一個區域。大約在 1950 年以前都市化的鄰里街坊，還保有混合使用、可步行的型態。這種鄰里街坊結構，就有利於土地使用和交通規劃。

6. 劃設特殊地區

特殊地區是指單一使用功能的大片土地，例如：政府辦公廳舍、醫療設施、大學校園、軍事基地、工業園區、遊樂園區、海港、空港等。其他如住宅小區、公寓住宅、購物中心和企業園區等，要避免造成社會的隔離與交通壅塞。

7. 劃設廊道與區域中心

廊道可以連接或分隔鄰里街坊和特殊地區，廊道可以是自然的或人造的。它們包括水道、綠林道、鐵道線和通輿大道。公路可以說是最常見的廊道，廊道有時會沿線助長都市蔓延。有些荒廢失修的鐵路線，可以整建成爲混合使用的區域中心，或休閒購物區，如紐約的高線公園（High Line Park）。

8. 運用發展權移轉機制

城市郊區和鄉村地區的低密度土地使用，往往會受到都市蔓延的威脅。而另一方面，有些高優先發展地區，礙於密度與強度的限制，又難以發展成鄰里街坊單位。因此可以運用發展權移轉機制，移轉保留區或儲備區的發展權到優先發展區。政府可以主導此項機制的運作，TDRs的價值，可以有如不動產或股票一樣，在公開市場上買賣。

9. 獎勵智慧成長

政府的獎勵措施，可以考慮兩項因素。一個是在優先發展地區，要看它的設計是否符合智慧成長的條件；其次，跟著這些標準之後，還要看在法律上是否合乎智慧成長規章。如果在區位和設計上，開發案都合乎要求，即可以加速其審查。可以在財務上協助，或減免稅賦，或用其他方法獎勵。

10. **制定智慧成長規章**

都市往郊區蔓延絕對不是憑空發生的，大部分是我們不合時宜的政策、法規和公共工程標準造成的。政府有責任提供開發者一個有利於智慧成長的法律環境。因此，修訂現行法規或制定新的智慧成長法規，都是可行的辦法。[12]

交通規劃是城市智慧成長的首要工作

支持城市智慧成長的人士認爲，交通規劃是城市智慧成長政策成功與否的基礎。通常大部分城市智慧成長的模式所注意的是城市的成長型態——緊湊的足跡、高密度、混合使用、現有城市中心的再開發，以及農地和環境敏感土地的保護等。可是這些措施是否可行，要看區域性交通系統是否到位。雖然大家對智慧成長的原則還沒有一致的看法，但是一般的共識認爲，提供和鼓勵多種交通工具的使用（multimodal），是主要的目標。例如：提倡使用捷運，在新開發地區做行人友善的設計，不鼓勵單一使用的交通工具，鼓勵步行、單車，以及能減少交通壅塞、溫室氣體排放的交通工具，並且鼓勵緊湊、混合使用的都市型態。

關於交通與土地使用之間關係的研究，已經有相當的歷史。有關文獻的記載，基本上可以歸納出三項概念：

1. 對交通的投資會塑造土地開發的型態。
2. 土地使用的混合、密度和強度，會影響旅行的行爲和型態。

3.旅行的行爲和型態，又會影響交通投資的選擇。

關於交通與土地使用之間關係的強度與重要性，一項1995年的研究顯示：

1.大規模的交通系統建設，多在低密度的都會區。事實上，通勤時間只是家戶選擇區位的一項因素，捷運系統的改善，只能抓到一小部分的旅客。交通與土地使用之間的關係，特別是區域性的公路與鐵路的興建，已經不如二十世紀前五十年那麼熱門。不過交通系統的投資仍然影響土地的價值和開發型態，也是區域發展策略中的一項重要元素。

2.交通與土地使用之間關係的性質，要比我們想像的複雜。家庭的品味、社會、人口的變化，以及地理區域的大小、政策的制定，都會產生影響。

3.都市型態與都市設計，也會影響交通系統。智慧成長政策，諸如：提高密度、混合使用、捷運導向的設計，和新都市主義的特性，也會影響交通工具的選擇、旅行的距離等。

從交通與土地使用之間關係的研究中，可以發現兩項重要的事情。第一、許多倡導城市智慧成長的人士，可能過分簡化了它們的關係，認爲高密度、混合使用，以及使用非小汽車的交通工具，即可以減少旅程。同時認爲土地使用與土地使用設計，與交通的型態是一種線性關係。但是，它們之間的關係，受到數不盡的外在因素所影響。人們的態度與社會人口性質，都影響旅行型態。土地開發型態，受土地使用政策的影響，而且交通系統的投資，又可能受政治因素所左右。

第二、既使最成功的城市智慧成長，其對交通系統的影響可能也很有限。一些實證研究發現，

---

⑫ Andres Duany, Jeff Speck, 和Mike Lydon, *The Smart Growth Manual*, McGraw Hill, 2010, Sections 2.1~2.9.

個人的品味與偏好對旅行工具選擇和里程的影響，要比最好的土地使用計畫與好品質的都市設計更爲重要。總而言之，當代對交通與土地使用之間關係的看法，是複雜而且雙向的。土地使用型態會影響交通工具的選擇，但是會透過個人品味與偏好的篩選，以及目前的土地使用與交通條件而定。同樣地，對交通系統的投資，也的確會影響土地使用的型態，但是也要看目前的市場和交通系統狀況而定。

城市智慧成長與交通方式

倡導城市智慧成長人士對於交通方式的選擇，特別提倡對大眾捷運系統的投資，再輔以單車與步行，以鼓勵減少私人小汽車的使用。除了這項供給面的改變之外，倡導城市智慧成長人士也支持影響其他交通方式的政策。例如：捷運導向的土地開發（transit-oriented development, TOD）、方格式的街道設計，以及新都市主義的設計等。倡導城市智慧成長人士認爲，當人們居住在較高密度、混合使用而且安全的都市環境裡，並且有機會使用其他交通方式時，使用其他交通方式的人數便會增加，使用私家汽車的人數便會減少，接著便會帶來健康、高生活品質的良好環境。

根據美國「林肯土地政策研究院」的一項研究，佛羅里達州人口密度較低（五百人／平方英里），搭乘大眾捷運的通勤人數，從 1990 年的 2.42% 降低到 2000 年的 2.35%，十年降低了 3.06%；而在人口密度較高的新澤西州（New Jersey），以大眾運輸通勤的人口，則從低於 9%，增加到高於 10%。以美國全國來看，大眾運輸的使用，在人口密度較高的地區使用率也較高。至於交通方式的改變，實施城市智慧成長的州，在各種人口密度項下，大眾運輸的使用率都較全國平均爲高。新澤西州與奧瑞岡州，在 1990~2000 年十年中增加得最多。整體來看，實施成長管理與大眾運輸的使用，兩者是具有正向關係的。不過，既使是在實施成長管理最成功的州，也只有很小百分比的通勤人口使用大眾運輸。在研究案的六百九十二個郡或城市樣本中，只有十二個郡或城市，在2000年超過10%的通勤人口使用大眾運輸。其實，像美國這種人口不多、土地廣大，城市發展已經蔓延成性的國家，要實施智慧成長，的確不是一件容易的事情。

至於騎單車和步行的推動，則需要有良好的基礎設施，例如：自行車道、人行步道等，以及相關的街道設計來配合。這些設計包括：小街廓、方格街道，以及混合使用的環境。如果智慧成長實施得成功，單車／步行的交通方式應該會增加。與大眾運輸不同的是，單車／步行的交通方式與人口密度並沒有相關性。無論人口密度高低，單車／步行的交通方式都有可能。在美國實施城市智慧成長的各州中，以奧瑞岡州的波特蘭都會區最為成功。波特蘭都會區推行單車／步行方式的成功，是由於奧瑞岡州政府的交通規劃，要求地方政府提出單車／步行的交通計畫，以及支持大眾運輸的政策。

近年來，以單車作為運動器材，以騎單車作為一種運動方式已經風行世界。以台灣的情形而言，單車運動也相當盛行，但是街道設計還無法配合。許多城市只在現有街道路邊，以白線劃出一部分空間作為自行車道。事實上只是聊備一格，汽車、機車、單車互相爭道，所見的景象可以說是處處險象環生。

城市智慧成長與交通壅塞

雖然美國實施城市智慧成長各州的立法不盡相同，但是基本上都與蔓延所造成的問題有關。一個是小汽車所造成的道路壅塞，另一個則是每況愈下的環境敗壞。蔓延與壅塞之間的關係，還沒有確實的定論。不過，一方面認爲比較緊湊的都市型態，可以因爲提高大眾運輸的使用、減少旅行的距離、住商混合等因素，而可以減少交通的壅塞；另外一方面的說法認爲，比較分散的都會區，可以讓居民在當地就業，避免郊區—市中心之間的通勤旅程。

從事小汽車壅塞與都市型態關係的研究不多，關於城市智慧成長與小汽車壅塞關係的研究幾乎沒有。但是有關旅程時間與郊區化與距離的文獻，卻對蔓延與通勤的關係有不同的看法。美國環保署以十九世紀都市設計的城市，如：費城（Philadelphia）、匹茲堡（Pittsburgh）、紐奧良（New Orleans）等幾個老城市與其他城市來做比較。發現這些城市的通勤人口誤時最少，每人／每天／旅程英里數較低，每週搭乘捷運的旅次則較多。因爲它們具有人口密度較高、街廓較小、街道連接理想，而且有良好的大眾運輸系統等性質。現代化的城市發展，到底是進步還是退步？

研究使用人口密度的變化、捷運搭乘率，和土地使用混合率三項變數來衡量城市智慧成長與交通壅塞的程度。顯示：

(1) 智慧成長會影響人口密度，人口密度的變化會影響小汽車的壅塞程度；密度的低成長，會妨礙步行和捷運的搭乘。假使低密度成長是由於中心城市人口外移，工作旅程加長，會增加壅塞；另一方面，低密度成長，開車旅途會減少，因爲人口也會減少。再者，壅塞是整體開發密度的函數，當密度提高時，壅塞也會提高。

(2) 捷運搭乘率的增加，會降低壅塞的增加率。

(3) 住商土地使用的混合，可以減少對小汽車的倚賴，以及旅程的距離，因此可以減少壅塞。

整體來看，雖然這三項變數各有其特性，但卻是互相關聯的。城市智慧成長可以產生理想的交通狀況，而且在兩方面產生正面的影響。一個是對公共捷運的搭乘，另一個是壅塞狀況的減輕和通勤時間的減少。

要從區域的尺度規劃交通

社區與鄰里街坊發展的型態受交通系統的影響。從歷史上看，步行形成鄰里街坊，公交車影響廊道和都市的擴張，軌道系統產生郊區的節點。但是近代的小汽車，則肆無忌憚地使土地開發遍布整個地面，似乎交通規劃都是以小汽車的通行爲主要考量。暫且不論這種現象是好是壞，總而言之，交通與土地使用的關係是無法分開的。但是，從事都市規劃的人，卻經常忽略這一點。市政當局總是在土地開發之後，才汲汲於修築道路。而且在政府組織功能上，也多各自爲政，部門之間不但沒有協調，撈過界又成爲一種忌諱。在預算的分配上，也會顯得顧此失彼。

至於捷運系統的規劃，自然更應該從區域的角度著眼。這種投資，因爲可以爲居民省錢，搭乘的人增多，平均成本就會降低。理想的做法應該是，讓所有的新土地開發案都盡可能地接近居民步行距離內的車站。新加坡就是這樣做的，波特蘭市要求在輕軌電車站附近的土地開發，必須是混合使用的。一個城市的交通系統，可以有不同的選擇，例如：在軌道運輸或巴士捷運（BRT）之間做選擇時，必須對不同系統的性質有充分的瞭解。電車和巴士的速度較慢，但是電車軌道的鋪設，可以和汽車共用道路，減少商家的不便，比較適合小型的都市地區。BRT是成本比輕軌低廉的替選方案，雖然有專用車道，不過往往被看作是比較快速的巴士。

歐洲國家的軌道運輸相當普遍，中國大陸正在積極發展軌道運輸，不但是在城際之間，而且藉著一帶一路，更發展到國際之間，人員及貨運可以從中國大陸到達俄羅斯及歐洲國家。美國的交通系統，過去幾十年來，都被汽車和高速公路所淹沒，現在則正在軌道運輸方面急起直追。在運輸成本方面，公路貨運每公噸要比鐵路貴七倍。爲了經濟效率、節省能源及溫室氣體的排放，政府預算的比例應該重新分配多一些到軌道運輸系統方面。

BRT的路線，必須配合城市的土地使用規劃，行經人口、經濟活動密集的地方，目前台灣的前瞻計畫，希望建設輕軌系統。軌道交通基本上要比公路建設可取，至少它有節省土地、運量大、節省能源、減少汙染等優點。但是台灣幾十年來，交通與土地使用並沒有整體規劃，都市發展分散蔓延，加上機車非常普遍，使用方便，因此要鼓勵人們捨棄便利的私人交通工具，搭乘大眾運輸工具，是非常困難的。

交通系統的規劃，重點應該從汽車移動（mobility）的便利，轉移到可及性（accessibility）的便利，也就是說讓居民容易到達最近的地方，獲得他所需要的東西或服務。**在許多方面，交通問題可以用土地使用規劃來解決**。土地使用分區更細緻、更容許混合使用一些就可以做到。簡單地說，在自給自足的鄰里街坊，居民的活動力強弱和活動範圍的大小，並不是最重要的問題。這種做法是每一個智慧成長的城鎮，所應該採用的。再者，拓寬道路或興建停車場的原意，本來是要紓解壅塞。但是，多數的案例則是引來更多的車輛，使道路更爲壅塞。其他方法如：提倡步行、興建與搭乘捷運、興闢自行車道提倡騎單車、鼓勵共乘，以及提高停車費率等。甚至如新加坡，在交通尖峰時段，提高收費或限制小汽車進入市中心區等，都是目前各國城市所採用的交通規劃管理方法。

鄰里街坊是城市智慧成長的基礎

在一個都會區域裡，必定有許多市鎮與鄰里街坊（neighborhood）。除了區域性的廊道和特殊用途地區之外，成長必然是從鄰里街坊開始的。因爲鄰里街坊是居民生活、工作、購物、休閒的地方。所謂鄰里街坊，從實質面來看，它應該是緊湊的、便於步行的（walkable）、多樣化（diverse）但是又互相連接的。所謂緊湊的，是說它的密度可能達到市場所能容許的上限，以節省土地。它範圍的直徑大約不超過半英里，步行約需十分鐘，所有的街道都是行人友善的設計。所謂多樣化，是指它可以提供各種年齡、所得階層居民的日常工作、購物、居住所需。它各地點的功能，都能以捷運、道路、步行和自行車互相無縫接軌。這種鄰里街坊並不是什麼新的發明，人類傳統的各種文化、族群的鄉村、城鎮生活、居住型態都是這樣的。只不過中間被小汽車文明阻斷了將近百年，城市智慧成長只不過是希望恢復這種生活方式。鄰里街坊的結構正是城市智慧成長的基礎。[13]

雖然我們說城市智慧成長最好從區域面著手，也認爲鄰里街坊是城市智慧成長的基礎單位。但是，我們極少看到區域政府的存在，地方政府的規劃管理，由鄰里街坊操作的也有如鳳毛麟角。正如在實質型態上，從城市到鄉鎮，由大到小有階層之分，其管理與運作也應該在各階層城鎮有政府組織，才有權決定它們的成長政策。

⓭ Andres Duany and Jeff Speck with Mike Lydon, *The Smart Growth Manual*, McGraw Hill, 2010, Section 1.6.

鄰里街坊要保留它們的自然狀態

當我們計畫要開發一個鄰里街坊單位時，所有的埤塘、溪流、沼澤、山丘、樹林，以及其他重要的自然地貌，都應該保留。建築物應該蓋在最不好的土地上，而不是最好的土地上。除了生態的考量之外，還有很多保留鮮有地景的理由。自然地景給人一種永恆性和地方特色，因此會增進不動產的價值。一個社區不但要保留這些自然地景，而且要展現它們。所有的水岸、山嶺、森林、公園，甚至高爾夫球場，都應該成爲公共開放空間，而不應該作爲私人財產。這些自然地景中，最須要保留的是那些成年的老樹。保留社區的成年老樹，最能增進社區的價值。

依照環境保護的原則，溼地通常是不准開發的。除了溼地本身之外，和它相連的周邊生態系統，也要一併保護。這些緩衝地帶，正是防止沖蝕、儲存養分，讓各種物種棲息的地方。保護溼地和周邊的生態系統，可以在周邊設立公園。一般研究建議，這些緩衝地帶的平均寬度要有五十公尺，最少也要有三十公尺。如果建造人工滯洪池，這種人工溼地的型態和功能，要能愈接近自然溼地愈好。

除了溼地之外，最容易受都市蔓延傷害的，就是都市地區的大片開放空間。台灣的城市最缺乏的就是公園和開放空間。我們引用IUCN的統計資料，顯示先進國家當中，居住在都市的居民，每人平均擁有的綠地面積都有 20 平方公尺以上。倫敦居民的人均綠地面積爲 25.6 平方公尺，舊金山爲 32.2 平方公尺，紐約爲 23 平方公尺。巴黎較少，但是也有 11.6 平方公尺。台北市民所分配的綠地面積爲 5 平方公尺左右，台中市只有 3.77 平方公尺，與歐美國家居民所擁有的綠地面積比較相差甚大，顯示出台灣地區都市環境中，多麼缺乏綠地與開放空間。

鄰里街坊需要什麼樣的元素？它的結構又是什麼樣子？

城市智慧成長的城市包含許多鄰里街坊，鄰里街坊的功能在於滿足居民的日常生活所需，而這些功能最好都能在步行距離之內。這些設施包括：適合各種所得家庭大小的各式住宅、零售商店、工作空間、政府機關、學校、幼兒園、休閒設施、運動設施和開放空間。工作空間和政府機關應該在社區中心，建築物應該是簇群式的，有如柯比意的想法，地景應該是美化的。各種功能和設施要混合使用，要創造二十四小時都有活動的社區。有門牆的社區應該避免，因爲，第一、它阻礙了交通網絡；第二、它與鄰里街坊無法混合；第三、它只能提供某種單一型態的住宅。

鄰里街坊規劃的主要對象是居民，它的尺度是步行的居民。一般的鄰里街坊會在中心有一個廣場，也會有小型的公園和遊戲場散布在不同地方。鄰里街坊的使用分區不是按土地使用，而是按照建築物的型態。每一個鄰里街坊都會有捷運相連，新加坡的新市鎮就是這樣設計的。鄰里街坊的大小，從中心到邊緣的半徑大約四百公尺（五分鐘的步行距離）。中心與邊緣決定鄰里街坊的功能和型態，中心往往會有一個廣場、綠地等開放空間，邊緣則可能是林蔭大道、環社區道路，或是農田與鄉村接壤。

此外，爲了節能減碳，爲了環境的永續發展，智慧成長的鄰里街坊設計，都應該合乎LEED-ND（Leadership in Energy and Environmental Design Rating System for Neighborhood Development）的標準。這個標準是「新都市主義大會」（Congress for the New Urbanism）、美國「自然資源保護委員會」（Nature Resources Defense Council），以及「美國綠建築協會」（U.S. Green Building Council）所共同制定的。使用這個標準，無論是城市、開發者，以及未來的居民，都會客觀地確認他們的鄰里街坊是否合乎智慧成長的要求。希望LEED-ND會成爲控制大規模城市開發設計的標準。

城市智慧成長的重要影響

在土地開發方面的變化

雖然城市智慧成長政策的影響是多方面的，我們先來看看在土地開發方面的變化。比較實施成長管理的城鎮與未實施成長管理的城鎮之間的差異，時間從 1980 年到 2000 年，也就是比較公共設施已經到位的城鎮與未到位城鎮之間的差異，目的在於確定實施成長管理城鎮的經濟，能否持續地成長。

研究發現，實施成長管理的城鎮，在已開發地區的成長，要超出未實施成長管理的城鎮。在實施成長管理的州，似乎比較會有效利用有關的法令規章實施成長管理。相對來講，它們的開發成本也比較高。相反地，在其他州的地方層面，提供公共設施、合理價位住宅、都市更新方面，要比實施成長管理的州更爲有效。這表示，既使沒有上級政府的強制規定，地方政府也會管理它們本身的成長。反之，如果有法律的規定，反而會養成地方政府的惰性。在收入／支出以及財產稅方面，其成長是漲跌互見的。財產稅率在實施成長管理的城鎮，要比未實施成長管理的城鎮稍高一些。在區域層面，因爲人口多半居住在都會地區，所以都市成長邊界和區域發展影響（Development of Regional Impact）的使用，便與智慧成長有較密切的關係。

整體來看，城市智慧成長需要州的規範，以及地方政府的主動規劃。值得注意的是，在缺乏州的強力規範時，地方政府反而會更積極主動地去管理它們自己的成長。反之，假使州加強對智慧成長的要求，反而會消蝕了地方政府的主動性。

到目前爲止，城市智慧成長的原則，從 1970 年代早期，一直在引導美國的都市成長規劃，推動捷運、減少低密度的開發。這種成長管理的做法，吸引了眾多的注意和研究。目前又有新的議題產生——減少 CO_2 的排放、減少能源的消費、改善氣候變遷的影響等，都仰賴我們秉持過去成長管理的成功經驗，去達成未來的目標。

城市智慧成長的主要目標，是要改變人口和就業在空間上的分布。主要是要提高土地開發的密度和強度，增加緊湊性，並且緩和往鄉村和未開發地區的擴散。主要的衡量指標有六項：人口、土地面積大小與成長的變化、土地使用型態、空間的集中度、都市化程度，以及中心化的程度。

研究顯示，在人口、土地面積大小與成長方面，實施城市智慧成長的州，平均人口的增加（15.9%），要比未實施城市智慧成長的州來得低（19.4%）。就業的情形也大致相仿（分別爲 22.5% 與 24.8%）。在土使用增長方面，實施城市智慧成長的州爲 26%，其他州約爲 21%。土地開發的程度，大致與人口的成長相仿。在人口與就業的空間集中程度（spatial concentration）方面，在只有一個大城市的州集中程度比較高，在沒有大城市而且人口分散的州，集中程度就比較低。集中程度的提高與城市智慧成長政策的關係是一致的。在都市化（urbanization）程度方面，智慧成長政策是希望鼓勵在都市地區做內填式開發（infill development），以減少土地開發擴散到城市周邊的鄉村地區。實施城市智慧成長的州，有較多的人口居住在都市化地區。奧瑞岡州的波特蘭市，是實施城市智慧成長相當成功的城市，它在 1990 年代有 59% 的人口居住在都市化地區，其次爲邁阿密的 54%。在人口與就業的中心化（centralization）方面，是依照半徑五、十、二十、三十英里的圓圈，每十年量度其人口與就業程度，其結果是就業較人口分布更中心化。

在自然資源與環境素質方面的變化

由於城市智慧成長政策的目的，就是希望改善環境素質和保護自然資源，城市智慧成長政策經常與土地使用、土地保育有直接關係。其與空氣和水資源的品質則是間接的，是由於交通和開發型態的影響。因此有關土地使用、土地保育的資料，要比空氣和水資源品質的資料容易取得。所以我們的分析將偏重於土地使用與土地保育。

土地保育的變化

馬里蘭與奧瑞岡兩州，具有保護開放空間、環境敏感土地，以及保護農地的計畫。馬里蘭州甚至動用州政府的預算，購買保育類的農地。新澤西州透過區域計畫，以購買農地發展權的方式，保護農地和環境敏感土地。實際上，資源土地和農地的變化，是與人口變化有密切關係的。

交通的變化

支持城市智慧成長政策的人士認爲，交通是決定土地使用的主要因素，而且是影響城市智慧成長政策成功與否的關鍵。他們相信多樣化的交通方式，例如推動行人友善的空間、改善交通運輸的定價方式，都能減少一人乘坐的小汽車、減少交通壅塞，並且能使更多的人乘坐大眾運輸工具，或騎單車、或步行。這種交通型態，是與緊湊型、混合使用，以及高密度的都市土地使用有關的。

住宅的可負擔性

因爲改善住宅的可負擔性，是城市智慧成長政策的一貫目標，成功推動可負擔住宅的州，多半會設法提供集合住宅和出租單位。實施城市智慧成長政策的州，也不可能在市郊或鄉村地區大興土木。住宅的可負擔性，取決於住宅的價格和家庭的所得，通常是以中等住宅價格或租金，和中等家庭所得的比來衡量的。一個一般可以被接受的可負擔標準，應該是要低於家庭可支配所得的30%。

學術上對城市智慧成長的一些看法

學者的研究認爲，美國有些州和城市的城市智慧成長計畫（programs），對於城市智慧成長目標的達成，既不充分也不必要。它們的表現，只不過比沒有城市智慧成長計畫的州或城市稍好一點而已。其中奧瑞岡在成長型態和交通方面最好，新澤西在住宅的可負擔性、馬里蘭在自然資源和環境保護方面最好。在相關分析中，土地使用與空間結構和交通的相關性最高。相關性第二強的是環境保護和財務狀況，顯示土地保護與保育需要良好的財務狀況，以維持鄉村地區的低度開發。住宅的可負擔性，和交通則呈負相關，顯示高度使用捷運可能拉高房價。因爲城市智慧成長計畫包含許多對土地開發的管制，無可避免地會提高房價，但是這並不表示城市智慧成長計畫經常都是推高房價的唯一因素。

雖然沒有任何一州或城市能夠達成所有的智慧成長目標，但是這並不表示城市智慧成長政策是不值得推行的。因爲各州或各城市都有它們各自發展的歷史背景，也有其各自發展的重點和優先順序。本文僅就**計畫的結構和透明度**、**計畫的設計和功能的連貫性**，以及**計畫的可持續性**等三方面，提出一些學者的看法：

1. 計畫的結構和透明度

需要能夠持續發展的理想開發結果，來啟發與推動城市智慧成長計畫，並且能夠提供支持城市智慧成長政策的方案與法規。城市智慧成長政策的實施，可以從上到下，或從下往上。但是在區域層面，應該是最恰當的。城市智慧成長政策應該設計可以實際實施的機制，而不是僅僅宣示目標。

2. 計畫的設計和功能的連貫性

城市智慧成長政策管理的設計，應該能協調有關機關之間的互動。城市智慧成長政策應該利用定價、租稅等經濟誘因。城市智慧成長政策應該審慎考慮最後的所得再分配效果。

3. 計畫的可持續性

因爲城市智慧成長政策與方案的實施，需要較長的時間才能看到效果，所以需要政府的長期承諾與支持。有關資料的蒐集，特別是環境素質和公共財政方面，需要改善。城市智慧成長政策與方案，需要針對不同目標的達成，做更多的研究。

城市智慧成長的典範模式

英國曼徹斯特大學資深教授、逢甲大學都市計畫系訪問教授布羅傑（Michael Roger Bristow）在 2008 年五月二十二到二十四日於逢甲大學所舉辦的「2008 永續環境發展論壇」所發表的論文中，討論到台灣的都市規劃問題。他文章的主題爲「全球氣候變遷對台灣的挑戰」。在土地使用規劃方面，他認爲政府的長期政策應該是：

1. 制定土地使用規劃的績效標準，鼓勵公私雙方對建築物與其他永久性基盤建設的投資，應該把氣候變遷的因素考慮進去。

2. 政府可以經由長期政策管理氣候敏感的公共財貨，包括自然資源的保護、海洋的保護以及培養應付緊急災變的能力。

這些政策在規劃上的應用應該包括：

1. 政府的氣候變遷計畫與能源政策，應該對全球的永續發展有所貢獻。
2. 在提供人民新的住宅、工作，服務設施，以及塑造人民生活與工作的空間時，應有資源與能源使用效率最高且穩定的標準，並且減少碳的排放。
3. 在都市成長方面，應該儘量使用永續性的公共交通工具，步行或騎單車，減少小汽車的使用。
4. 新的開發區應符合氣候變遷、節能減碳的功能，同時也要配合社會的和諧與凝聚力。
5. 要注意都市地區的生物多樣性，因爲棲地的分布會影響生物以及對氣候變遷的適應。
6. 要注意氣候變遷對社區開發的需要與利益的影響。
7. 關心企業，鼓勵他們的競爭力與技術創新。

依照布羅傑教授在香港及台灣做過數年教學與研究工作的看法，他認爲台灣雖然在 2007 年提出了《溫室氣體減量法》草案，但是並沒有全面性的注意到所有的問題，政府也沒有一套整體的政策。如果在國家的最高層級沒有一項整體的政策，顯然在規劃的領域裡也不可能有什麼有效的做法。因此，台灣實在亟須在從事「國土規劃」時，把氣候變遷的因素考慮在內，並且在制定中長期政策時，思考如何將這些因素考慮在內。台灣的問題，不但是要認清自己在全球氣候變遷問題中的角色，而且整個社區要支持，每一個人的行爲，都要爲保護每一個人的未來幸福著想。

在一個崇尚開發的國家，從事都市規劃的人應該注意對經濟結構從老舊轉向創新時做必要的調整。政策的領域應該包括以下各項：

(1) 經濟發展；(2) 基礎建設；(3) 都市環境；(4) 水資源；(5) 生物多樣性與地景；(6) 洪氾；(7) 海岸的侵蝕；(8) 碳的排放量；(9) 以台灣而言，更應該注意自然災害的預防。

經濟發展在台灣是一項主要的課題。不過，在台灣，能源幾乎 97% 依賴進口，本身沒有任何替代能源的情形下，小汽車與摩托車卻大行其道。基礎建設的投資從交通系統到下水道系統，廢棄物處理與其他配置網絡，處處都要注意到資源與能源的使用效率。

從都市計畫的觀點來說，都市環境是目前各國所極度重視的。因爲它對環境素質、人體健康都有密切的關係。都市環境各方面的鋪陳、設計與運作規劃，都要特別注意。尤其是台灣城市的未來，布羅傑教授認爲，目前台灣的規劃與都市設計仍然因襲著二十世紀中期的思維，而非現代二十一世紀的理念。他不客氣地說，城市裡個別的建築物可能還有些看頭，但是卻把城市人的尺度（people-scale）給破壞了。你看不到街道的環境是什麼樣子，建築物與建築物之間沒有連接，也沒有空間，更看不到行人友善的（pedestrian friendly）設施，也沒有使人們有相互親密的感覺，那是爲小汽車設計的，沒有人性的城市。這種情形在珍雅各的《美國大城市的死亡與再生》（1961）裡，已經有生動的描述。

對人們友善又節能的社區在近代的新都市主義（New Urbanism）裡也有完整的描述。要把這些理念實現在城市裡，對現代的都市規劃與設計者來說都是一項極大的挑戰。但是一點也看不出這些思想已經注入到台灣大都市的設計裡，甚至在台灣的規劃設計顧問業中也沒有。如果台灣的現代城市面對二十一世紀新城市能否承受氣候變遷、節能減碳、永續發展的標準，一定要重新思考未來的都市型態。

都市環境的良窳，更是不能只考慮建築物的空間與鋪陳（layout）。若以環境標準來說，它還應該包括建築法規的修訂、節能減碳的設計與景觀結構、都市設計的行人友善街道與鄰里街坊環境、交通運輸的效率與人口的密度，以及傳統遺留、晚近流行的混合使用的趨勢。

巴西的庫里提巴市

或許有人認爲以上的模式只適用於小型城市或鄉鎮。現在且讓我們看看巴西（Brazil）庫里提巴（Curitiba）市的規劃模式。

巴西的庫里提巴市，是一個繁榮、整潔，而且經濟上自給自足的世界性生態城市。庫里提巴擁有三百二十萬人口，市政府在城市周圍種植超過一百五十萬棵樹，因此，在庫里提巴到處都是樹。在庫里提巴市沒有經過允許，樹是不能隨意砍伐的。如果有一棵樹被砍伐，一定要種兩棵補上。

在1950年到1960年間持續氾濫後，城市官員因此設置排水帶，他們限制在某些容易產生洪氾的地區建築，透過法律保護自然的排水系統，建造人工湖以容納洪水，並且把許多河岸與洪氾區轉變成公園。結合自然的設計策略已使洪氾成爲過去，而這也大大地增加了開放空間和綠色空間，在1950年到1996年間，這座城市的人口迅速增加一百倍。

這個城市的空氣之所以清淨，是因爲它不在汽車道的周邊建築，它擁有一百四十五公里的自行車道，而且還在繼續建築中。由於商家的支持，在市中心商業購物區的許多街道被規劃爲禁行汽車的行人徒步區，一些廢棄工廠和大樓被再利用，作爲運動和休閒娛樂設施。

庫里提巴的成功關鍵之一是它的運輸系統與土地使用計畫的整合。城市官員決定發展一個精細的公共汽車系統，而非較昂貴卻比較沒有彈性的地下鐵或輕軌鐵路系統。它的核心概念是要引導城市沿著五條像車輪軸心往外輻射似的主要運輸走廊，與高密度住宅由市中心往外延伸，每條廊道都有快速巴士專用的車道。

庫里提巴可能擁有世界最好的巴士系統，每天巴士網絡以最少成本乾淨而有效率地運輸一百五十萬通勤人口，占該市通勤與購物人口的 75%，而且票價低廉（約二十到四十美分，可以不限轉車次數）。只有高層公寓住宅准許沿著主要巴士幹道興建，而且每棟大樓都要貢獻地面兩層供商店使用，以免居民長途跋涉去購物。在尖峰時段，巴士會增加兩倍到三倍的車次。此一自給自足的巴士系統，建造成本一公里爲二十萬美元，而地鐵一公里則需要六千到七千萬美元。老舊巴士則用來做活動教學，或是到公園的運輸工具。結果使庫里提巴的汽油用量比其他八個巴西城市少 25%，並且使庫里提巴的空氣汙染率最低。

庫里提巴也將家庭中所分類出來 70% 的紙類（相當於一千兩百棵樹／日）、60% 的金屬、玻璃和塑膠回收再利用。這些回收物大部分賣給超過三百四十個主要工業。大學提供免費的環保課程給市民。

這個城市買了一塊離市中心十一公里的下風區土地來做工業園區，在其中設置了街道、服務、住宅和學校，並且設置一條員工的巴士車道，以及制定空氣、汙水防治法。

儘管庫里提巴的人口從 1950 年的三十萬人大量成長到 1996 年的兩百一十萬人，因爲農村的窮人已經聚集到城市。庫里提巴也有大多其他城市的問題，如貧民窟，窳陋屋宇爲主的地區等，不過所有這些事情都已經被解決了。大多數公民都有自覺、共同一致的自豪感和希望，並且保證讓他們的城市做到更好。

庫里提巴成功的一個要素是，市民願意共同努力建立更好的未來。此外，城市官員眞正願意爲所有城市居民提高生活品質。他們也嘗試以(1)使用想像和常識；(2)發展簡單、靈活和解決問題的方法；和(3)使人們幫助他們迅速發現解決問題的辦法。庫里提巴的經營成本爲一人一百五十六美元，達拉斯（Dallas）爲八百零七美元，底特律（Detroit）爲一千兩百八十美元。

城市領導人和公民一同工作，爲的是使庫里提巴成爲一件公共交通工具更甚於私人交通工具的鮮活例子，透過縝密的計畫，並與環境相協調而非改變環境。你所居住的城市或區域，能否自己在生態和經濟上持續發展呢？

4

市地重劃演出了雙城記

不要把土地開發看作是唯一的成長與發展的目標與真理。唯有土地資源與環境的保育、復建，才能使我們智慧地持續成長下去。一個城市也好，一個國家也好，是沒有區別的。

市地重劃是台灣各城市普遍實施的一項土地整理工作。市地重劃的目的在於重新整理、規劃一個城市的土地使用。因此可以改善都市生活環境品質，使城市的生活環境更美好。市地重劃更是從事都市更新的工具，更新之後可以使城市持續成長發展。市地重劃是城市規劃與實現土地政策的新思維與方法。

從土地經濟學的角度看，市地重劃可以再開發城市老舊地區低度使用的土地，使其達到最高與最佳使用。這樣便會增加土地所有權人與社會全體的財富，使居民的生活更美好。但是，除非土地能夠重新整理，做整體的規劃與再開發，否則以上所說的各種利益都很難實現。事實上，因爲個人對私有財產權的重視、偏好不同，以及重劃之後土地增值分配的公平與否等問題，並不是每個地主都歡迎這種做法。特別是在城市中心地區，所有權格外凌亂與分散。雖然重劃與更新應該同步進行，但卻是一項非常困難的工作。傳統的土地整理辦法，包括土地徵收、自願交換等，在效率與公平上都不理想，甚至會阻撓都市更新。因此，土地重劃（Land Readjustment, LR）的辦法應運而生。

土地重劃，廣義地講，就是鼓勵地主集體式的私有土地財產交換整合。或者說是集體式的移轉產權給政府或開發者做重劃整理，從事開發。例如：原本在低密度分區的地方，可以各蓋一棟住宅的相鄰兩塊土地，如果可以合併成一塊，便可以蓋三棟住宅。合併之後的土地，其價格將會上漲，其價值應該比兩塊個別土地價值的加總更高。這樣做，私人和社會的福利都會因此增加。

但是，問題並不如所說的那麼簡單。例如：如果只有A、B兩個地主，各自擁有相鄰的兩塊土地。因爲兩塊土地合併的價值，要比單獨個別的價值高，所以，A跟B都想買下對方的土地，以獲得全部較高的地價和利益。雙方議價的結果，會使地價達到新高。如果開發者願意出此高價，買下對方的土地做整體開發，就能獲利。這種情形會因爲參與的當事人增加，而變得更爲複雜，交易成本也會增加。相形之下，如果能鼓勵地主自願地交換，減少交易成本，可能更爲理想。政府的介入，或私人自願交換，都可以使交易成本減少。只要交易成本能夠趨近於零，就不會影響交易雙方的利益，增值的分配也不會受到影響。

但是，事實上，「制度經濟學」告訴我們，交易成本不可能等於零。如果排除市場機制，開發者將如何斷定是否多整合一筆土地的邊際利益，能夠等於其邊際成本？如果由政治或法律去決定地主所負擔的成本（台灣爲地主貢獻45%的土地），便有可能產生多補償或少補償；或是多取得土地，或少取得土地的情形，產生資源的誤置。另外，土地的整合會造成參與整合的地主犧牲土地。雖然重劃後的增值，將會彌補這種損失，仍會造成地主心理上的負擔。而周邊沒有被納入重劃的土地，因爲外溢效果，也會造成搭便車的情形，同樣獲得增值的利益。另一方面，因爲台灣的土地稅率過低，增值稅的課稅機制（土地增值稅）又設計不當，根本無法讓政府獲得土地重劃所造成的增值歸公。我們在談到英國和德國在青島的做法時，讀者就會瞭解他們如何使土地的漲價歸公了。

台灣的市地重劃，由地主提供45%土地的辦法，即是由政府用法律所規定。因此便可能有多取得土地，或少取得土地的情形。由於政府經常在重劃後拍賣大量抵費地，獲得豐厚財政收入的情形看來，似乎頗有多取得土地的可能。在另一方面，政府在進行每一件開發案，欲取得土地時，地主極力爭取用市地重劃方式，而抵制徵收或區段徵收方式，似乎又顯示重劃後的增值可能有多補償的情形。或許政府取得45%的土地是否恰當，也是一個值得進一步研究的問題？

如果地主不能用自願交換的辦法，解決土地整合再開發的問題，另一個辦法就是土地徵收了。土地徵收，源自於自然法（Common Law），是國家統治權的行使，具有強制性。徵收權能使政府爲了建設道路、公園等公共設施，取得私人不願意出售的土地。徵收權的背後邏輯，是認爲個人擁有和享受私有財產利益的權利與自由，必須對社會的利益讓步。土地徵收是一種比較有爭議性的手段。**所以依照法律，政府只有在因爲國家安全、公眾利益、社會經濟福祉須要有所保障，以及受影響土地所有權人能夠得到合理補償的情形下，才能徵收私人的土地。**《美國憲法第五修正案》：「Private property shall not be taken for public use, without just compensation.」是爲「Taking Clause」。所謂公平的補償（just compensation），是指市場價值，或買賣雙方都願意接受的價格。美國不動產估價師協會（The American Institute of Real Estate Appraisers）對市場價值所下的定義是：**一件不動產在公開競爭市場上求售，買賣雙方都對市場狀況充分瞭解，雙方都經過深思熟慮，而且在不受任何特別因素影響的情形下，所能達成的金錢價格。**但是，所謂的公眾利益或合理補償，定義並不明確，所以經常產生爭議。舉例來說，紐約時代廣場的再開發案，爲了整合七十四筆土地，花了十年的時間處理四十七件訴訟案。前幾年台灣的文林苑都市更新案，以及苗栗大埔的工業園區開發案，都是政府使用土地徵收權不當的例子。

市地重劃

因為土地整理的方法，無論是自願的交換或徵收，都不是非常理想的辦法。因此，土地重劃辦法應運而生。土地重劃是一項可以降低交易成本、交換產權，整合土地的方法。土地重劃由政府主導，是為了改善土地使用、取得土地建設公共設施。台灣的做法是由地主提供 45% 的土地，抵付重劃費用，是為「抵費地」。重劃後的土地增值，即可以補償其提供土地的損失。在這種情形下，政府不但不必出錢，而且可以從拍賣重劃後增值的抵費地賺錢，使政府獲得財政上的收入，用來建設公共設施。

土地重劃的第一個命題，是要在私有財產權觀念特別強烈的地方，加強財務與行政上的誘因，使政府更容易整合老舊城市中心地區畸零不整的土地，以利更新開發。土地重劃的第二個命題，就是要加強鼓勵財產權的交換。而且應該有特別的立法，以減少搭便車（free rider）的情形（重劃區外圍地區外溢的土地增值）。

美國土地改革倡導人亨利・喬治（Henry George）早已指出：都市化會創造財富。而負責建設公共設施的政府，卻缺少所需要的財源。土地重劃剛好可以解決這個兩難的問題。幾十年來，德國與荷蘭都實施農地重劃，以提高生產效率。後來傳到日本，用來重建 1926 年大地震之後的東京。近年來，南韓與台灣也以重劃的方式進行都市開發。此外，以色列也廣泛地實施土地重劃，不過並沒有引起太大的國際注意。

前美國國防部長麥克・瑪拉（Robert McNamara），在 1972 年被任命為世界銀行總裁。宣稱世界銀行的首要任務，就是要解救第三世界國家的貧窮。為了要執行此一任務，銀行成員很快地認識到，都市的貧窮都是集中在每一個第三世界國家悽慘的貧民窟，與城市周邊雜亂無章的開墾地區。要解決貧困，毫無疑問地，是要改善他們的住宅，與基本的都市公共設施。

改善都市的基本公共設施，以迎合往城市集中人口的需要，是一項巨大的財政挑戰。在許多大城市裡，所面臨的問題有三方面：(1) 整合零散的農村與都市土地，成爲可以用單一方法開發的地區；(2) 提供整合的地區，使其具有可以協調運輸道路與城市基礎設施的計畫；(3) 找出一種可以經由這些改良以增加資本價值的機制。

在 1974 年，世界銀行派遣經濟學家Orville Grimes及其成員，進行調查研究三個還算成功的案例。第一個是著名而且產生高品質、低成本都市成長的瑞典土地儲備制度（land banking）。第二個任務是研究改善哥倫比亞波哥大市（Bogotá）的主要運輸道路的特別受益稅制度（valorization）。第三個任務就是去研究遭受二次世界大戰後，重建的日本城市，以及韓戰後重建的南韓。這個團隊立刻注意到一種計畫，可以整合、再開發土地建設基礎設施，而且低成本的方法，就是土地重劃。

土地重劃似乎是目前發展出來，使土地的社會增值用於公共目的最聰明的方法。它能在鄉村／都市轉型的時候取得增值，而不是在重劃完成之後，才用一些笨拙的方法（諸如：土地增值稅、奢侈稅等。再者，台灣在重劃後還對地主減稅或免稅），希望從地主手中取得金錢增值。此一機制能夠在第三世界城市都市化的當口運作，而且它本身即含有內生的生財能力。

美國林肯土地政策研究院，於 1979 年在台灣召開了一個國際研討會，會中有來自世界實施土地重劃國家的專家發表論文，傳播此一概念到世界各地。在會議中，大家也決定將土地重劃的概念以「*Land Readjustment*」爲名，而非以「Land Consolidation」爲名稱。澳洲代表則堅持使用

「Land Pooling」爲名。林肯土地政策研究院在 1982 年把這次會議的成果集結成書，名爲：*Land Readjustment :A Different Approach of Financing Urban Development*。

在 1980 年代，土地重劃的基本概念，開始見諸於聯合國開發計畫（United Nations Development Program，UNDP）。隨著世界銀行的出版品，傳播於世界各地，亞洲理工學院的研究生，也開始研究此一課題。印度尼西亞、泰國、尼泊爾、馬來西亞等國家，也開始實施土地重劃，但是都沒有把它納入國家政策。

美國及第三世界，一些對不動產有興趣的國家，認爲土地重劃是一項激進，甚至具有威脅性的概念。除了加利福尼亞與佛羅里達州企圖立法之外，很難建立共識來支持此一政策。這些國家則以由私人開發者負擔公共設施成本，以及調整基地規模及稅賦等手段，來應付如潮水般的都市化趨勢。

從以上簡短的歷史回顧裡，我們或許可以得到以下幾點看法：

第一、在早期，土地重劃被用作節省開發成本的工具。但是在某些國家，認爲以重劃財產權的疆界，甚至減縮土地財產面積，用來償付基礎建設的成本。雖然地主最後能夠獲得相同，甚至更高的土地價值，仍然被視爲是一種難以接受的激進做法。

第二、土地重劃可以應用在都市更新方面，特別是對於老舊市區，或受戰爭、天然災害破壞的地區，重新整合畸零狹小的建築基地，可以藉此機會交換分合，做大尺度的重建。並且可以因爲基地面積擴大，而可以建築較高的樓層。一方面可以增加容積，另一方面也可以保留更多的開放空間。香港實施立體分區或立體重劃，已經有多年經驗。

第三、土地重劃最近被應用作爲土地管理的工具，已經不再限於傳統有限的使用方式。例如：

德國。

第四、在理論上，土地重劃毫無疑問地，可以應用在許多方面。但是在實務上仍然會遭遇到政治與經濟利益的衝突，有待解決。

第五、對於土地重劃的教育與訓練，是每一個城市規劃師、不動產開發者以及參與土地與城市管理人員所必須具備的。

土地重劃的起源與傳播

土地重劃可能起源於德國 1902 年的「Lex Adickes of Frankfurt am Main」。此一城市的發展受到古代遺產法的影響，半數都是狹長型的土地，開發困難。市長艾迪克斯（Franz Adickes）透過普魯士國會，通過 1918 年的普魯士住宅法，之後，土地重劃便應用於歐陸其他國家。例如：法國在 1985 年修改其《都市計畫法》（*Code de l'Urbanisme*），授權開發協會，用於一些小型城市去改善零散的土地權屬。

根據侯穆（Rob Home）的研究，德國的LR傳到日本，採用在 1919 年的城市規劃法中，算是一項巨大的國際性發展。在二戰之後，日本在聯合國授權麥克阿瑟將軍管轄之下實施土地改革，一直到 2000 年，有 30% 的土地經過重劃，是世界各國中，最大規模的土地重劃工作。日本土地重劃的成功，多半歸功於他們的「郡主制度」，以及日本人民服從權威的傳統民族性。但是近年來，民智大開，認爲土地重劃違反了憲法對私人財產權的保障，而放棄了許多LR計畫。隨著日本LR的成功，LR也應用於亞洲其他國家與地方，包括韓國、印尼、尼泊爾、泰國、馬來西亞與台灣。

在世界的另一方面，LR在美國的成功卻是非常有限的。只有幾個州，如：夏威夷、加利福尼亞與佛羅里達，都嘗試引介LR，然而授權法案往往被開發商所擋駕。英國雖然是現代城市規劃的先驅，但是卻沒有LR。侯穆則認爲，那要歸咎於英國的私有財產、文化以及比較集中的土地所有權。回溯到 1942 年的Uthwatt關於開發全國土地國有化的報告，拒絕了統一性的土地整合機制。事實上，LR並未出現在 1947 年的《城鄉計畫法》中，也未出現在其後的其他立法中。

奧圖曼與歐洲制度的混合造成另一型態的LR

奧圖曼 1858 年的《土地法規與登記法》（*1858-the Ottoman Land Code and Registration Act*），有關於土地制度（land tenure）的規定。在二十世紀以前，氏族（尤指早期蘇格蘭高地宗族）的土地權利，一般都優於個人。在 1858 年的奧圖曼《土地法規與登記法》中，要求所有權人登記他們的所有權。其背後的理由是要使國家行使對土地的更大管制，並且增加稅收。奧圖曼法規也產生了新的土地制度。

中東的LR往往被有關LR的文獻所忽略。但是根據侯穆的研究，中東可能是LR的重要地區。侯穆認爲奧圖曼法律主宰此一地區已有幾個世紀之久，賦予蘇丹最高的土地統治權，Musha制度（公社土地、集體所有、公享農作）經常重分配村落的土地，短期（兩年到九年）分割與拍賣土地。

奧圖曼 1858 年的土地法規，重新肯定了國家的土地所有權，包括明顯的LR條文，農地歸國家所有。但是使用收益權卻屬於私人，使用者的使用權也要在機關登記，然後由國家課增值稅，而且可以徵收土地做公共目的的使用，並不需要補償。在 1918 年以後，英國與法國在國際聯盟（League of Nations）的指令下，託管中東的大部分地區，以至於奧圖曼與歐洲制度的混合，造就了成功的另類土地整合與重劃。

德國的土地重劃

世界上實施土地重劃的國家很多，我們特別提出德國，尤其是德國在青島的土地重劃，非常值得我們借鏡。在德國，聯邦政府的土地使用規劃法，強制實施土地重劃，而且非常成功。雖然土地的形狀、大小受到改變，但是地主並不擔心財產有所損失，因爲地主所得到重劃後土地的價值，至少會與目前的價值相等。因此，德國的法律專家並不認爲土地重劃是政府攫取私人財產，而是一種比徵收更爲溫和的取得土地的手段。土地重劃可以使地主的土地更容易開發，而且在一個住宅區裡，使鄰里的住宅都有良好的環境，便利的生活機能。德國人認爲那是**政府強制加給人民的幸福**（mandatory happiness）。

強制性的土地重劃，使土地使用計畫能夠付諸實現，當然這也須要私人地主的同意與合作。取得眾多地主的合作，成本非常之高，但是德國城市的市政當局便會行使它們的規劃權力。土地重劃不只使土地更爲合用，而且政府可以取得一部分土地。這些取得的土地，將改變它們的疆界，使其更適於開發。德國聯邦憲法法庭在 2001 年裁定了財產保護與強制土地重劃之間的關係。

德國的計畫法賦予地方政府，透過土地重劃執行土地使用計畫的權力。《德國建設法》（Baugesetzbuch, BauGB）第一段四十五節規定，所有可開發的基地，可以透過土地重劃使土地適於建築房屋，或做其他使用（Dieterich，2006）。土地重劃可以改變現有基地的位置、形狀與大小。已開發及未開發的土地都可以重劃。已制定的土地使用計畫並不是重劃的先決條件（BauGB, section 34），只要地主願意而且能夠修正他們土地的疆界，就不須要強制性的土地重劃。只要現有的建築基地可以實現一個城市的土地使用計畫，便不須要進行強制性的土地重劃。

在進行土地重劃的程序中，主管機關應該製作參與重劃的土地清冊，並附地圖。然後主管機關把所有的土地整合爲一體進行重劃。第二步是把需要做公共使用的土地劃出來加以保留。第三步是把地方基礎設施（道路、停車場、兒童遊戲場等）排除在重劃土地之外，剩下的土地才做重劃和重分配。每一個地主便會得到一塊新的土地。這塊新的土地當然適於建築開發，它可能是在地主原來的位置，也可能分配到類似的位置。每位地主所分配到的土地與原來的土地成一定大小或價值的比例。如果地主所分配到的土地，在價值或面積上小於他原來的土地，他便可以得到金錢上的補償。在這些法律程序完成之後，便要重新編定地籍，地主也可以開始依照都市計畫所計畫的使用，開發他們的土地。

土地重劃使土地增值。在土地重劃的程序中，城市政府有兩個機會去使用這些土地的增值。第一個機會是把作爲公共目的使用的土地，先從整個土地重劃區中劃分出來。這些土地要嚴格地規範做最有利於地方居民的使用。如果供公共目的使用的土地沒有劃分出來，剩下的土地未必准許供做建築使用。第二個機會是捉住在重分配重劃土地之前攫取土地增值。

靠地方政府所訂定分配土地的標準，依照土地價值分配，則每一位地主可以分配到一塊新的土地，其價值至少要與他原來的土地價值相當。因爲重劃後的土地價值會增高，他所得到的土地面積可能比較小。這時，地主必須將增值部分付予市政府。如果依照面積來重分配，政府所保留的土地，必須不超過重劃後土地的 30%（假使該土地是第一次開發），如果重劃後的土地曾經開發過，則政府所保留的土地不得超過重劃後土地的 10%。

在德國，土地重劃的實施已經做到有如一種藝術的型態。大多數參與重劃的地主都很滿意，因爲所有的重劃成本都由政府負擔。德國的土地重劃是把規劃、不動產估價與土地測量混合在一起，而且產生非常好的效果。再者，把強制與自願性成分混合在一起，土地重劃成爲一項有效果、有效率而且公平的土地開發方法。不過，除非已經具備重要公共設施，否則土地是不准開發的。德國法律也規定參與重劃的地主必須願意互相交換分合，改變原來的疆界與形狀大小（台灣則要按原位次分配）才能開發。同時，可以開發的土地應該有特別的社會價值，如果土地因爲財產性質不適於開發，則推出市場出售，否則將被荒廢。

在 1998 年，「生態補償」（ecological compensation）被建立作爲一項彌補土地改變使用所帶來的負面影響的法律工具。在此一機制下，開發者提供一部分的土地來償付它的生態改良物（ecological improvement）。另一種方法則是，開發者可以付給市政當局一定的費用，在其他地方購買適合生態補償的土地。市政當局可以引用生態補償法，來管理生態改良物。

許多學者並不認爲政府在土地重劃時，所取走的一部分土地是徵收。只要土地重劃不被認爲是強制徵收（taking），德國的土地規劃系統，便不須要倚賴土地徵收來完成。土地重劃一方面使政府無償取得公共設施的建設用地，另一方面也並未傷及地主的權益。不但如此，地主所得到的土地價值只有增加，而沒有減少。

德國土地重劃的現代趨勢

以德國《土地重劃法》（Land Consolidation Act, LCA）的觀點看，現代的土地重劃是一種改善農業、森林、生產以及推動一般土地開發的方法，而且重新整理鄉村的農業土地。因此，可以說土地重劃是混合特殊的農業規劃與一般土地重劃的產物（圖 4-1）。

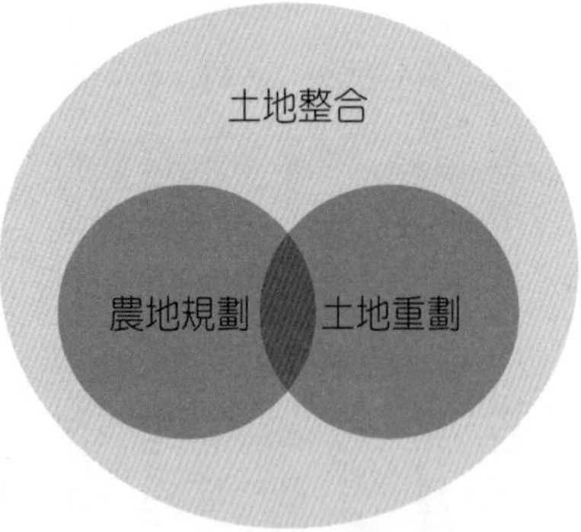

圖 4-1　德國的土地重劃法示意圖（Land Consolidation Act, LCA）

這種重劃方法，可以重新安排土地持分，改善農業、林業生產以及一般的土地開發，並且有利於增進一般的公共財富。改善農業生產與農村管理，農村的更新或再生。德國的所謂綜合土地重劃（comprehensive land consolidation），是最廣爲應用的規劃方法，可以實施做整體鄉村開發（integrated rural development）。綜合性的土地重劃，代表一項長期農業結構的改善，其目的在於保存與增進農業的穩定，同時保存郊區農村的環境與景觀。它也希望增進農業的非生產功能，創造非農業的就業機會。

如果土地重劃的目的，是在於整合零散不合經濟使用的土地坵塊，可以用「自願的土地交換」（Voluntary Land Exchange）或者「加速的土地重劃」（Accelerated Land Consolidation）。自願的土地交換是最簡單、最快速的土地重劃方法，就是兩個或兩個以上的地主，將他們的土地自願互相交換與合併，重新劃分其權屬與疆界，政府只扮演中介的角色。

假使有相當多的畸零不整、不合經濟使用的土地，而且不需要整建道路與水資源系統的話，即可以採用快速土地重劃方法，這種土地重劃則須要由政府機關主導。

根據德國的《土地重劃法》，爲了減少公用土地使用對農業結構的影響，則可以採用簡化的土地重劃（Simplified Land Consolidation）。例如：運輸規劃、社區土地使用規劃、水資源管理規劃與自然景觀保護等方法。

假使由於一些特殊的原因，則可以用強制收買的方法取得土地。假如此一方法會影響大片的農業土地，而且受影響的土地所有權人數眾多，或者包含弱勢地主，便可以使用「被許可的強制取得」（Land Consolidation in Case of Permissible Compulsory Acquisition）。

土地重劃可以使用的情況

從以上的說明，我們可以發現，德國的土地重劃辦法，可以因爲目的的不同，而有彈性地採用不同的方法。這些方法包括：綜合性土地重劃、簡化的土地重劃、需要強制取得土地的重劃、加速的土地重劃、結合土地與建築物所有權的重劃、土地重新整理等。

可以適用的領域，包括：農業與森林土地、區域性運輸設施、區域性水資源管理、共有土地的開發、環境保護／廢棄物處理、自然與景觀保護、休憩與復建社區等。以上這些方法與領域，綜合性土地重劃最爲重要，其次是簡化的土地重劃。不過綜合性土地重劃在減少，簡化的土地重劃則在增加。

土地重劃領域的重要性，在過去的二十年間也在改變。根據實施的次數調查，農業與林業第一、區域性運輸第二、區域性水資源管理第三、共有土地開發第四、環境保護／廢棄物處理第五、自然與保護景觀規劃第六、休憩與復建第七。不過調查也發現，在過去的十五年間，自然保護性的土地重劃，增加了 40% 多。此外，鄉村地區實質基礎設施的改善，十年來增加了 67% 到 72%。可見整體的土地重劃與整體土地使用規劃的重要性。

關於土地重劃的趨勢，在兩次世界大戰之後，增加糧食生產與安置難民，成爲土地重劃的首要目標。在二十世紀的六〇年代，土地重劃聚焦在歐盟的農業競爭力。在七〇年代土地重劃的中心則著重在環境與自然保護方面。

在 2004 年夏天，德國土地重劃議程（Land Consolidation Agenda）的策略目標制定如下：

1. 整合零散宗地的重要性愈來愈減少。基於農業結構的改變，需要減少農場數與佃農數。不過租賃的交換（lease exchange）也可能造成新的土地分散。
2. 對現有與新的鄉村實質基礎設施的改善與新建（如：鄉村道路、樹籬、水體、生物群等），由於農業觀光或農業技術的進步，需要土地重劃。
3. 在德國某些區域，把村莊與殖民納入土地重劃機制。此外，鄉村更新或土地所有權制度（land tenure）結構的調整，都可以用重劃的方法，增進土地使用。土地重劃用在城市的公有土地規劃，也是順理成章的事。

由此可見，土地重劃工作在土地使用規劃上，是一直都需要的。整體的土地重劃，並不是只應用在農地的整理，也會應用在鄉村與城市社區的整建，特別是在城市與鄉村的過渡地帶。在更高的層次，則用在調解土地使用的衝突與公共使用的需要。例如：自然保護、國家公園、公路與鐵路的建設、水資源管理（防洪、滯洪空間）等。

自然保護是地方、區域以及國家整體的工作。有關交通運輸建設，則是超越地方、區域甚至國家的工作（例如：穿越歐盟各國的高速鐵路、運河與機場）。重要的原則是，假使這些建設對農業有所衝擊，則利用土地重劃的方法來解決，這是對土地重劃機制的莫大挑戰。除了農業，如果侵犯了自然資源與生態地景，就要對環境加以補償。這種補償的代價，會數倍於建設案本身的價值，通常四倍到五倍是很常見的。

以上這些策略都是用土地重劃的方法，以避免對農業的衝擊爲最高訴求。因此，我們可以說，德國的《土地重劃法》（German Land Consolidation Act）提供了有史以來實施土地重劃最好的法律基礎。台灣的做法則是把大片、大片的優良農地改變成建築用地，是否值得檢討？

德國現代土地重劃的方法與步驟

整合環境與參與的做法，到了二十一世紀又再一次受到重視。從 2000 年制定Second Pillar of the Common Agricultural Policy（CAP），開始推動鄉村地區的發展。從 2000 年到 2006 年，此項推廣工作的重點在於：

1. 推動鄉村地區的綜合發展。
2. 改善農業部門經濟的發展潛力與競爭力。
3. 以農業改善環境保護，以及社會結構的改變。

重要的鄉村改善工作：

1. 村莊更新。
2. 改善土地重劃。
3. 鄉村道路的建設。
4. 持續性的水資源管理。

以上所有的推動方案，都是以土地重劃爲規劃與開發的工具。土地重劃是一項多功能的土地規劃與管理工具。除了狹義的改善農業結構外，近年來多注意在協調不同土地使用之間的衝突，因爲土地重劃具有與多種法律方面的關聯。因爲它也整合與協調規劃的工作，亦是解決土地多方面使用衝突與影響的工具。

利用土地重劃改善基礎設施，以及對地景的正面影響，土地重劃對改善鄉村地區觀光的潛力、休閒與復建的功能與居住品質的改善，都有其特殊的重要性。除了用土地管理的方法解決土地使用的衝突之外，土地重劃對鄉村地區的發展，在增加它們吸引人的力量方面，也有重要的貢獻。土地重劃對工業、休閒與營造知識社會方面，也有其貢獻，在經濟上的附加價值，對GDP也有其經濟上的意義。

在德國的土地重劃工作中，地主的參與已經是一項歷史性的傳統。這種參與是從土地重劃方案一開始就有，並且參與每一個階段、每一個步驟。地主的參與是經由組織一個有代表性的團體，監督土地重劃計畫的執行。

德國與歐洲許多國家都有「自願交換土地」的做法，也就是地主與地主之間自願地互相交換宗地，以重新安排宗地的大小與位置，並且重新劃分宗地的疆界。這種辦法特別運用在自然保護與地景管理方面。

另一項進步的方法，則是利用全球衛星定位系統（Global Positioning System，GPS）實施土地重劃工作，特別是地籍測量、新疆界的定位等。第二項進步的措施則是建立數位立體影像（Digital Steno Photogrammetry），利用這種方法可以產出新式的地籍圖，而且比較精確，成本可以節省約3：1。

德國在青島實施的土地重劃

在德國占領青島期間，將德國的土地規劃制度實施於青島。其辦法是在土地未開發之前，地價低廉時，將土地強制收購，然後實施重劃。重劃之後，地價上漲，再將土地出售給開發者從事開發，市政府以售地所得建設公共設施。爲了取得優先購買權，德國占領軍所採取的辦法，即是由德國海軍司令與地主一一訂立契約。按此契約，地主今後只准售地給德國海軍司令或其接任者，即德國政府，而不准售地給其他人。❶這樣便消除了土地炒作與投機。下一步工作，則是將收購之土地，重劃後出售予德僑及華人。❷

德國政府有絕對徵購華人土地之權，尤其在租借地區之西部，計畫將來開闢作爲新市區者。在該地區之內，政府除建造官署道路、植林以及其他公共設施外，餘地將全部出售民用。凡需要土地供興建公益設施，或建造企業設備，如鐵路、私用碼頭、工廠、教會等用途者，皆可購地。❸此外，其他土地都會標售，以抵償初期政府收購土地的費用。出售辦法採公開拍賣方式，政府訂有底價，投標者以出價最高者得標。爲防制土地投機者囤購土地，既不利用，待價而沽或高價轉售，妨礙新市區之順利開發，甚至控制土地，利用政府開闢道路及其他一切公共設施，然後高抬地價，不勞而獲暴利之土地，政府制定以下措施：

1. 徵收土地增值稅，以售價與購價差額三分之一爲準。但應先扣除投資利息，年息 6%，地主購買後，在土地上之改良投資費用，亦應予以扣除。爲避免地主報低售價逃避增值稅，政府仍擁有照價收買之優先權，對於地主在使用土地二十五年後易主者，政府得徵收一次增值稅，以增值之三分之一爲限。台灣的土地改革，一直沒有實施照價收買，實爲一大缺憾。
2. 所有土地均須年納土地稅，爲地價的百分之六。❹

青島土地法原文：

1.所有膠州全部土地，均由政府（德總督自稱）依照中國官方稅冊原價收購。在未收購以前，地權移轉或變更用途，須經政府同意，並禁止出售或租予本鄉或家族以外人士。

2.除前項規定外，所有土地，僅能由政府公開標售，並付款登記。

3.申購標售之土地，須先說明標購之目的，及使用計畫，並在兩年內實施之。逾期由政府以半價購回另標（後修改為每逾期三年增收土地稅百分之三）。

4.土地在二十五年內可以自由出售，其不出售者，應於二十五年後繳納土地增值稅。

5.土地所有權人有繳納土地稅之義務，其稅額為地價百分之六，以 1902 年一月一日向政府購買為準，以後每隔一段時間重新估定地價。

關於重劃後土地的增值，台灣則是不但不向地主課稅，反而可以享受減稅的利益。使平均地權、增值歸公的理想蕩然無存：

1.**減輕土地增值稅**：重劃區土地所有權人提供的土地，主辦機關將發給重劃負擔總費用證明書。土地所有權人可以在重劃後第一次移轉，計算土地漲價總數額時減除，並依減除後計算之土地

❶ 威廉．馬察特著，江鴻譯，1986，單維廉與青島土地法規，中國地政研究所四十年紀念叢書，pp. 9~10。

❷ 威廉．馬察特著，江鴻譯，p.15。

❸ 同上，p.35。

❹ 同上，p.36。

增值稅額再減徵百分之四十。

2. **減免地價稅兩年**：市地重劃辦理期間，致無法耕作或不能爲原來之使用而無收益者，其地價稅全免。重劃完成後，自完成之日起，其地價稅減半徵收兩年。

台灣的這種做法，與德國的辦法相比，顯然是十分優厚的。但是，似乎也與當初希望把市地重劃辦法依據《平均地權條例》立法，以開徵土地增值稅和地價稅的方式，來減少土地投機的意旨不盡相符。再者，我們的地價稅與德國相較也太輕了。其實，市地重劃實施有年，地主對土地重劃的好處早已了然於胸，這種初始的獎勵措施，是否可以修法廢除了？否則，有土斯有財，肥了地主、瘦了政府與多數百姓，有失社會的公平正義。

香港的立體重劃

傳統的土地重劃是實施在農村或城市郊區，依照土地重劃的原則，重新劃分土地坵塊。這種水平式、兩度空間的重劃，土地所有權人在開發的時候，會從一個區位移轉到另一個區位，整個重劃區會在水平面上，重新劃分其宗地的結構。而在香港，把土地重劃的原理應用在垂直的單一建築物上，形成垂直的重劃。

香港的土地制度是租賃制（leasehold），它的永久所有權是政府。當開發者蓋一棟高樓時，他們必須把租賃權細分給權利所有權人，租賃權是共有的。公寓大樓每單位的土地權利，都是在同一塊建築基地上的。幾乎所有在 1997 年七月以後的新租約都有五十年，每年的租金大約等於土地課稅價值的 3%。課稅價值每年都會重估。

香港是一個小而緊湊的城市。在 2018 年，人口約爲 748 萬，居住在 1,104 平方公里的土地上，其間只有 16% 適合都市開發。以如此眾多的人口，再加上從中國大陸流入的移民，從事都市更新，絕對不是一個容易的任務。因爲超過 90% 的人口都居住在高樓裡，所以共同分享土地持分，是很平常的事情。要對老舊的都市建築再開發，須要政府與私人開發者共同努力取得土地，那是困難而且費時的工作。

在香港，市民對住宅的需求很大，住戶知道開發商急於整合土地，往往獅子大開口，要求比合理價格更高的代價。所以要住在老住宅裡的所有權人合作，簡直是天方夜譚。於是產生兩種結果：第一，對最後的一、二戶釘子戶人家，開發商必須付出天價。第二，他們只好放棄整合土地的工作，排除那少數的住戶或建築物。因此，土地重劃需要長時間的安排與規劃。

一個成功的案例，就是麗星樓（Lai Sing Court）的再開發案。香港在 1999 年實施一項《土地（爲重新發展而強制售賣）條例》（香港法例第 545 章）（*Compulsory Sale for Redevelopment Ordinance*），此一規則的目的，即在於掃除整合土地做再開發的障礙。此規則規定使得任何擁有大部分未細分基地的人，可以向香港土地審裁處申請下令，出售未細分土地做再開發使用。其條件如下：

1. 在基地上的現有建築物老舊失修。
2. 開發者必須證明再開發是唯一可以改善現況的方法。
3. 多數的所有權人採取合理步驟取得基地的未細分持分。

麗星樓是一棟三十年的老建築物，在港島的高級住宅區。它總共有一百七十六個所有權人，開發商只要能夠買到一百五十九個（90%）持分，即可進行再開發。另一項標準則是要有多餘的容積率，使再開發有利可圖。能產生足夠的報酬，才能補償所有權人的成本，以及預期的投資報酬。所以如果容積獎勵能使其報酬率超過 100%，即可進行再開發。

在這些狀況之下，而且要使風險最小化，開發者即採用了垂直或立體土地重劃的模式。開發商稱之為「一層換一層」（a flat-for-flat）模式。此模式之所以吸引開發商，是因為在開始的初期成本會減少，在準備期間的法律費用也可以最少。同時，法庭會引用前述的新「規則」，強制一些釘子戶出售他們的財產權，以使土地得到整合，使再開發成為可能。在拍賣產權時，開發商所付的錢，並不直接給予個別所有權人，而是交付信託（trust），循環使用，以償付開發商的未來再開發成本。這樣做才能使開發商獲利，所以才採用此一土地重劃模式。

另外一個問題，便是重劃完成後，公寓樓層的再分配。在垂直土地重劃的結構下，這種再分配是非常有彈性的。依照合約，每一戶人家可以分配到至少 767 平方呎的淨樓地板面積，而且方向與樓層都接近他原來的公寓。實際上，所有權人所關心的是，他們分配到的公寓的價值，是否高於開發商所承諾的價值，所以要分配得讓所有權人完全滿意，並不是一件容易的事。

這種一層換一層的辦法，並不必然需要計較因為方向、樓層因素所造成價值的不同。因為如果某所有權人在原大樓的公寓是在第五層的單位 B，它仍然會分配到新大樓的第五層單位 B。這種做法減少了誤判與估價的時間與麻煩（見圖 4-2）。

土地重劃的國際發展

侯穆（R. Home）在其研究中強調，以整合土地做都市發展，已經成為世界性的趨勢。由於一半以上的世界人口已經居住在都市地區，如果他們希望持續的繁榮與發展，無可避免的，城市的成

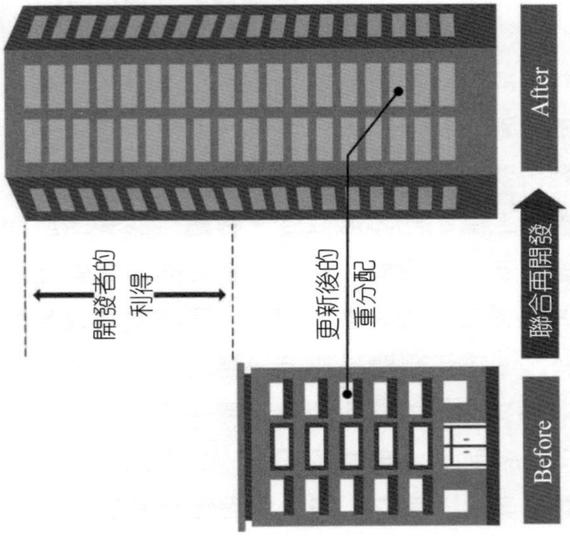

圖 4-2　香港的立體重劃示意圖

長與發展的紋理，需要在實質上做根本的改變。然而由於大多數的土地所有權爲私有，改變有事實上的困難。

一直以來，都市發展所需要的一般土地整合方法有兩種：

1. 地主的自願整合。
2. 公家機關的強制收買。

然而這兩種方法形成兩個極端，也就是說，中間妥協的方法常被忽略。例如：英國環境運輸與區域部（UK Department of the Environment, Transport and the Region, DETR）在 2001 年以及之後 2004 年的《規劃與強制徵收法》（Planning and Compulsory Purchase Act 2004），都沒有對其他的土地整合方法加以研究。

根據Sanchez-Jordan與Gambaro 2002 年的研究，歐盟國家共同的土地管理法規，提供了一些土地重劃的背景訊息，並且探尋其在其他國家的應用。侯穆希望能引起更多英語國家，對此項新土地管理工具的注意。他認爲在徵收土地與提供基礎設施的經費有限時，土地重劃不失爲一項吸引人的辦法。因爲土地重劃在以下三方面，可以便利土地的開發：

1. 它整合土地，重新分割基地，使規劃能夠更好。
2. 它提供財務機制，償付基礎建設的成本。土地重劃的財務機制特別適用於景氣市場的高價位土地。
3. 它能公平分配開發者與地主之間，開發的增值利益或規劃許可的附加價值。

在侯穆研究中所看到中東地區國家的土地重劃工作，大致可以分爲七個步驟：

1. 由某一特定地區大多數的土地所有權人，向地方政府提出重劃的申請。對反對或持異議的地主，可能強制他們提供土地。
2. 根據法律，公、私立機關開始劃定重劃區的範圍與界線。
3. 擬定再開發計畫，決定未來的土地使用，而且事先規劃道路與建築基地的鋪陳。例如：在此程序中，可以認定哪些建築物應該拆毀或保留？哪些街道須關閉？哪些公共地區應該配置給開發機構建設基礎設施？
4. 在重劃之前與之後，計算建築基地的面積，可能使用 20% 的基地面積做道路，50% 做公共空間與設施。
5. 估計重劃後基地的未來市場價值與基礎建設成本。
6. 重劃完成後，設施齊備的建地，盡量依原位置分配予地主。
7. 授權機構拍賣土地，償付公共設施經費。

看了以上七個步驟，與我國市地重劃的步驟大同小異。但是其中不同的可能是步驟 4。所不同的是，他們除了保留土地做道路與其他公共設施外，還留了 50% 的土地做公共空間。因爲他們把公共空間也視爲一項重要的公共設施，而需要優先留設。而我們的觀念卻認爲保留空間是土地的浪費，所以這也就是爲什麼在我們的都市計畫裡，幾乎沒有對公共開放空間做適當的規劃。既使政府規劃官員認爲非常足夠與相當足夠的，也均爲 0%。

台中市的市地重劃與都市蔓延

台灣各城市的市地重劃，多在市郊進行，導致都市蔓延。我們且以台中市爲例，依照城市智慧成長的理念，引述學者、市府相關官員以及規劃工作者的看法，以瞭解市地重劃與都市蔓延，以及城市智慧成長之間的關係。

從圖 4-3 和圖 4-4 的衛星影像圖，即可以看出台中市的市地重劃地區，以及台中市的都市發展與蔓延狀況。衛星影像圖的下方有三個小圖，分別顯示 1972、1988 和 2008 年的都市範圍。用三個年代來比較，可以很明顯地看出都市擴張或蔓延的情形。我們不敢武斷地說，這種情形都是市地重劃所造成的。但是依照合理的推斷，起碼市地重劃是重要的因素之一。接著，我們將針對所注意到，關於市地重劃的幾個問題，參考學者、政府官員及規劃業者的意見加以討論。

第一、就市府官方所說，市地重劃可以提高土地價值，增加所有權人的財富，並且擴大稅基，增加土地稅收，充裕地方財源，政府即可以從事公共設施建設。無論是學者、政府官員或規劃業者，多持肯定的態度。政府官員的認同度爲 92%、學者爲 74%、規劃業者爲 74%。

不過，也有意見認爲，市地重劃的確可以增加市府財源，但不應該是市地重劃的主要目的（事實上，市地重劃的確是以財政收入爲目的）。因爲如果如此，可能會引起過度重劃，或必須不斷地

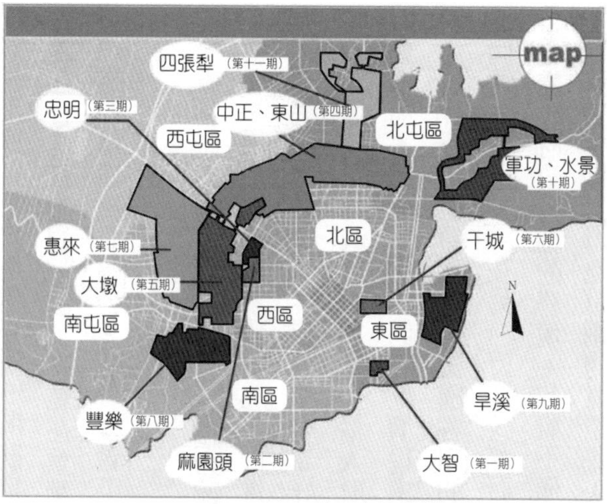

圖 4-3　台中市的市地重劃

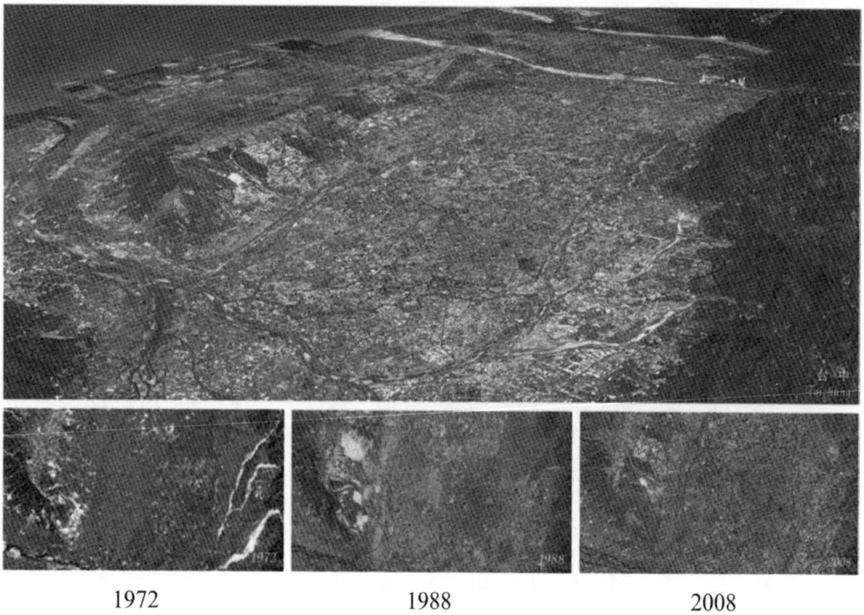

圖 4-4　台中市都市發展的衛星影像圖

資料來源：中央大學

重劃下去，使重劃範圍更加往外延伸，反而造成都市蔓延。所以，如果顧及城市的智慧成長，應該是在城市老舊地區，結合市地重劃與都市更新，使城市可以持續發展。

第二、重劃區的開發，增加某些人的財富，同時也必然擴大了人民的貧富差距。市地重劃辦法既然是根據「平均地權條例」所制定的，其立法意旨應該是希望平均社會財富。也許我們可以學習德國在青島實施的辦法，就是在重劃後的土地增值，超過地主原來貢獻的 45% 的土地價值時，即將超過的增值徵收歸公。或者學習英國的做法，實施發展權國有化，把土地開發許可的增值收歸國有。

就當時台中市完成的十二個重劃區來看，以第七期的地價漲幅最大。建商看準了未來的新市政中心、規劃中的國家歌劇院、百貨公司及方便的交通。還有所謂的明星學區，陸續推出高單價開發案，使國內外投資客或投機客看好。新市政中心抵費地的標售，當年更創下每坪兩百二十萬新台幣的天價，可見其對增加所有權人財富的貢獻。因爲地價提高，稅基擴大，自然政府的土地稅收也跟著增加。不過目前我們的地價稅率是否合理、漲價能否歸公，可能是須要研究的另外一個重要課題。也許不只德領青島，美國各州的平均住宅財產稅率均達 2~3%，而我們的自用住宅稅率，僅爲他們的十分之一。在另一方面，政府爲了討好選民爭取選票，降低土地增值稅率與遺產稅率，而使自己處於財政短絀的窘境。政府不懂得運用有土斯有財的道理，成爲捧著金飯碗討飯的乞丐。

第三、針對市地重劃的財稅收入，是否有效地運用在公共設施建設上的問題。政府官員的認同度較高，爲 84%、學者次之爲 57%，規劃業者較低，爲 46%。另有意見認爲，對後續公共設施的維護、管理工作似乎做得不夠。

第四、針對重新丈量及埋設界樁，健全地籍管理，經過辦理土地交換分合，除了可以消除畸零地之外，並且可以減少土地經界糾紛問題。學者、政府官員與規劃業者均表認同，幾乎接近100%。由此可見，重劃工作對地籍整理產生了極佳的績效，對人民財產權的保障也有相當的貢獻。

但是，也有人認爲地籍的重測，雖然可以解決舊圖精度不佳、土地權屬複雜、地界不明的問題。卻也正因爲過分重視私有財產權的保護，重劃後的土地要盡量照原位次發還地主，以致於無法整合，難以推動大規模、大尺度的開發建設，也讓都市計畫無法展現新貌。此一問題似乎也是今後市地重劃工作應該正視的問題。

第五、針對配合開發新社區，改善居民生活環境的問題。學者的認同度爲 86%，規劃業者的認同度高達 91%，政府官員的認同度更高達 92%。可見市地重劃對改善居民生活環境品質是有相當貢獻的。不過也有人指出，開發新社區不如舊市區更新來得更爲重要。所以，如何以市地重劃推動舊市區更新，也是亟須面對的課題。

第六、針對市地重劃有助於完成都市計畫，帶動地方發展問題。學者的非常認同度，只有7%，不太認同的百分比爲 14%。政府官員的非常認同度最高，爲 60%。學者與規劃業者的相當認同度都高，分別達到 57% 與 63%。相對而言，政府官員與規劃業者，不太認同的百分比與非常不認同的百分比，幾乎都非常的低，或趨近於零。這也顯示，市地重劃工作的確是配合都市計畫，協助完成都市計畫的。不過都市計畫是否理想或恰當，則是另外一個問題。

第七、根據文獻所見，英美國家在 1960 年代就開始倡導城市的成長管理，希望達到智慧成長的境界。我們認爲，我們半個多世紀以來的都市規劃與市地重劃，應該跟著世界潮流與理念走，在政策與方法上謀求改進。政府官員的認同度高達 100%。學者與規劃業者的認同度也都超過 90%。

顯示政府官員、學者與規劃業者都認爲，目前的規劃理念、政策與方法都不符世界城市成長管理的潮流。反之，不太認同與非常不認同的受訪者則爲數很少，政府官員竟爲 0%。

前面提過，英國曼徹斯特大學資深研究員、逢甲大學都市計畫系訪問教授布羅傑，在 2008 年五月二十二到二十四日於逢甲大學舉辦的「2008 可持續環境發展論壇」所發表的論文中，討論到台灣的都市規劃問題。他認爲人造環境（built environment）是目前各國都重視的。人造環境各方面的鋪陳、設計與運作規劃，特別是台灣城市的未來，布羅傑教授認爲，目前的規劃與都市設計，仍然遵循二十世紀中期的思維，而非現代二十一世紀的理念。他不客氣地指出，城市裡個別的建築物可能還有些看頭，但是卻把城市裡「人的尺度」（people-scale）給破壞了。你看不到街道的環境是什麼樣子，建築物各自爲政，建築物之間沒有連接與協調，看不到行人友善的（pedestrian friendly）設施，也沒有使人們有相互親密的感覺。那是爲小汽車設計的，沒有人性的城市。這種情形在珍雅各的名著《美國大城市的死亡與再生》裡，早已有很生動的描述。

第八、對於台中市開放空間面積是否足夠的問題。不論是學者、政府官員或規劃業者，認爲非常足夠的均爲零，認爲相當足夠的，學者有 11%，規劃業者有 9%，政府官員仍然爲零。認爲不太足夠的，學者有 54%、政府官員有 68%，規劃業者有 74%。另外，從實際資料也可以看出，台中市開放空間的缺乏，連法定的 10% 也未達到，人均開放空間只有 3.77 平方公尺，遠低於法定的 10%。

另外有人指出，目前不論是數量、品質與面積大小，台中市的開放空間確實不足。所謂的開放空間，事實上已經被各種設施所占用。例如：目前的科學博物館、美術館、圖書館，都是占用原來規劃作爲公園的土地。純粹的綠覆率及開放空間，既使是滿足法定的 10%，亦仍嫌不足。台灣似乎有一種心態，認爲若是土地沒有被開發，沒有建築物，就是一種浪費。殊不知先進國家認爲，開放空間就是公共設施，是要預先預留規劃的。

第九、對於台中市周邊農地的開發，認爲應該加以更嚴格管制的看法。政府官員爲 96%，規劃業者爲 97%，而學者爲 86%。這種結果似乎與一般對實際狀況的認知不同。如果政府官員的認同度如此之高，又爲什麼縱容城市擴張，以市地重劃侵蝕大片的農地，則是一個相當令人不解的問題。是他們不懂農地的重要嗎？是他們不懂都市蔓延的問題嗎？

從《台中市市地重劃成果簡介》中，可以看到的事

綜合觀之，第一、二、三、五、七、八、十、十一期重劃區在重劃前，爲完全的農業區或大部分爲農業區，其總重劃面積約爲一千一百五十餘公頃。令人不解的是，爲什麼要把那麼多的農地經由市地重劃變成建地？其實各重劃區如果有農、住混雜的情形，則應該實施農村重劃。最爲可惜的是第三期重劃區，原爲一望無際的農田。我們會毫不遲疑地質問，爲什麼農地一經市地重劃，就一定要改變爲建築使用？從《台中市市地重劃成果簡介》的語氣中，似乎可以嗅出，市地重劃的主要訴求，就是爲了開發與建築，然後使土地增值。一方面增加土地所有權人的財富，同時增加市政府的財稅及標售抵費地的金錢收入。廖桂賢在《中國時報》的一篇文章，有很深刻的看法：

台灣人生活富裕，但卻一直脫離不了發展中國家的心態。認爲如果一個政府沒有顯著的開發建設政績，就會被批評爲沒有建樹。但是如果我們堅信只有不斷地開發建設，國家才會進步，那麼台灣將永遠走不出生活品質低落，環境惡化的灰色之島的命運。一般人認爲，農村和農地都是沒有地

> 盡其利的土地，唯有加諸於硬體建設，改善表面的景觀，才會創造經濟價值。不但主政者這麼想，居住在農村的居民，由於物質生活遠遠比不上城市，也期盼著農地改變爲建地，農村可以發展成繁榮的都市，以使土地增值，生活得以改善。開發至上的價值觀最大的謬誤，就是在於看不到那些被認爲沒有地盡其利的土地的眞正價值。農地、都市中的閒置用地、荒地、空地以及河川高灘地，都被認爲是沒有經濟價值的土地利用模式。殊不知這些土地正是支持生態多樣性的重要一環，默默地創造著生態系統服務的價值，如淨化空氣、水資源，滯洪、維護生物多樣性等，可以說是價值連城的。爲了國家的整體安全和永續發展，更應該設法讓農地和綠地免於被開發的命運。將農地變更爲建地，實在是用十九世紀的觀念來建設二十一世紀的國家。[5]

由此可見，我們把城市周邊的農地，以重劃的方法改變成建地，固然增加了所有權人的財富與政府的稅收，但是在生態環境方面的代價，是否也應該計算一下。在另一方面，我們似乎也沒有農地保護政策，節能減碳還停留在「**隨手關燈**」的階段。

世界級的景觀規劃大師馬哈（Ian McHarg），城鄉一體的規劃政策與規劃模式，也許是值得我們學習與借鏡的。在 1960 年代，馬哈倡導城市的開發設計，要與土地的自然條件、自然景觀協調。他受到李奧波土地倫理思想的影響，他的名著*Design with Nature*（1969）對其後的環境設計與規劃，產生重要而深遠的影響。他主張在設計之前要對環境條件做完整的調查。從環境規劃的角度看，馬哈的規劃理念是把土地區分爲自然保育使用、鄉村農業生產使用與都市使用三類。在規劃使用的時候，自然保育使用地區的保留占有最高的優先地位，既使是農業生產也要排除。第二優先的是直接生產用地，包括農、林、漁、牧等使用，工業生產也在排除之列。在以上兩種優先使

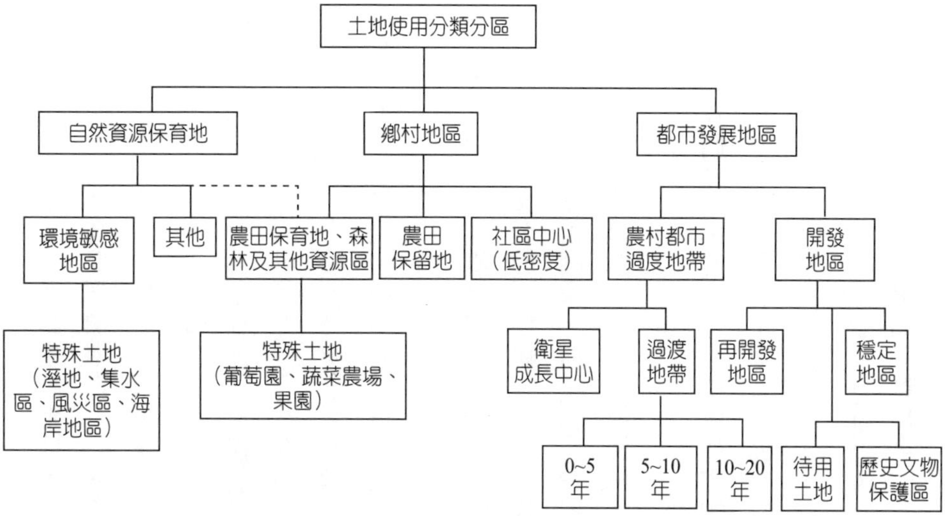

圖 4-5　馬哈（Ian McHarg）的土地使用分類分區圖

資料來源：Philip R. Berke, et. al., *Urban Land Use Planning*, 5th. ed., University of Illinois Press, 2006, p. 320

用區劃設確定之後，剩餘的土地才拿來做都市建築使用。換言之，不適合前兩項使用的土地，才做都市建設使用，我們卻反其道而行。

依照圖 4-5 的土地使用分類層級表，自然資源保育土地包括：那些如果開發便會造成嚴重傷害，具有稀少性、無可取代、風景遊憩、歷史文物與良好的農地、森林等資源；或者是容易遭受天然災害破壞而需要長期保護的土地資源。這種土地如溼地或水源地等，應該禁止開發或設定極嚴格的管制條件。自然資源保育地又可以分成三類。第一類是極度（critical）環境生態敏感地區，如洪水平原、溼地、集水區、海岸、水源地、野生動物棲息地等，是需要最嚴格的管制

❺ 廖桂賢，開發不是硬道理，中國時報，時論廣場，2009 年一月六日。

類。第二類是重要的農業生產土地，如高等則的耕地或森林。第三類屬於一般性環境敏感地區，此類土地如果在某種保護標準之下，或者可以開發。

都市土地分類，是供給城市成長的土地。又可以分爲已經開發的土地或鄉村一都市過渡地帶，留待未來開發的土地即屬於這一類。而已經存在的都市地區或商業地區，則鼓勵開發及再開發。過渡地帶是指由鄉村過渡到都市型態的土地，或是已經具備公共設施，或比較容易提供公共設施的地區。這些土地的過渡，可能要經過 0~5 年、5~10 年或 10~20 年不等，使城市理性而有計畫地成長。另一種都市土地則是衛星型成長中心（growth centers），衛星型成長中心可能是新市鎮（new town），或者是混合使用的計畫單元開發。

其實，如果我們能夠認同馬哈的土地使用分區原則，我們就可以把它套用在各行政區上。也就是說，我們可以在直轄市裡有一套馬哈的土地使用分區模式；各縣（市）裡也有一套馬哈的土地使用分區模式。甚至於到鄉鎮等地方行政社區，也都可以各有一套馬哈的土地使用分區模式。新加坡是一個很小的城市國家，面積約爲台中市的三分之一。但是卻劃出五分之一的國土，在她的島嶼中心高地，作爲保護區。無論任何使用，都不可越雷池一步。反觀台中市的大坑風景區，早已名存實亡了。

1. 我們發現，既使以人口與住宅的需求爲理由，去改變農地爲建地，也顯示出規劃的不合理。以平均建蔽率 60%、容積率 180%、每人享有五十平方公尺的樓地板面積，檢討核算台中市的都市計畫，2025 年計畫人口一百三十萬人所需住宅區面積爲 3,611.11 公頃。目前主要計畫住宅區面積 3,914.7373 公頃，已經超過需求面積 303.6273 公頃。而且，另外的資料顯示，台中市在最近十幾年來，是台灣空屋率最高的城市之一。

如果以智慧成長、緊湊式的開發理念從事都市規劃，建蔽率可以減少到 50%，甚至 40%；容積率可以放寬到 500%，甚至於 1,000%。這樣做可能連現在一半的土地都不需要，便可以容納 2025 年的計畫人口所需要的住宅。若能如此，則都市公共空間可以增加，環境品質可以得到改善。一般的概念都認為台灣土地狹小，實際上卻是規劃不當。

2. 以商業區的計畫而論，既然目前都市計畫劃設商業區面積達 500.8643 公頃，使用面積約 360.1684 公頃，發展率只有 71.91%。何以到了 2025 年，計畫人口一百三十萬人時，要增加到 803.5 公頃？如果師法香港、新加坡模式，應該不需要那麼多的土地。現代三度空間的城市發展模式，或許是我們應該思考的。其實，香港的都市更新模式、新加坡的規劃模式，都是非常值得我們借鏡的。如果我們實施都市更新，整建市中心商業區，以獎勵的方法來增加容積率，應該不需要 803.5 公頃的商用土地，市區也就不需要擴大到像目前的規模，建築物之間的空間可以增加，公共設施會比現在更好，市民的生活環境也應該會更好。這是本研究從理論上所見，最好有更進一步的研究。

3. 關於台中市的發展是否還能夠**持續發展**的問題？非常認同與相當認同的百分比，學者、政府官員與規劃業者均甚低，學者為 15%，規劃業者為 17%，政府官員竟無人認同。這些數字是否可以解讀為大家都並不看好台中市的永續發展前景？如果台灣的城市要能承受氣候變遷，節能減碳持續發展下去；是否要重新思考未來的都市型態，以及是否還要持續地在市郊重劃蔓延下去。

另外也有人認為，要城市可持續地發展，市地重劃必須更注重環境、氣候變遷、再生能源利用、地景等元素的規劃。現在的都市規劃系統，根本不具備完成此等使命的能力。無論與英、美、德、荷比較都是如此，事實是否將確如前面布羅傑教授所言？

4. 關於台中市是否能夠智慧成長的問題。非常認同的受訪者，無論是學者、政府官員或規劃業者竟都爲零。但有 82% 的政府官員有些認同，而非常不認同的也達 18%，顯示有兩極化的趨勢；而學者與規劃業者，持不太認同態度的，則高達 46% 與 62%。如果把不太認同與非常不認同的百分比加總，學者爲 57%，而規劃業者竟高達 72%。顯示三類受訪者都不看好台中市能夠智慧地成長。

5. 關於台中市的土地開發，是否過度向外擴張發展問題。表示非常認同的以規劃業者居多，達 21%；表示相當認同的以學者居多，達 43%；規劃業者其次爲 34%。如果把非常認同、相當認同與有些認同的百分比加總，則學者爲 78%，政府官員爲 73%，規劃業者爲 76%，三者大致相當。我們可以說，學者、政府官員與規劃業者，都認爲台中市的土地開發，有過度向外擴張的趨勢。

6. 關於台中市的發展，在郊區過於膨脹，而使市中心萎縮衰敗的問題。表示非常認同的政府官員爲 18%。相當認同的以規劃業者居多，爲 41%，其次爲學者 36%。如果把非常認同、相當認同與有些認同三項的百分比加總，則學者的認同度爲 71%，政府官員爲 73%，規劃業者亦爲 73%。非常不認同的，政府官員爲 0%，學者爲 11%，規劃業者爲 3%。顯示三類受訪者均有相當一致的看法，也反映出都市中心的更新是亟待採取的措施。

7. 關於市中心區老舊社區，是否應該實施市地重劃，從事都市更新的問題。非常認同的是規劃業者，占 21%；學者與政府官員的認同度則較爲保守，分別爲 11% 與 13%。而政府官員的不太認同度則達 20%，顯示政府官員能夠體驗到實際上的困難。而學者的非常認同、相當認同與有些認同的百分比相加，則達 75%。規劃業者的非常認同、相當認同與有些認同度相加則達 86%。可以看出學者與業者的看法，可能比較理想或者焦慮；而官員則考慮到實際的困難，或者出於怠惰。

8.另外也有人認爲，台中市的老舊市區，以重劃方式進行都市更新的確困難。一來是居民對於所有權分配的問題難以解決；二來在舊市區從事更新需要龐大經費。因此若從事更新，需要有誘因與明確法令規範，目前只能以權利變換、獎勵容積的方式，以個案重建來解決。嚴格一點說，台灣還沒有眞正的都市更新案例。如果重建，前述香港的立體重劃辦法，或許是可以借鏡的。

9.關於生態環境、氣候變遷、節能減碳等因素，並沒有納入都市規劃的問題。無論學者、政府官員與規劃業者的認同度都相當的高。如果把非常認同、相當認同與有些認同三者加總，則學者的認同度達 96%，政府官員達 100%，規劃業者達 97%。由此可見，將生態環境、氣候變遷、節能減碳因素納入都市規劃，應該是今後吾人努力的方向。

人造環境的良窳，不能只考慮建築物的空間與鋪陳。若以環境品質要求來說，須要注意的元素包括：建築法規的修訂、節能減碳的設計、景觀結構、都市的行人友善街道與鄰里環境設計、交通運輸的效率與人口密度的衡量，以及提倡混合使用的新都市主義思潮。

10.關於在台中市周邊劃設一個綠帶，作爲成長邊界，適當地控制台中市的繼續擴大蔓延問題。規劃業者與學者的非常認同度分別爲 34% 與 29%，而政府官員只有 18%。有趣的是，相當認同的百分比卻以政府官員的 45% 最高。相反的是不太認同的學者有 29%，而政府官員只有 9%。非常不認同的學者與政府官員均爲 0%。如果把非常認同、相當認同與有些認同三者加總，則政府官員的認同度最高，達 91%，規劃業者爲 83%，而學者占 71% 最低。這種情形或者正可以反映出，政府官員非常希望在都市規劃上，對市區的擴張做進一步的控制。

小結

1. 有關台中市政府所說，市地重劃的各項效益，政府官員與規劃業者的意見，大多數均持正面的看法。尤其是土地的增值，增加土地所有權人財富與政府財源，更受肯定。但是，市地重劃所造成的社會財富分配不均問題，卻是值得進一步研究的。

2. 另外值得注意的是，由於市區的不斷往郊區擴大，的確造成都市蔓延發展。如果依照我們在《城鄉規劃讓生活更美好：理念篇》裡所引赫芬德（Orris C. Herfindal）與倪斯（Allen V. Kneese）的定義，把都市地區的開發行爲、不當的景觀與都市空間使用；都市郊區、鄉村與荒野地區的開發，都定義爲環境汙染。則台中市市區的不斷往郊區擴大，造成都市蔓延發展都是對環境品質的破壞與汙染。劃設都市成長邊界（UGB），以控制城市不智慧的蔓延發展，應該是我們亟須思考的都市成長管理與智慧成長政策。

3. 研究認爲市地重劃，把農地、綠地、開放空間變更爲建地，是不重視都市環境，甚至浪費土地資源的做法。如果以城市智慧成長的概念來規劃，容積率可以從現行的 180% 提高到 500%，甚至 1,000% 以上。建蔽率則應該從 60% 縮小到 50%，甚至 40% 以下。以大街廓、大基地，高建築的型態，發展緊湊式的住、辦、商用土地。住宅區、工、商區的容積率與建蔽率規定，都須要加以檢討。

4. 其實最應該實施市地重劃，並且更新的地區，是老舊衰敗的市中心區。但是隨著市政府外遷至七期重劃區，政策性的動力已經消失。沒有政策性的動力，又如何期望以經濟的誘因來從事更新。在從事都市更新的工作時，思考及研究如何借鏡香港的立體重劃辦法，應該是別具意義的。

5. 一般的概念認爲，市地重劃是都市土地開發的方式之一。但是在看過德國的土地重劃經驗後，發現土地重劃可以運用在多種土地使用規劃方面。特別是在現代，除了促進都市健全發展之外，也可以用來保護農地、保護自然資源、景觀，以及防治水資源與空氣汙染等功能。這些做法可能是今後台灣和大陸從事土地重劃事業所應該學習的。

6.就市地重劃的法律而言，市地重劃作業關係人民的權利義務至巨，假如沒有完善的法令作爲執行的依據，極易產生糾紛與困擾。台灣辦理市地重劃的法令依據，除了土地法第三篇第六章設有土地重劃專章，自第一百三十五條至第一百四十二條共八條外。土地法施行法自第三十三條至第三十五條共三條，僅就土地重劃基本原則做概括性規定。另爲實際執行之需要，現行「平均地權條例」訂定有市地重劃條款，由第五十六條至六十七條共列十二條。加上其施行細則第八十一條至第九十二條，共計十二條。都市計畫法第五十八條，對實施市地重劃的地區，亦有規定。至於有關市地重劃之實施，則以「平均地權條例」及內政部依該條例第五十六條第四項所頒訂之「市地重劃實施辦法」，及依該條例第五十八條所頒訂之「獎勵土地所有權人辦理市地重劃辦法」加以規定。目前台灣辦理市地重劃主要是依據「平均地權條例」，及「市地重劃實施辦法」之規定辦理。❻由以上的分析，可以發現有關市地重劃的法規，涉及多種法律規定。如果認爲土地重劃有利於國土的整體規劃與管理，是否這些零散的法規須做一整合，可能是值得研究的。

7.綜合而言，在研究市地重劃的同時，必須思考台中市的都市計畫問題。因爲市地重劃是根據都市計畫來的，也可以說，市地重劃是實現都市計畫的工具。因此在從事市地重劃時，應該反觀

---

❻ 內政部，經界線與同心圓，2005。

都市計畫的規劃理念，其政策與方法是否須要有所改進。在我們提出研究問題伊始，其基本假設即認爲台中市的蔓延發展是市地重劃所造成的。但是經過研究之後發現，可以肯定地說，是因爲都市計畫規劃不當的成分較重。再者，加強市地重劃與都市計畫之間的協調合作，可能是改善的途徑之一。但是更根本的辦法，應該是都市計畫部門，應該改變他們陳舊的傳統規劃理念與作法。

8. 更具體一點看，都市土地使用之所以需要重劃，顯然問題的癥結是開發之前沒有規劃，或是規劃不當，才需要重新規劃。所謂都市計畫，應該是在事前的，而且是前瞻性的。規劃是因爲我們看到了目前發展的不當，以及預測未來人口的成長和經濟發展的需要，而做土地使用的適當配置。如果是事前規劃不當，則可以引用土地使用分區規則中，重分區或變更使用的辦法加以匡正。揆諸台灣各城市競相在市郊實施市地重劃，顯然是在城市發展之前並沒有恰當地規劃。

9. 其實整體而言，規劃理念的改變與是否墨守成規才是問題的關鍵。如果我們不能吸收新的理念，而且去研究、施行，我們的市地重劃也好，都市計畫也好，都無法跟上世界的潮流，會永續地落在人後。所謂理念，就是不要把土地開發看作是唯一的成長與發展的目標及眞理。唯有土地資源與環境的保育、復健，才能使我們智慧地持續成長下去。一個城市也好，一個國家也好，是沒有區別的。

5

英國與美國的土地使用規劃與管制

維護公眾利益至上的觀念，成為英國規劃系統的中心思想。這種觀念對美國人來講，相當不可思議。英國人認為，保護一種生活方式，要遠比經濟成長重要。特別是農民，他們不會賣掉他們的土地給開發商，以賺取經濟利益。

在現在的世界裡，對土地使用的規劃與管制，無論是就個人的認知、企業的投資，或任何政府單位公共設施的建設，不只是需要，而且是無可避免的。就政府單位來講，主要的問題是：誰來做規劃？遊戲規則是什麼？規劃的目的是什麼？規劃的程序又是如何？當我們對一個老舊的城市從事規劃時，我們要想到一棟建築物必須要有最低標準的採光、通風，並且能避免水火之災。除此之外，更須要有賞心悅目的景觀、休閒遊憩的空間、購物與就學的方便、歷史遺跡的保護。以及保留足夠的空間供公共設施，如道路、機關等使用。當然，當我們規劃某一塊土地做某種使用時，顯然就要禁止它做別種使用，這就是管制，因此規劃與管制是相伴而行的。對一般人來說，規劃就是實質上劃分不同區位的土地做不同的使用。而管制則是在相同類別的區域裡，不得做不同類別的使用。

這種對土地使用的規劃與管制，英國和美國的做法大致相同，但是也有一些基本的差異。對這些基本的差異，我們必須加以注意。在英國，自從 1947 年《城鄉計畫法》立法以來，土地使用計畫的製作和開發使用的程序，都有法律的規定。在美國，雖然土地使用計畫的製作和土地使用的管制互相關聯，但是制度本身卻比較不那麼正式和嚴謹。他們有計畫，也有土地使用的管制，就是「土地使用分區」。

但是兩者獨立存在，並沒有必然的關聯。❶

要瞭解英國和美國制度的不同，就必須從兩國規劃與管制的歷史起源談起。英國的「城市規劃學會」（Town Planning Institute in Britain）成立於 1914 年，1971 年改爲「皇家城市規劃學會」（Royal Town Planning Institute）。「美國的規劃師學會」（American Institute of Planners）成立於 1917 年。在成立之後的幾十年裡，他們的成員多數爲建築師、工程師或測量師（chartered surveyors），規劃只是他們的副業。至於我們今天所瞭解的比較廣義的規劃，則發展得很慢。

英國早在 1840 年就注意到沒有計畫的城市發展，所帶來的公共衛生問題。於是對最低採光和居住密度，以及飲用水，上下水道等標準加以規定。傑出的思想家如倡導田園市的霍華德，提出從區域尺度進行規劃的吉迪斯（Patrick Geddes），以及其他學者專家，都對建立英國的城鄉規劃制度有一定的貢獻。

在美國，直到二戰時期，城市規劃這一行都對土地使用無能爲力，一如 1947 年以前的英國。一直到第一次世界大戰之前，土地使用分區才在紐約開始。紐約到 1916 年，才對「土地使用分區」正式立法，到了 1920 年代中期才散布到幾百個其他城市。直到 1926 年歐基里德村案，由聯邦最高法院判決定讞，土地使用分區的法律爭議才算底定。第二次世界大戰之後，都市計畫才開始在美國大規模出現，也才有所謂計畫師（planner）的訓練，不過只有大城市才有這類人才。

---

❶ Marion Clawson and Peter Hall, *Planning and Urban Growth: An Anglo-American Comparison*, The Johns Hopkins University Press, 1973, pp. 154~55.

當這兩個國家開始發展綜合計畫的時候，功能性計畫也在開始發展。在美國，公路計畫算是非常重要的一項。同樣地，聯邦政府的經費也用在下水道工程、開放空間、教育、都市更新，以及都會區的其他目的。這種規劃型態也在英國發展，主要是電力、河道、水庫和水資源。國家公園和鄉村的保留區，都會影響人們的居住、工作和休閒遊憩。當然，交通規劃也扮演著重要的角色。在此同時，兩國的私人企業也任用規劃人才蒐集與分析資料，提供計畫或建議，引導企業未來的發展。在此同時，美國發展出一種新的倡導式規劃（advocacy planning）。也就是各種利益團體，弱勢族群、環保團體等，任用特殊規劃師，爲他們的利益做計畫。例如：現在大家到處可見的無障礙空間規劃，就是一個很好的例子。

規劃跟其他行業一樣，近年來演變得愈來愈專業，也愈來愈複雜。規劃師應用系統分析、模擬、益／本分析、成本—效用分析等方法。規劃也跟其他行業一樣，利用電腦、地理資訊系統（GIS、GPS）做資料分析，以及各種變數的關係與繪圖。另一個令人注意的發展，就是規劃顧問公司紛紛成立，替政府規劃部門或私人擔任規劃研究工作。由此看來，規劃這一行與其他行業一樣，和過去的傳統作法有極大的改變。

英國 1947 年的城鄉計畫法及其修正

這個 1947 年的法律，包含三項互相關聯的主要內容。第一、它廢除了 1909 到 1932 年間的各項法律。因爲那些法律有許多地方，與美國由各地方政府主導的使用分區制度類似。

這項法律規定，英格蘭、威爾斯與蘇格蘭的土地開發計畫，從 1948 年七月開始，本來要在三年內完成，現在要延伸到未來二十年。計畫的內容要包括：土地使用的方式、開發的許可或不許可、開發的程序等。通常還要包括書面的陳述和地圖，以及其他相關資料。計畫要每五年檢討修正一次，部長有權批准、否決或修改。在英國，這是一項行政程序，而在美國則需要由法庭裁決。在英國，一旦部長最後決定，此一計畫即有其法律地位。

第二、這個法律建立了一個由地方政府負責開發管制的規劃系統。除了某些例外，沒有獲得地方規劃機關許可的開發，一律禁止。**「開發」**（development）**一詞在英國的規劃制度裡，成爲一個非常特殊而關鍵的詞彙。重要的是：它包含在地上和地下的建築、工程、開礦等行爲，以及任何改變建築物（拆毀）和土地的行爲**。因此，依照 1947 年城鄉計畫法所建立的制度，土地所有權人不再享有想要如何處分他的土地，便可以如何處分的權利。依照法律，他必須先取得規劃許可（planning permission）。這句話在英國，今天已經變成家常便飯了。對於申請案件，部長可以指派調查員進行調查，然後決定許可開發或不許可開發（審核的標準，我們已經引用在第一章裡了）。地主如果不服對他申請的駁回，他也可以向法庭提出申訴。除非審查機關或法庭引用法律或程序有瑕疵，否則裁決是不可能逆轉的。如果土地開發人在沒有獲得許可的情形下造成違建，地方政府得強制拆除，費用則由開發人負擔。

第三個 1947 年《城鄉計畫法》的重要特色，就是開發價值（values）的國有化。因爲 1947 年的立法規定開發權國有化，所以順理成章地，開發的價值自然要歸國家所有。因爲開發權有可觀的實質價值，政府根據 1947 年的立法，認爲擁有開發權的人，應該給予一次補償，將開發權收歸國有。此後，地主即不得請求任何土地開發所獲得的利益，既使地主自行開發這塊土地，他也不能獲得更多的增值利益。不過他仍然可以分享土地的自然或社會的增值，但是他不能享有因爲獲得「開發許可」所增加的價值，此項增值當然是歸屬於國家的。英國這種使土地增值歸公的辦法，要比台灣實施土地增值稅，卻因爲課徵辦法設計笨拙，使增值歸入私人口袋的情形高明得多。

不過，在這種情形之下，多少是社會增值？多少是獲得開發許可的增值？過去，在估價上是比較困難的，因爲可能有新建的公路、學校，或者開發一個新市鎮，都可能有不同的增值。不過 1947 年的法律，直截了當地規定，政府機關只付現在的使用價值，絕不附帶任何開發的價值。所以，無論這塊土地是有開發許可，或是沒有開發許可，出售給私人買方，甚至被公家徵收，都沒有差別。這一點非常重要，因爲法律賦予地方政府（不限於規劃機關）更大的徵收權。例如：地方政府可以規劃整體的開發計畫，從事都市更新。如果照市價徵收，則會增加政府相當大的負擔。

不過，這只是理論上的邏輯，但是在實際實施時，卻讓市場運作。到了 1950 和 1951 年初期，買方顯然願意多付給地主整個的開發價值，並且償付開發捐給中央土地局（Central Land Board）。**在1953到1959年之間，英國政府對1947年的制度做了比較重要的改變。首先完全廢止開發捐；其次，補償金並不一次發放。重要的是，在1953到1959年之間，獲得規劃許可的地主，可以再次享受規劃許可所造成的開發價值**。所以，1959 年的立法，使英國政府的強制徵收權，又回到以市場價值爲基礎的方式。更大問題是使得 1947 年的立法，讓開發權國有化的精神完全喪失。社會不但無法獲得開發價值的好處，甚至有被處罰的感覺。土地的需求與供給，受政府作爲的影響很大；而且，對政府未來作爲的預期，更是影響市場的主要因素。都市土地和將要變成都市使用的土地，大部分都有政治因素在內。這種說法並不是否定經濟因素的影響力，但是經濟因素卻脫離不了政治的框框。

另一項 1947 年立法對規劃制度所做的主要改變，並不是政黨政治的爭議。到了 1960 年代，發現 1947 年的規劃系統，對某些重要的規劃問題力有未逮。特別是此一制度的程序進行得太慢，也太沒有彈性。例如：計畫所提出來的案件，往往時程已過，卻還沒有開始執行。因此，1968 年的立法要求對未來的開發計畫採用新的型態。首先，要求地方政府擬出一個綱要計畫（Structure Plan），計畫的細部內容留待以後加上。綱要計畫的內容要說明計畫的政策、未來開發的趨勢與型態、實施的地區等。計畫要交由部長（Minister）審查，計畫可能被批准、修改或駁回。此項 1968 年改革的重點，是改變了計畫的細部內容和形式。但是 1947 年的基本精神——開發權國有化，並沒有改變。這也就是與美國制度最大的差別。

與美國制度的另一項差別，就是英國並不是嚴格地管制土地使用，而是規劃某種使用必須放在某些地方。這種作法可能是受韋伯（Alfred Weber）[2]工業區位理論的影響，韋伯的理論是就工業生產的種類來決定區位。自從 1945 年的《工業分布法》（Distribution of Industry Act）通過以後，英國政府有權規範全國新工廠的設立和已有工廠的擴張，必須在某些地方。此項法律的作用是使工業遠離比較繁榮的都市地區，放到可以開發作爲工業區的地方。不過，如果沒有中央政府的首肯，規劃許可是拿不到的。

美國的土地使用規劃與管制

美國的土地使用規劃管制制度與英國的不同，因爲：(1) 土地使用規劃管制的歷史淵源與演變不同；(2) 法律與政治在各層級政府的權力分配不同。因此，他們基本上的思維和目的也就不同。因爲美國的政治制度是地方分權的，土地使用的規劃管制，主要是屬於地方政府（市、鎮或郡、村）的權責，這項權力則是由州政府授權的。聯邦法律，除了國有土地，如國家公園等，甚少涉及土地使用與管制。一直到二戰之後和最近，聯邦政府才對州和地方政府的土地使用規劃和土地徵收，以補助款項的方式下指導棋。雖然地方政府的土地管制由州授權，但是州對地方政府權力的行使也甚少干預。

這樣的結果，使各地方政府的土地使用規劃管制制度有很大的差別。大多數鄉村型的郡，幾乎沒有規劃與管制，其他的郡也只有有限度的規劃和管制。在一些較大的城市，才對比較開發的土地加以規劃和管制。只有在法庭審理土地使用分區案件時，才有一些比較一致性的看法，不過差異仍然不小。

土地使用規劃、使用分區，以及其他的管制方法，在美國是隨時都在演變的。例如：如果拿 1972 年的作法，與 1962 年比較，就會發現有所不同；再拿 1982 年的作法與前幾年比較，又有所不同。聯邦政府除了對州和地方政府用補貼的方式鼓勵與指導之外，也逐漸直接參與土地使用的規劃。多年來，學者與規劃界的專家，也都提議制定一項《國家土地使用規劃法》（*National Land Use Planning Act*）。這項法案，參議院在 1972 年通過，使聯邦可以撥款給各州用於土地使用規劃，以至於聯邦便可以更直接地參與土地使用規劃。然而，除了少數的例外，並沒有像英國那樣正

---

❷ 韋伯（Alfred Weber, 1868~1958），德國經濟學家、社會學家和文化理論家。他是第一個全面而系統地論述了工業區位理論的人，是現代工業區位理論的奠基人。他在德國與世界的影響，不僅僅是在區位理論方面的貢獻，更多的是作爲社會學家和政治家。

式地，由各級政府逐級審查土地使用計畫。

美國的土地使用規劃變化多端，從最簡單的狀況到最複雜的狀況都有。不但在規劃的技術細節方面，而且也在地方社區的角色方面。在某一個極端，土地使用計畫，應該是使用分區的基礎，以便進行道路、上下水道等公共工程，以及引導私人的投資決策。但是在另一個極端，又似乎對公私兩方面的各種行爲，不發生任何影響。當然，在兩個極端之間，又存在著各種不同的狀況。

姑且不論美國地方政府的土地使用計畫效果如何，他們的基本目的就與英國的土地使用計畫不同。英國的計畫政策，是要保留開放的土地、保護農地、控制都市成長。爲了達到這些目的，英國會去管制工業發展的區位，也對地方政府的工業、住宅等土地使用，提供一套誘導計畫。美國地方政府的土地使用規劃，則在引導開發。開發的目的則在增進土地使用的經濟效率和經濟發展，以及對公眾的便利。一個深植人心的信念，就是土地要做「最高與最佳的使用」。保留土地供公眾使用，如公園、水源地，甚至保留荒野，也被認爲是土地的最佳使用。環境、生態與美學的考慮，在1960~70 年代也開始受到重視，時至今日更是如此，不過並不會因此阻礙、甚至停滯經濟發展。

當我們談到對私人土地使用的管制時，美國的地方政府有幾項法律和行政的工具。「使用分區權」（zoning powers）是美國的基本工具，正如「規劃許可」是英國的基本土地使用管制工具一樣。但是，使用分區的效果比較有限，也是比較消極的管制方法。使用分區規則可能很細微末節，也可能很粗略；它可以應用在大區域，也可能應用在小區域。使用分區不能因爲要保留土地的原始狀態，而完全禁止開發。如果法庭堅持應該留給地主一些經濟使用的便利，使用分區機關也沒有法律權限去禁止，不過這兩者之間的界線是很模糊的。使用分區並沒有提供太多誘導土地做正面使用的誘因，主導的力量仍然握在開發者的手裡。不過，土地使用分區可能會被主管機關改變，重分區通常會「上修」，也就是做更集約、更高強度的土地使用；也可能「下修」，也就是做比較不太集約的土地使用。

另外一個美國的土地使用管制工具是「土地細分」（subdivision）。Subdivision這個字有雙重的意思，當名詞使用時，它就是指一個規劃好的住宅小區。當動詞用時，就是把住宅小區裡的大片土地細分爲小塊的建築基地，使它們可以供建築使用。像使用分區一樣，它也是一個比較不甚積極的管制工具。其他土地使用管制的公權力還有：課稅權、支出權（spending power）、公有權（proprietary power）、徵收權（美國稱之爲eminent domain；英國稱之爲compulsory purchase）與警察權（police powers）。

英美兩國規劃管制制度的結構

從比較大的尺度來看，英美兩國土地使用計畫的規劃程序和技術相當類似。因爲到目前爲止，兩國的規劃已經發展成一個相當成熟的專業。無論英國或美國，他們的城市和區域計畫，都包含類似的資料和類似的分析方法。這些資料包括：人口與經濟、環境系統、國民所得、交通系統、土地使用狀況、住宅狀況等。加上回顧過去的趨勢和現況，再配合一些圖表，然後預測到所計畫的未來年代。這樣做的結果，會使各項計畫的細節，在內容上、地域上、時間上都很繁複。因此，英國 1968 年的規劃法規定，未來的結構性計畫（structure plan），不再包含土地使用的細節，只陳述都市或區域的計畫政策目標就好了。通常，英國從 1947 年的城鄉計畫法開始，計畫的內容和作法都比美國標準化。

在美國，城市和區域計畫通常不須正式的審查。州和聯邦政府都不審查地方政府的計畫，除非地方政府需要申請經費或貸款補助。在英國，狀況就不一樣，計畫首先須規劃委員會核准，然後提交規劃部長審查批准。直到 1968 年的法律規定，既使一些局部的修改也要經過審查。由此看來，英國管制的集權程度是相當大的。從 1968 年開始，就簡單到只須審查結構性計畫就夠了。在英國，計畫的擬定和開發管制是緊密連接的；而在美國，規劃和使用分區是兩個分開的步驟。甚至有很多使用分區的案例，根本沒有按照計畫的要求。所以常常有人，或有些地方，就直接把使用分區當作計畫。美國的土地使用分區工作，是由特別組織的使用分區委員會負責。使用分區是比較政治性而非法律性的工作。

先看英國

英國的規劃制度希望達成一些特殊的目標。其中比較重要的有：遏止都市地區的蔓延，特別是大型的城市；保護農地和開放的郊區與鄉村，供遊憩、科學研究或生態保育之用；營造富足而且社會穩定的社區；控制經濟、社會，以及實質的改變。另外也要經由規劃，避免使用資源所造成的外部性。規劃的目標還有優先營造具有高素質的都市生活。具體而言，他們認爲小城鎭要比大城市好；住宅區的開發，高密度要比低密度好；都市的結構要使地方性的活動靠步行而不倚賴小汽車；要保護和保存值得保存的東西，無論是過去的或現在的、在城市的和鄉村的。規劃師和一般人民，都要以土地的善良管理人自居，保護自然資源一代、一代地傳承下去。

以上的說法，聽起來似乎相當保守，控制改變成爲基調。維持小城小鎭，會使社會關係單純，容易彼此認識和瞭解。好好管理郊區和鄉村，不使鄉村做重大的改變。反映出過去農業社會的和諧，以及對工業革命之後的反感。這種價值觀並不是英國所獨有，美國的政治社會思想也如是。英國從 1947 年開始，有一個強而有力的行政體制，改變了財產權的法律，才使這種價值觀實現。這種維護社會價值的思想，又影響了職業規劃師每天的工作與決策，使得這種維護公眾利益至上的觀念，成爲英國規劃系統的中心思想。這種觀念對美國人來講，相當不可思議。英國人認爲，保護一種生活方式，要遠比經濟成長重要。特別是農民，他們不會賣掉他們的土地給開發商，以賺取經濟利益。

要評斷英國的規劃系統，我們必須注意從 1947 年到現在，已經發生太多的變化了。從 1958 到 1969 年之間，私人的投機建商蓋了大批的住宅出售。這些房屋蓋與不蓋的決定，涵蓋地方政府的規劃師、開發商、建築師、地主、潛在的買方和金融機構。如此看來，這個系統似乎與美國非常相似。不過，一個根本的不同，是土地開發權仍然是國有的。所以，土地應不應該開發，房子蓋在哪裡、什麼時候蓋？最後的決定權仍然在政府。

最重要的結果是，這種權力的使用，在於管制都市地區的成長。在大型城市周邊劃設綠帶，可以保留優良農地和地景，這種事情只有在發展權國有的條件下才能做到。劃設綠帶的結果，有兩種可能。一個可能是把綠帶圈內的開發密度提高，因爲管制城市成長使可開發的土地減少了。另外一個可能是，把土地開發引到綠帶以外的其他小城、小鎮，或鄉村，形成另外的新市鎮。霍華德的田園市理念，或許是這種狀況所造成的。這樣顯然管制城市成長的做法，更加重了都市人口的去中心化。這種矛盾的現象，便是英國戰後，當時土地使用規劃系統所造成的結果。原來的規劃目的是要減少通勤的距離、時間與成本，但是實際上所得到的結果卻剛好相反。

另外一個結果，是被 1947 年設計規劃系統時的疏忽所造成的。它的財務條款在 1950 年代被廢除，使投機的建商再次有利可圖。1955 年之後快速的人口與住屋成長，加上西方世界戰後普遍的通貨膨脹，土地成爲最好的避險投資，也更增加了對土地需求的壓力。有規劃許可與沒有規劃許可的土地之間，價格差距也更爲加大，開發商的成本也跟著增加。通常，地方政府的規劃單位，就會以增加密度來節省土地。再了不起，他們也會居住比沒有管治時代小的住宅，和較小的院落而已。

從廣義的公眾利益角度看，管制城市的蔓延，幾乎可以確定的是，可以避免四面八方散漫居住的高成本。簡單地說，比較集約地提供道路、上下水道、水電瓦斯等公用設施，可以降低單位成本。再者，因爲開發型態一經確定，就不可能有太大的改變而增加成本。同樣地，較高的密度可以減少工作或購物的旅途距離。更重要的是，比較容易支持大眾運輸，因爲它可以減少私人交通的個人和社會成本。唯一可能產生的副作用，是會減少住宅區的開放空間。

還有一些最基本，但是不大容易計算的經濟損失。因爲得不到規劃許可的新工廠，無法得到建廠的土地，就只好留在沒有效率的舊廠房，或是遷移到國外。規劃限制在郊區開發購物中心、汽車銀行等適合郊區經營的行業，也會使它們擁擠在市中心或者進行土地再開發。這種擁擠的人力和其他經濟成本，都很難以估計。

再看美國

美國的土地使用規劃管制制度，其基本的思維與英國完全不同。換言之，美國比較傾向於保障私人財產權的利益。地方利益團體爲了自身的利益，會自動組織起來公開表達他們的訴求。這種情形有其歷史背景，因爲使用分區原來的目的，就是爲了保護私人財產，或是獨棟的私人住宅，而限制外來投機性的開發。最早的記錄是在加利福尼亞州，防止中國人開洗衣坊，另外的例子也有在密蘇里的聖路易，防止蓋低收入的住宅給弱勢族群。

在美國，對於開發與成長，經常都持正面的態度。對於土地投機，不只是容忍而且是准許的。新的商業行爲，在任何一個社區都是受歡迎的，因爲這樣做可以促進經濟發展。不過近幾十年來，因爲受資源保育運動以及環境敗壞問題的影響，開發行爲多少有些收斂，或者至少在道德上多了一些考慮。我們也經常聽到許多社會思想家有關「土地倫理」的討論，認爲土地的生態環境價值，遠遠超過金錢或資本的價值。然而，美國有史以來對土地的主流態度，一直都是成長與開發。顯然，英美兩個國家對土地使用的主流認知是不一樣的。

我們在前面提過，美國的系統，規劃與管制經常是分開的。美國的城市規劃，不只是規劃師的事，企業家也會扮演某種角色，因爲他們希望規劃能使土地使用經濟而有效率。聯邦政府也以預算來左右，所以也有某種程度的政治意味。不論如何，如果與歐洲國家，特別是和英國比較，美國的土地規劃，地方政府的政治基礎比較薄弱。往往計畫的實施與計畫的製作脫節，其結果是浪費了許多專業的人才和努力。其原因是美國不像英國那樣，有自動的連結機制。第一、規劃機關缺少主動規劃與實施的權力，規劃機關只是政府眾多機關裡的一個，影響力有限。第二、規劃機關對於那些不合計畫的開發案，又缺少遏止開發的權力。正如前面所說，規劃機關與管制機關沒有自動的連結關係。

從歐洲國家的角度看，美國的土地規劃與管制，看起來似乎是無政府狀態。其實，倒也並不盡然。美國都市與郊區的土地使用計畫仍然有其效力，也是公共建設和私人土地開發與投資的基礎。還有，聯邦與州撥款建設的開放空間、上下水道系統，以及其他設施，也都是以土地使用計畫爲基礎的。如果我們回顧一下美國二戰以後到現在的發展歷史，至少可以發現以下幾項優點：

1.給美國二戰之後的建設與發展無限的活力。經濟發展使城鄉之間人口、產業互相移動，使以數百萬計的住宅、工業和購物中心得到建設。

2.大量優質住宅和鄰里街坊的建設，配合學校、商店與教堂，創造出高品質的生活環境。

3.雖然美國的地方分權規劃，各地方的計畫不能一致，但是卻能互補借鏡，產生他山之石可以攻錯的效果。

不過，有些缺點的確也是不容否認的：

1.計畫執行的成本太高。郊區土地的變更使用，留下許多建地未能使用形成浪費。雖然低密度給屋主舒適的生活空間，但是也給他們帶來負擔公共設施與交通的高成本。

2.城市郊區的蔓延發展，浪費土地，也增加公共設施的建設成本。

3.郊區的開發，在開發與建設完成之間，摧毀地景造成景觀美學上的傷害。

4.美國的住宅政策值得詬病，特別是地方政府，故意使新建住宅的成本高於中低收入家庭所能負擔的水平。以至於因爲種族、職業、所得等因素造成族群的隔離。

5.老舊與低所得地區的整治，趕不上郊區的土地開發、核心住宅的興建。整體的問題似乎不只出在土地與公共設施的成本過高，也因爲人力與企業財務的缺乏。

6.區域性或都會區的協調整合困難，特別是在空氣汙染或交通規劃方面。其原因並不在於地理上的郊區化，而在於政府各部門權責系統的分歧，和決策程序的分散。

英美兩國的城市規劃理念

先看英國

如果跟美國比較，英國的城市規劃，主要受到一種「**什麼是理想城市？**」的想法或理論所主導。因爲受到先驅思想家霍華德的影響，英國的城市規劃，希望控制大城市的大小，甚至控制大城市內部的人口、就業和實質結構。而且，也鼓勵在某些理想的地方開發小型市鎮。但是，對美國人來講，英國的城市規劃最讓人印象深刻的，是它有一個一貫的理想城市的概念或理想。最重要的法律是 1947 年的城鄉計畫法的立法，奠定了英國城市規劃的基礎。

從比較客觀的角度看，英國的城市規劃，是一個理想主義者、學術界、農村基本教義派等政治結合體。雖然法律是通過了，但是，直到多年之後，才逐漸包含霍華德等思想家的概念。對於嚴格限制地主錢財所得的概念，也並不完全瞭解或贊同。對於管制土地價格，或者把由於都市規劃的土地增值歸公，變成政黨之間的爭執。當工黨執政時，就嘗試管制土地價格，至少把社會增值歸公。但是當保守黨執政時，卻又反其道而行。

不容否認的是，英國的城市規劃，的確控制了城市的蔓延，倫敦周邊的綠帶（greenbelt），就是一個明顯的事實。都市地區的成長，清楚而有秩序，不像美國郊區那樣沒有秩序地蔓延。我們也可以很清楚地看到，英國的土地使用比較集約、比較緊湊，很少有閒置荒廢的土地。因爲許多公共設施，如供水、交通等成本，取決於區域的大小和距離，所以這樣的土地使用要比蔓延發展來得更有效率。不過値得懷疑的是，假使能有其他選擇，人們是否還會刻意地選擇高密度的住宅？

英國的城市規劃，在保護農地和鄉村方面無疑是成功的。像美國那樣的都市蔓延，沒有在鄉村發生，既使是城市人口和工業也難以侵入。早期以鄉村生活爲主的年代，明顯地被保留下來。各地的視覺景觀，讓人賞心悅目。有一項鄉村保育的結果，特別讓美國人又忌又愛。就是鄉村的地主，通常都願意放棄地價上漲的投機賺錢機會，特別是獲得規劃許可的土地，其價格的確上漲得可觀。可是這些地主寧願放棄這種投機的利得，而換取他們所珍惜的生活方式。

這種情形，也是由於英國的規劃政策所造成的。英國的規劃使人感覺到處都擁擠，在他們鄉下小院落的新家感到擁擠，在城市裡的高樓公寓裡感到擁擠，在高速公路上也感到擁擠。總而言之，人們感覺到處處都擁擠。原本以爲去中心化到鄉村之後，就可以很舒適地擁有自己的小汽車、就業和購物；但是沒有想到，還是要過以前都市中心那種交通擁擠的日子。這種情形也不是規劃師故意設計的，只是當初沒有正確地預測小汽車的成長，加上城市主管要保護他們的稅基，而鄉村主管要保護他們的土地和生活方式。

再看美國

美國跟英國不同，美國沒有主導城市規劃的思想和結構。也沒有像霍華德那樣，能夠影響英國規劃政策的思想家，更沒有像英國 1947 年，可以奠定理想城市結構的城鄉計畫法。在美國，有太多討論什麼是理想都市型態和成長的理論，但是卻沒有任何一個變成國家的政策。也正是因爲這樣，美國的城市規劃和規劃師從來沒有受過學術、經濟、政治和實施經驗力量的影響。他們所做的計畫，雖然影響力不大，但還是可以對公私部門的開發行爲提供指引。在美國，城市計畫的製作，跟計畫的實施是不相干的。計畫的實施主要是受使用分區的影響，以及受土地細分、建築規則（building codes）、公共工程等管制。土地細分可能在計畫之前，甚至在沒有計畫的情形下就開始了。在美國，一般的政治壓力，經常都是公開使用的，而且對計畫的擬定、使用分區的實施和重分區都很有效。

從美國的城市建築，即可以看出城市規劃沒有共同的型態，也沒有應有的權力。決策的主要角色，包括：土地投機者、開發商、建築師，以及金融機構等。他們經常不理會計畫和使用分區規則，他們的開發多半是郊區的住宅小區。新的住宅小區又不見得連接已有的住宅小區，於是造成都市的蔓延，以及公共設施的高成本。如果只看美國城市的郊區化，而不注意它的長處，也是一種錯誤。因爲它也顯示出美國城市發展的活力，成千上萬的商業區跟著以百萬計的家庭，構成優質的住宅區和鄰里街坊。如果說這種發展有什麼缺點，就是它的成本太高，太浪費土地，而且只滿足了高所得族群。

如果要對這種情形做任何改善，一個基本的辦法就是限制私人開發市郊的土地，特別是限制私人從土地漲價中獲利。不但是低土地價格會降低住宅價格，更要減少土地價格在住宅總價中，達到中低所得家庭可接受的比例。實際上，英美兩國的政策剛好相反，英國的規劃管制或美國的使用分區，都會使郊區可成長的土地減少。但是美國幅員廣大，如果管制不夠嚴謹，地主或投機客便會用各種方法去抬高地價。要對私人土地和地價加強管制，就會使中央政府加強對地方政府的控制。但是不論是英國或是美國，都沒有一貫的國家土地政策，或都市成長政策。只要郊區被高所得家庭所享用，而城市中心的稅基繼續流失，低所得家庭和弱勢族群就無能爲力地被困住，這種都市成長的病態就會延續下去。總而言之，英美兩國都需要強而有力的政治力量介入，去改變土地的自由市場。不過重要的是需要遠見、勇氣和能力去實現。

展望未來

我們幾乎無法預測未來都市變化的趨勢。但是可以確定的是，人口往城市或都市地區移動的力量，必然是非常強勁的。城市的存在是不容否認的現實，我們必須學習如何去管制它們的型態，以適應我們的需要。此外，個人所得也會相當地增加，加上企業的產出，對自然環境的影響，我們認為科學、技術、經濟、企業和心理因素，所造成的成長壓力一定不小。國民所得的增加與生活水平的提高，一定會表現在對物質財貨、公共財貨與服務需求的增加上。還有一些希望擁有的東西，如：清潔的空氣、清澈的河流和保護良好的地景及旅遊景點，都需要公部門的行動和支出。

以上所說的這些趨勢，都表示對土地需求的增加，包括質、量和種類。除了私人對土地的需求之外，公部門也需要保護土地、地景和自然資源供公眾享用。不論是公部門或私部門對土地的需要，終究無法避免土地會從鄉村轉變成都市使用。不過我們總是希望將來對都市土地使用的看法會與過去不同。在英國，對農業土地的重視，以及人們對鄉村生活的感情也勝過美國。因此，未來英國的城市，一定會建造在另一種非常不同的土地系統上。而美國城市郊區土地的浪費與高成本的公共設施，也不適合未來的世代。展望未來，希望英美兩國的郊區土地使用能夠與經濟和文化發展，以及與人民的生活型態互相配合。他們如是，我們豈不也有同樣的期待？

我們能學到什麼？

在大致討論過英美兩國的土地使用規劃管制制度之後，我們或許可以從它們的經驗中學到一些功課。

規劃管制的目標是什麼？

首先，我們注意到，在郊區土地使用方面、都市成長方面，以及與現代城市發展的其他方面，都不贊同完全由市場機制來主導。但是他們也沒有能夠很明確地建立一個他們所希望的土地使用規劃管制制度，來改善土地的自由市場。一個至關重要的事情是，這些目標的建立，應該以人民的福祉爲主要考量。這種想法很簡單，也很顯然，但是在過去往往被忽略掉。在英國，他們認爲**農業土地必須不惜任何代價加以保護**；大城市的生活注定是不好的，居住的密度是應該提高的。這些想法，偶然會在霍華德的著作或《巴羅報告》（*Barlow Report*）❸裡看到，也給這些政策一個合理的基礎，也成爲他們奉行的眞理。

在美國，雖然政出多門，他們似乎避免談論基本的爭議。私人市場提供美國人所需要的，也就是商人所提供的獨棟住宅，其密度多半沒有所謂的一致標準。這兩個國家所共同缺少的，是他們都沒有很深入地公開討論，不同的人會需要怎樣不同的生活型態？而又如何提供適合他們需要的規劃和設計？其實，這種情形在台灣也是一樣的，建築商所推出的案子，只是他們根據他們自己的想像力，推陳出新、花樣百出，只要能夠吸引人來購買就好了。而購買的人，也未必清楚知道他們需要

❸ 在 1938 年，當時的總理Chamberlain，任命Anderson Barlow爵士擔任皇家委員會主席，研究都市人口集中與工業問題。報告的結論指出大城市的人口集中與環境問題，認爲去中心化是比較好的辦法。然而，因爲二戰（1939）的關係，1940 年出版的巴羅報告便被擱置，不過後來終究成爲英國的新市鎮政策。在 1942 年，英國政府根據此一報告，成立了公共工程與規劃部，成爲中央規劃機構。根據報告的建議，開始調整人口與工業分布的區位。

什麼。

公平正義在哪裡？

都市土地使用和都市發展，必須面對的一個問題，就是福利分配的公平與否。大多數的討論所注意的多半是在效率方面，也就是各種城市成長所造成的成本與效益。但是每一項政策或計畫，對不同的人會產生不同的影響。這也就是經濟學上所說，福利難以測度，因爲人們的滿意與否因人而異。不過政府在推行各項政策或計畫之前，至少應該對政策可能產生的影響，做一些研究與評估。

另一件比較不能讓人容忍的事，就是有些人會從某種土地使用管制案件受益，而又有一些人因同一案件遭受損失。當然，沒有任何一個案件會在所得再分配上是完全中性的。我們注意到，每個國家的城市都有郊區化的現象。這種現象就會使高所得族群受益，而對低所得族群不利。這種現象的結果是迴歸的（regressive），也就是它所產生的利益會歸於高所得族群人口，它的實質成本會落在低所得族群人口身上。但是從事土地使用規劃管制的人，對這種迴歸現象往往並不瞭解。另外，英國控制城市向外蔓延，對希望保護鄉村美景的人會有利益；而對中低所得的族群，就會負擔不起升高的房價，或者必須忍受城市裡高密度的居住空間。

地價能受到控制嗎？

英國的土地使用規劃許可，不見得會保證土地的開發都完全符合所計畫的樣子。除此之外，既使土地開發完全符合計畫，也不可能控制開發者的土地成本。規劃限制土地的供給，而沒有嘗試控制地價，將會造成地主享有某種程度的獨占價格。這種情形在美國並不那麼嚴重，因爲美國的土地規劃與使用分區並不那麼有效。結果兩個國家的地價都直線上升，造成房價的高漲。在英國，上漲的土地成本，是造成高密度的有力因素。高密度的住宅，會使房屋的功能比實質年齡老舊得更快。

土地改變使用的情形是一直存在的，但是從鄉村變更爲都市使用的情形，除非對素地的價格有所管制，可能會跟過去有很大的差別。管制的手段有許多種，它們包括：直接由政府購買，規劃整理之後出售或設定地上權給開發者，或者課徵空地稅。其實依照租稅原理，加重課徵土地稅，應該是較好的辦法。課徵較高的土地稅，有以下幾個理由：

1. 土地無法隱藏，所以無法逃避稅賦。財產稅透明度高，稅務行政簡易；逃漏稅容易稽查，處罰也容易。
2. 土地區位固定，無法移動到免稅或低稅的地方。
3. 土地所有權人容易辨識。在有些國家，持續地善盡納稅義務，才能持續保有土地的所有權。
4. 財產稅的收入穩定，而且可以預期。土地的價值比較穩定，而稅率可以視財政收入的需要而調整，以獲得所需要的財源。
5. 依土地的市場價值課稅，可以鼓勵都市地區有秩序地發展。
6. 在都市地區因爲對學校、道路、公園，以及其他公共設施的投資，可以提高土地的價值；因而擴大稅基，增加稅收，又可以使政府進一步改善地方的建設，可以說是政府與居民雙贏的做法。
7. 在實行地方自治的國家，各地方政府可以自訂稅率，滿足本身的財政需求。人民及產業有移往低財產稅地區的傾向，所以稅率的提高也會適可而止。最後政府會有一個合理的財稅收入，人民也會有一個合理的租稅負擔。❹

什麼是恰如其分的都市成長?

毫無疑問地，不只是英、美兩國，全世界所有國家的城市，在人口、技術、經濟與社會種種力量的影響下，都在隨時發生變化。根據過去幾十年的經驗，這種變化有時快、有時慢。

但是，我們希望這種變化不要太快，也不要太慢。那麼什麼是恰如其分的都市成長？則是我們所希望知道的。當人口增加時，城市必然會發生變化。但是有時人口並未成長，城市也會發生變化。當交通運輸與其他技術改變時，或是城市的某一部分改變時，也會影響到城市的其他部分，或者使功能發生變化。當人均所得成長時，人們會對以前所沒有的服務產生需求。所以不論你喜不喜歡，城市必定會在許多方面發生變化。

但是，現代的城市會有很多供給長期使用的堅固建築物，這是很難改變的。隨著時間的推移，又會有許多新建和改建的硬體結構產生。這些新建築物，在區位、量體和功能，以及經濟、社會與環境方面，都會影響既有的建築物。再加上電力、電話線路及上下水道等公共設施的建設，都會影響到一個城市的空間鋪陳。這些硬體結構，都會抗拒城市的改變，而社會和制度對改變的抗拒可能更強。一個城市是具有社會經濟關係人口的集合體，每一個人都靠爲他人提供財貨與服務以謀生，他也靠別人所提供的財貨與服務維持自己的社會生活。這種人際之間的網絡關係非常強韌，也是一直在改變的。不過，有時因爲改變並不理想，它也會強而有力地抗拒改變。

英國的規劃許可和美國的使用分區，都是希望降低都市地區的改變。他們兩國的共同目的，都是在於保護（留）既有的住宅區，而且也都非常成功。在美國，有很多例子顯示，這種抗拒改變的做法，不一定都是爲了公眾的利益。例如：重建老舊的住宅區，往往會碰到很大的阻力，尊重或順從私有產權就是其中之一。或者我們可以十分確定地說，土地使用規劃和很多配合的辦法，正是緩和都市結構和功能改變的強大力量。

在英國，土地使用規劃和規劃許可，實際上的確提供了更多的土地、更多的住房、更多的商店和工廠。然而，由於它限制了城市郊區的改變和成長，使新成長的可能性遠低於自由競爭市場裡的可能性。不過，也是由於我們前面所說的，英國人喜歡保留郊區和他們的生活方式。由此我們可以確定地說，這種都市規劃是會減少都市成長與發展的。而且，這種情形不僅是結果，更是他們的一項目標。

在美國，土地使用規劃和相關辦法，在區位、性質、結構和功能方面，對郊區的發展影響不如英國大。的確，美國土地使用規劃系統的主要性質之一，就是他們所不期望的效力，要比所期望的效力大。例如：我們看不出來到處都有的郊區蔓延，是任何土地使用規劃立法有意造成的結果。但是，我們台灣的市地重劃，卻是由政府主導，有意地造成都市蔓延。同時，美國的郊區土地使用規劃與管制系統，也助長土地的變更使用，背後更有某種政治與社會動力加持。

對美國人來講，英國那種一往情深，渴望保護農業土地免於都市侵蝕的情懷，似乎對改變抗拒得有些過分。其實，以現代的觀點來看，土地除了農業生產之外，還有許多其他功能，如都市開發、休閒遊憩等，都具有與農業生產同樣的經濟價值。的確很難想像英國的土地使用規劃，有如此

---

❹ Arlo Woolery, *Property Tax Principles and Practice*, The Land Reform Training Institute in Association with the Lincoln Institute of Land Policy, 1989, pp. 3~4.

極端的力道，可以防止改變鄉村地區的過去。

英國和美國的土地使用規劃，都沒有想去簡化土地使用的改變。我們可以很清楚地看到，兩個國家的土地使用改變程序，是多麼地緩慢、曲折和不確定。沒有任何一小部分土地的使用規劃，是具有穩定社會基礎的。計畫是前瞻性的，假使土地使用規劃能夠聚焦在土地使用改變的過程上。而且從分析贊同改變和反對改變的力量之間，找出這些力量的可用和不可用之處，然後設計出有助於改變的途徑，這樣才能反映出英美兩國規劃工作的進步。英國 1968 年的立法，開始重視規劃的系統化（system approach），使未來的規劃更程序導向，而且更強調都市與區域的整體關係。這個新規劃系統，更明顯地一開始便標明目標和目的，並且理性地在不同的替選方案中做評估與選擇。美國的規劃工作，在大約同一時期，也有類似的改變。

英美兩國的土地使用規劃工作，在改變得更有效率之後，再加上公眾參與（public participation）的元素，使規劃工作更為民主。不過，公眾參與的程度愈高，在其他狀況不變的情況下，愈容易產生負面的效果。例如：研究顯示，可能遭受損失的人，會知道他想要的是什麼。而在另一方面，可能獲利的人，可能並不清楚他想要的是什麼。因為既得利益者往往會站在有利的地位。從表面上看，公眾參與會顯得更為民主，但是實際上，對社會整體的福利，可能會有迴歸的現象。不過這種問題也不是不能改善的，通過加強教育和更好的溝通，弱勢族群可能對自身的權益更加認識，而願意去爭取。另一方面，專業規劃師提倡「倡導式規劃」，使社會整體對規劃問題有所認識，而願意去幫助他們，這也就是倡導式規劃的濫觴。[5]

期望達到最佳的福利狀態

展望未來，我們希望規劃工作在技術上能更臻成熟，對不同的意見有更多討論的空間。專業人士要更增加他們在社會、經濟以及對科學管理上的客觀知識。但是在此同時，他們也必須認識到，規劃主要是一個政治遊戲，各個族群團體與個人，會競相爭取與維護自身的權益。在討論規劃時，同樣的話語，對不同的人可能會有不同的意義與詮釋。因此，能夠彼此取得共識與妥協是非常重要的。如果能夠詳細地分析規劃結果對不同族群的影響，社會便可以獲得某種共識的解決方法。說不定可以達到柏拉圖（Vilfredo Pareto,1848~1923）理想的最佳福利狀態。**柏拉圖理想的最佳福利狀態，是指在社會中每一個人的福利都有增加，卻不可能在使任何一個人的福利增加的同時，不至於發生至少使一個人的福利減少的狀況**。換言之，柏拉圖理想的最佳福利狀態，是指市場已經達到最高的福利境界，以至於不可能進一步藉由資源的重新規劃配置或重新分配，而使某一個人的福利更形增加。也就是一旦達到了柏拉圖理想的最佳福利狀態時，如果再使某一個人的福利增加，一定會使其他某一個人的福利減少。如果沒有使另外一個人的福利減少，就是社會全體福利的增加。如果不能達到這種狀態，至少希望最低限度，使獲得福利增加的人，比受到福利減少的人多。過去也許沒能做到，希望將來能夠做到。

---

❺ Marion Clawson and Peter Hall, *Planning and Urban Growth-an anglo-american comparison*, Resources for the Future, Inc. 1973, p. 286.

6

用看不見的手推動城市智慧成長

我們必須避免一些傳統的思維，認為有些所謂的專家，真正知道如何給世界上其他的人規劃這個世界。

從二十世紀以來，一個最引起大家討論的問題，就是由政府主導的規劃是否要比市場機制更能有效地配置經濟資源。諾貝爾經濟學獎得主薩彌爾遜（Paul Samuelson）在他 1973 年最暢銷的入門經濟學教科書裡指出，當時蘇聯（Soviet Union）的人均所得約爲美國的一半。他預測蘇聯的經濟成長，很可能使它的國民所得在 1990 年趕上美國，要不然最慢也能確定在 2010 年趕上。然而，蘇聯卻在 1990 年解體，於是，大家一致認爲，在財貨與服務的生產上，市場經濟的確優於計畫經濟。但是，在其他方面，包括土地使用規劃，人們仍舊認爲政府的規劃是必要的。因爲市場在財貨與服務的生產上有其優勢，但是它卻不能生產高素質的生活。❶

贊成由政府從事土地規劃管制的人認爲，規劃工作需要有人協調不同地主之間的意見，使每一個參與的人都能合作，以達成共同一致的目標。因爲市場機制無法保證某些地主所做的決策會符合普羅大眾的利益，所以需要政府的規劃，使土地使用更有秩序與效率。然而，主張以市場機制規劃的人認爲，市場機制在生產財貨與服務方面配置

---

❶ Randall G. Holcombe and Samuel R. Staley, Edited, *Smarter Growth—Market-Based Strategies for Land-Use Planning in the 21st Century*, Greenwood Press, 2001, p. 9.

資源的能力，也同樣可以應用在政府規劃土地使用上。

從市場經濟的角度看，這種討論已經有二個多世紀之久。依照亞當斯密（Adam Smith）的說法，在市場經濟裡，每一個人都會被一隻「**看不見的手**」（invisible hand）所引導，做對他自己有利的事。每一個人都在想盡辦法使他的資本價值達到最大。一般而言，他並不在意這樣做是否能增進公益，也不知道會對公益有什麼好處。他所在意的只是如何增進自身的利益與保障。但是他卻被那隻看不見的手所導引，做他並沒有想到要做的事。不過他卻在追求自己利益的過程中，不知不覺地增進了社會的利益，而且做得更有效率。因爲市場價格可以告訴我們各種資源的價值，以及如何配置它們該用在哪種用途上。這並不表示沒有人做規劃，而是每一個人都在做他自己的計畫，這些計畫是由市場的力量來協調的。土地使用的決策，也是由那隻「看不見的手」協調出來的。

問題到底出在哪裡？

以美國的情形來看，因爲國民所得的成長、小汽車使用的普及，以及尋求郊區的愜意生活環境，結果造成城市去中心化的生活方式與土地使用型態。台灣雖然地狹人稠，同樣地，因爲國民所得的成長、小汽車使用的普及，以及尋求郊區的愜意生活環境。再加上市地重劃多在郊區實施，可以說是政府有計畫地製造都市蔓延。或者還沒有認識到都市蔓延的負面影響，也形成各城市相當程度去中心化的土地使用型態。其結果則是使通勤旅程增加、增加基礎設施建設的成本、交通壅塞、農地被侵蝕，以及造成城市中心的衰敗等問題。於是公共政策針對這種蔓延的土地開發，開始設法管制私人的土地開發與使用。因此，我們也有興趣於嘗試從可以找到的文獻與研究中，探討是否利用市場機制而非政府規劃，也能改善土地使用和促進城市的智慧成長。

在美國，傳統的土地使用規劃，基本上是地方政府的工作。直到 1970 年代，有些州，如奧瑞岡、維蒙特和夏威夷，開始實施全州的成長管理（growth management）法規。特別是奧瑞岡州立法的廣泛與周全，引起全國各州的注意，成爲各州的典範。到了 1990 年代中期，實施成長管理的州增加到十九個。到了 1990 年代後期，當時的副總統高爾把土地使用規劃問題提高到國家層次，開始推動「城市智慧成長」政策，來矯正都市蔓延的負面影響。柯林頓總統在他 1999 年一月的國情咨文中，用了 17% 的時間，談論土地使用、土地保育和都市發展問題。是除了外交問題之外，占用時間最多的項目，可見美國對土地保育和都市發展問題的重視。

到了二十一世紀，反蔓延運動進行得並不那麼順利。許多州的相關立法，受到政治和居民的反對。例如：提高住宅區的密度，將會影響社區鄰里的性質，和居民的生活習慣。再者，土地使用規劃由政府管制私人的土地使用，對已經居住在那裡的人幾乎沒有影響。甚至「成長邊界」（growth boundaries）政策也只對未來尚未定居的居民有所影響。因此，即有學者專家提倡，可以倚靠較多的市場機制來做土地使用規劃。他們相信，倚靠市場機制來做土地使用規劃，可能會比政府用立法和行政手段做得更好。因爲我們一般的概念認爲，遇到問題便去訴諸政府。然而，如果遇到一個不稱職的政府，可能會製造出更多的問題。因此，在這一章裡，便讓我們看看，主張以市場機制從事土地使用規劃人士的說法。

土地使用需要規劃，主要是大家在日常生活上，碰到許多與土地使用有關係的問題。其中最引人注意的有以下三項：第一是交通的壅塞，第二是環境需要保護，土地無秩序地開發，侵蝕了許多優良農地和自然綠地，影響動植物的棲息地，甚至整個生態系統。第三是土地開發改變了地方的原有特性。於是你可以發現，當你在美國開車旅行的時候，在每一個城鎮，一下高速公路交流道，都會看到同樣的「麥當勞」和「肯德基」，以及各種品牌的加油站。如果進一步觀察，就會發現這種情形乃是土地開發的型態所造成的。

關於交通問題，使用小汽車作爲交通工具，實際上有很多優點。包括：在時間和用途上都有許多彈性，例如：購物、工作等。以購物來講，其便利在於比搭乘大眾運輸工具或步行載運更多貨物，也能行駛更遠的距離。倡導城市智慧成長的人認爲，小汽車的使用會造成都市蔓延。而土地使用的型態，又被公路路線的規劃所決定。許多城市擬出市中心的復甦政策，但是這樣做只能使這些地方比以前吸引人，但是並不能取代其他地方的開發。倡導城市智慧成長的人士所嚮往的開發型態，是希望扭轉目前似乎已經定型的小汽車交通型態，但是問題的根源卻在於都市的蔓延發展。實際上，土地使用型態始終離不開交通走廊。在 1850 年代，主要的交通是水運，城市在可航行的河道和港口興起。到了十九世紀後半期，鐵路交通變得比較重要。在主要鐵道路線上的城市，變成都市中心。到了二十世紀後半期，公路成爲主要的交通路線，並且影響了土地使用型態。

大概沒有人會懷疑交通與土地使用規劃關係的重要性，但是公共政策該如何制定是值得討論的。倡導城市智慧成長的人士，希望遏止小汽車的使用，把資源用在發展大眾運輸，而非公路的開闢上。但是這種看法對美國人來說，可能也有疑問，因爲到了二十一世紀初，全國只有 5% 的通勤交通是利用大眾運輸的。美國幅員廣大、人民生活富裕，低密度住宅的環境，以小汽車作爲交通工具，已經成爲美國人的傳統住宅區規劃方式。既使使用大眾運輸的人口增加一倍到 10%，對減少交通壅塞和空氣汙染，也不見得會有多大的幫助。

一個以市場機制爲導向的土地使用規劃，必須認清目前的事實。在二十一世紀的美國，一定是主要倚賴小汽車作爲交通工具的。大眾運輸只能算是一種輔助的交通工具，幫助那些無法使用小汽車的人民通勤使用。爲了使土地使用規劃更有效率，政府的政策應該更注意交通路線的規劃，使小汽車的旅程更爲方便，而不要太注意私人如何使用他們的土地。假使交通路線規劃得恰當，市場的誘因便會產生更有效的土地使用型態，而不須政府的干預。商業的發展會很自然地趨向主要的交通要道，住宅使用則會遠離鬧區，選擇購物與就業方便的地方。

至於土地開發對農地與環境影響的問題，因爲農業生產的增加，並不需要那麼多的農地來生產糧食。關於環境問題，當然有許多愜意性資源需要保護而避免開發。然而，因爲美國還有大量的土地尚未開發，並不須要提高居住密度。而且也有人認爲提高居住密度，反而可能傷害環境的愜意性。因爲較高密度的居住環境，可能會增加空氣汙染，並且降低環境吸收汙染物的能力。例如：高密度開發的地區，開放空間與綠地減少，會降低雨水滲入地下水源的能力。

在分析都市蔓延與開發密度方面，倡導以市場機制規劃土地使用的人士認爲：第一、人們尋求低密度的居住環境，是因爲生活水平的提高。第二、私人使用小汽車的普及，使居民不須要在步行距離或在捷運系統附近購物或就業，也就是使人們對居住區位的選擇有更大的自由。再者，人們選擇居住郊區，也因爲地價較低，以同樣的花費可以享用較大的居住空間。所謂都市蔓延的土地使用，也意味著人們有較高的生活水平。一個以市場機制規劃土地使用的重要原則，就是市場的力量可以創造一個有秩序和有效率的結果，而不需要政府的規劃。當政府對私人如何使用其土地管得太多時，往往反映出政府自己該做的基礎建設做得不夠。

當然，發現問題是一回事，找到方法去解決問題又是另一回事。的確，傳統的城市智慧成長運動往往相信：小建築基地、高密度住宅、混合使用，以及捷運導向的社區，就是一種理想的都市型態。但是，這種城市型態與實際的美國現代城市開發並不一致。目前二十一世紀數位時代（Digital

Age）的城市，是與十九世紀工業時代，高密度、混合使用的城市是完全不一樣的。倡導由政府管制土地使用與都市發展的人士，認爲低密度的都市型態不實際，也不能持續發展（unsustainable development）。成長管理政策傾向限制低密度開發，以重建十九世紀時代的城市鄰里街坊。於是提倡設立都市成長邊界，以限制大基地的住宅開發。同時呼籲減少小汽車的使用，大量投資在捷運系統上。但是以設立都市成長邊界聞名的波特蘭市爲例，其邊界之內的住宅價格，因爲地價上漲，而大幅度提高。

市場機制的作用是什麼？

批評以市場機制從事土地使用規劃的人士認爲，就是因爲市場機制在資源配置上會產生「市場失靈」現象，所以才會以政府干預來矯正市場機制的失靈問題。但是，又有規劃人士倡導以市場機制來從事土地使用規劃，他們又是怎麼說的呢？

1. 許多二十世紀後半期所發生有關土地開發的問題，不外乎人們失去他們所需要的愜意性資源問題。有人認爲美國式的獨棟住宅，占據大面積的建築基地，擁有自己的庭院，是浪費土地資源的做法。但是當國家變得富裕，以前只有少數富有人家才能擁有的生活方式，已經普及到中產階級，就沒有理由不讓私人享用他們的土地與財富。

2. 市場（政府也是）不會在問題被確實認知以前就做出反應。只有當郊區的生活變得更理想，更多的家庭擁有小汽車的時候，市場就會「生產」郊區生活環境。當交通愈來愈壅塞，居民感覺到購物不方便時，不動產開發業者就會做一些混合使用的開發。在這個時候，假使人們認爲郊區生活夠理想，同時市場因爲提供這種生活方式有利可圖，既使沒有政府的規劃，市場也會自動做出適當的反應，生產這種生活方式的社區。

3. 大家也許沒有注意到，都市蔓延和許多連帶產生的問題，多半都是因爲政府沒有做好規劃。如果政府能把道路和其他公共設施做好，既使沒有政府的規範，私人也會做他們恰當的土地使用決策。私人的土地使用，與公共設施的區位有關，特別是交通要道。當土地規劃爲交通要道時，附近的土地使用方式就需要重新調整，或者通勤人士就得選擇別種交通方式。所以，政府要先做好公共資源的規劃，而不是規範私人如何使用他們的土地。

4. 大家似乎有一種心照不宣的想法，認爲如果土地使用出了問題，政府的規劃即可以解決這個問題。然而，當我們仔細思考這種想法時，會發現幾項問題。首先，比方說，大家都認爲交通紊亂是個問題，而大家也會提出一籮筐解決的方法，但是卻很難得到大家都同意的最佳辦法。其次，政府的解決辦法，往往是政治性妥協的辦法，而不是規劃專家想出來的辦法。政治妥協的辦法，往往會受某些利益團體的影響。

跟政治解決方法剛好相反的是，市場機制因爲有利益的誘因，就會生產使土地獲利最大的產品。例如：業者在住宅區或住宅大樓，提供游泳池、健身房等休閒愜意設施，就是因爲這些設施可以提高不動產的價值。業者在住宅區左近開發商業設施，也是同樣的道理。❷一個重要的原則是，認爲以市場機制從事土地使用規劃，可以創造一個有秩序、有效率的結果，是政府規劃所做不到的。

❷ Holcombe and Staley, pp. 8~9.

都市密度與都市蔓延

依照目前一般的認知，都市蔓延是都市發展的病態之一。而提倡城市智慧成長，則是希望以新的政策來遏止都市蔓延。就學者的研究，造成都市蔓延或塑造智慧成長的因素之一，可能與都市建設的密度有關。首先，布魯格曼（Robert Bruegmann）指出，通常我們對蔓延（sprawl）一詞的解釋可能有些混亂。如果像現在一樣當名詞使用的話，它最先出現在兩次戰爭之間的英國。之後，它主要是形容人們沒有秩序的居住型態，或者沿著道路不連續的開發，散布在城市之外的鄉村地區。一般我們會認爲這種情況是由於沒有規劃，但是任何開發都不能沒有計畫，問題是誰在做規劃？所以這種隨機蓋房子的情形，屋主、建商以及更多的其他人士都有責任。而且在政府機關裡，負責城市規劃、區域計畫的專業人員，也推卸不了責任。

不過我們發現，在英國有一個奇怪的現象。就是假使因爲沒有規劃而造成蔓延，那又爲什麼在十九世紀末有大量的蔓延，而今天的蔓延又相當的少？根據學者的研究，發現低密度是主要原因之一。他們相信二戰之後，有一個反去中心化的趨勢。有一件事情是相當確定的，就是去中心化與中心化兩種力量，同時在都市地區進行。造成都市地區的密度有時高、有時低的複雜狀況。合理的解釋是說，當十九世紀工業革命開始，甚至延續到整個十九世紀，人口與就業大量向城市集中。到了二十世紀，特別是二戰之後，人口又移往郊區，造成去中心化。其原因主要是經濟的變化，加上特別是交通技術與交通方式的改變。

美國經濟學家海爾布朗（James Heilbrun）也指出，都市的集中和分散，大約在不同的時期，有以下幾種狀況：

1. 增高的集中化（increasing concentration）與增高的中心化（increasing centralization），大約從十九世紀初到 1960 年代，美國人口大量集中到都會區（metropolitan areas），而且集中到中心城市。主要原因可能是工業化、都市化和相關的經濟因素。

2. 降低的集中化，大約到 1970 年代，人口的集中趨勢無預期地停頓下來，而開始去中心化。也就是中心城市人口的增加，低於市郊人口的增加。海爾布朗歸因於小汽車效應和外溢效果。

3. 增高的中心化，也就是中心城市人口的增加，高於市郊人口的增加。時間大約是從 1970 年代到現在。其原因可能是由於能源與交通成本的增加，也可能是因爲倡導城市智慧成長，希望遏止都市蔓延。[3]

大概沒有人會懷疑交通在城市去中心化過程中的重要性。然而，我們也不要用因果論來看待它。因爲交通可以使城市去中心化，也可以使城市集中化。例如鐵路交通樞紐地帶，往往是人口和商貿薈萃的地方，同樣的邏輯也可以用在小汽車身上。與交通有關的另外一個議題，就是日益提高的富裕生活水平。依此而論，都市富裕居民能夠取得更多的土地。照一般情形來看，在已開發富裕國家的大城市裡，不至於像開發中國家的城市那麼擁擠，因爲它們開發的密度較低。不過這種情形，也不能一概而論。例如：紐約東邊高地（upper east side of New York）就是最富裕、又是密度最高的地區。

傳統文獻對於去中心化有兩個理論（hypotheses）。第一種說法認爲城市往外擴張，基本上是

---

[3] James Heilbrun, *Urban Economics and Public Policy*, Second Edition, 1974, 32~42.

經濟與技術因素所決定的。快速又廉價的交通，帶來更具可及性的土地開發。第二種說法認爲，是「推」的力量而不是「拉」的力量造成去中心化。依照這種說法，城市往外發展，乃是因爲城市內部的社會、經濟和環境出了問題。因此，問題並不在於能擁有和使用的土地多少，而在於對所生活的環境，能不能管理得更好。如果生活環境管理得好，包括：安全、便利、舒適、愜意等。或者提高城市居民的生活水平，大量增加好環境但高密度的社區，說不定便可以減少對低密度城市生活環境的需求。

關於都市蔓延的問題，主要是在社會層面。去中心化可能主要是因爲居民想要逃離諸多問題的中心城市。這些問題包括：汙染、擁擠、貧窮、種族隔離，甚至犯罪、教育等。但是學者的研究顯示，在這些問題出現之前（1960 年代後期），去中心化的情形早已出現，而且是因爲自然成長和移民，而不是因爲逃離中心城市的居民。在那個時代，上面所說的城市環境問題還沒有出現。這也可以證明，「推」的說法並不是那麼強而有力。這種現象不只美國，世界其他國家的城市也是一樣的。所以我們可以推論說，中心城市的問題與都市蔓延並沒有直接的因果關係。

還有一個解釋城市去中心化的因素，就是政府的政策。美國聯邦政府一方面制定新的住宅標準，同時用抵減財產稅的方法，鼓勵人民蓋低密度的住宅，並且補助公路、下水道和其他基礎建設。這種說法或許在某種程度上有些道理，但是聯邦政府以貸款利息抵稅的初衷，只是純粹的減輕稅賦，並不在於鼓勵人民在市郊蓋獨棟住宅。在市中心蓋房子也同樣可以享受財產稅的抵減。至於對道路、下水道和其他基礎建設的款項，用在中心城市的可能性，比用在郊區的更大。

另外值得注意的是，美國地方政府的土地使用分區規則和建築法規，會把不同的土地使用分開，並且規定最小建築基地面積，這種作法也會推進城市的去中心化。不過，去中心化的因素當然不只一端，人們喜歡或希望居住在低密度的地方，應該是不爭的事實。至於台灣的情形，政府的政策似乎一向都是主張擴張的。因爲幾十年來，各地方政府所實施的市地重劃，都是在城市中心的周邊。關於市地重劃問題，我們會有專章討論，不在此處贅述。

提高密度能遏止蔓延嗎？

跟蔓延相反的是，目前正在倡導緊湊型城市（compact city）。但是一直存在著的一個矛盾現象，就是從十九世紀末的田園市到二戰時期，規劃師們都在思考如何降低城市裡的密度。令人吃驚的是，美國城市密度的降低，並沒有像歐洲國家那樣是由於政府的規劃。更讓人好奇的是，解決低密度蔓延的辦法，竟然和所倡導的解決高密度辦法一樣。城市成長邊界、綠帶、新市鎮等辦法，都相繼出爐。這些辦法，的確控制了倫敦向外的發展。然而，卻使綠帶之內市區的地價飆漲，也加速了綠帶之外的去中心化。

第二波的反蔓延浪潮是在 1950 到 1960 年代，原因是戰後快速的去中心化。甚至在 1960 到 1970 年代，形成零成長（zero-growth）運動。在紐約、加州的大城市，也有實施城市成長邊界、大建築基地分區（large-lot zoning）和課徵開發影響費（impact fees）等措施來遏制成長。在倫敦，這些措施則推升土地的價格，驅動成長邊界之外的開發。

另外一個戰後反對城市成長和蔓延的努力，就是大規模的反建設公路情緒。他們的論點認爲，建設道路不可能解決塞車問題。反而因爲關建新的道路，會引來更多的車輛和旅程。不過，因爲此一運動，的確阻礙了一些城市的道路興建。但是也有許多城市，因爲建設道路減輕了不少的車輛壅塞。然而，終究道路的闢建趕不上車輛的增加。在美國，大眾運輸，除了少數大城市之外，幾乎發生不了太大的作用。

總而言之，對蔓延的抱怨和解決的方法，從 1920 年代開始，每幾十年總會循環一次。每當這種抱怨發生時，便有一些呼聲，要求回到以前那種緊湊的規劃設計。但是在這個過程中，英國也有一股力量，就是根據田園市的原則，規劃相當低密度的城鎮。

依照布魯曼從研究城市發展的歷史來看，改革者認為，反蔓延運動從來就沒有客觀地認為密度是一個重要因素。真正的原因並不是密度本身，而是都市地區的形象，以及它顯示的社會功能。他們不喜歡美國住宅區那種獨棟住宅，因為它們不像中心城市那種密集的公寓大樓，有熙熙攘攘的人行道、繁忙的公園，顯示出那種歐洲傳統的文化氛圍與社會的互動。人們開著小汽車我行我素，失去了人與人之間的互動與熱絡。一般認為比較可取的模式，包括：英國城市的綠帶，巴黎周邊規劃的新市鎮，華盛頓D.C.的高密度和輻射的骨幹大道，以及奧瑞岡州波特蘭市的都市成長邊界。

財產權有什麼作用？

我們相信城市智慧成長運動，是希望獲得高素質的生活環境和保護環境資產。然而，城市智慧成長需要各級政府對土地使用做相當的管制。管制就是限制個人的自由，我們必須小心使用。美國的財產權法律，可以追溯到 1066 年諾曼人入侵英格蘭所帶來的。英皇威廉宣稱**普天之下莫非王土，而且可以傳諸後代**。這種傳統幾十個世紀下來，就演變成今天一般習慣法（common law）的財產權概念。我們則希望知道這種對財產權的法規，如何影響土地的開發、土地的使用規劃，以及現在的城市智慧成長運動。

有關土地財產權的法律，提供我們解決各種土地使用問題的工具。以財產權來解決土地使用問題，可能比傳統的規劃方法更爲有效。市場經濟的運作，剛好是在財產權習慣法所產生的權利與責任之中。私有財產權，在於維護人民的自由與經濟的繁榮。對於由上而下的成長管理規劃，也有一些緩和的作用。假使我們失去了傳統的財產權，而去依靠法律來管制我們的財產，我們也失去了自由的基石。就好像又回到了封建制度（feudalism），由領主控制百姓的財產權，讓他們指示百姓如何使用他們的財產。

那些相信立法人士不至於受利益團體壓力，而能有效做好規劃，公正使用私人財產，簡直是天方夜譚。那麼，除了由國家規劃與管制土地使用之外，又有什麼辦法？梅尼爾（Roger E. Meiners）和莫瑞斯（Andrew P. Morriss）在他們的文章裡強調，一般認同市場經濟的人都會同意，最好的辦法就是傳統的一般法原則。而且只要國家能夠保障私人的財產權，財產權就能使每一個人盡他最大的責任，並且創造機會，去過他最希望享有的生活方式。❹現在的世界，肯定比一百年前複雜，而知識與技術的進步，應該使我們能夠瞭解與解決以前所不瞭解與不能解決的問題。就土地財產而言，我們也可以使用私部門所開發出來的，更有彈性的管理工具。

那些認爲都市蔓延是一種病態發展的人，認爲私人在傳統的財產權法律之下，用契約的方式對待土地財產，不可能在實質上產生有秩序的區位。人們不當的區位選擇，不但沒有效率，而且可

---

❹ Roger E. Meiners And Andrew P. Morriss, "Property Right in a Complex World", in Randall G. Holcombe and Samuel R. Staley, Edited, *Smarter Growth-Market-Based Strategies for Land-Use Planning in the 21st Century*, Greenwood Press, 2001, p. 186.

能造成對生態系統的損傷，這就是經濟學上所說的「市場失靈」。就是因爲市場機制有這種失靈現象，政府的規劃才會介入，迫使人們採納他們未必喜歡的區位和建築設計，這就是土地使用分區和建築法規的作用。但是，那些希望避免都市蔓延的人，相信除了這些傳統的辦法之外，一定還有其他的方法。相信市場機制功能的人認爲，無論做規劃的人多麼用心、多麼聰明，他們仍然難以在如此複雜無序的都市地區，做出理想的土地使用規劃。

由政府做土地使用規劃，與政府從事糧食生產的規劃，在基本概念上應該沒有什麼不同。重要的是，土地使用規劃一定要有效率，並且不要造成對生態環境的傷害，務必產生比市場機制更爲理想的土地使用。中央集權式的土地使用規劃，是非常複雜的，可能要比生產糧食複雜得多。而且其複雜的程度，可能是我們難以想像的。試想一個政府，不論是哪一個階層的政府，怎麼會知道各種食物人民需要多少，然後規劃每一戶農家每年需要種植多少稻米、小麥，和各種蔬菜、水果？然後如何加工、輸送、出售給每一個家庭？所以，我們可以想到，集中式的規劃必然會忽略某一、二個環節，而不可能完成整個的過程。土地使用規劃的程序，又要比生產糧食複雜得多了。

在二十世紀，我們發現中央集權式的經濟規劃，產生令人意想不到的失靈現象。先是蘇聯的經濟與政治解體，接著若不是中國大陸的經濟體制進行改革開放政策，便無法造就今天民生的富裕與經濟的繁榮。土地使用規劃會牽涉到許多經濟資源的行政管制，是與自由和效率發生衝突的。大多數倡導都市規劃的人，大概不會否認私人經營自己的住宅最有效率，幾乎沒有人提倡由政府提供家庭住宅。[5]對於市場機制，大家比較關心的是，市場機制無法提供足夠的愜意性環境資源（amenities），如綠地空間。因此，許多人認爲公共規劃會提供適當的綠地空間。他們最終的結論認爲，市場無法評估愜意性環境資源的價值。

那麼，除非讓我們知道人們普遍的偏好，我們又怎麼知道綠地空間夠不夠呢？可是問題又在於人們的偏好如何斷定呢？在市場經濟裡，你的偏好可以從你在財貨的某一個價格，對它的購買量，就是「願付價格」（willingness to pay, WTP），看得出來。假使人們可以在高密度的都市公寓，和具有寬廣庭院的郊區住宅之間加以選擇，它們的價格就會反映人們對每一種住宅的需求。政府規劃可以用調查或投票的方式，知道人們的偏好，但是仍然無法反映出每一種住宅的眞實價值。

還有一種爭議，就是偏好政府規劃的人認爲，愜意性環境資源是公共財貨（public goods），私部門的提供往往會不足。例如：在台灣，私人購買住宅，會選擇公設比較低的房屋。建築商蓋房子，會盡量蓋滿法規所允許的建蔽率和容積率。就我個人的經驗，兩排連棟住宅之間的車道，狹窄到你必須前後倒車二至三次，才能進出車庫。至於開放空間，往往會被視爲浪費土地。以至於讓人認爲，如果沒有公部門的規劃，便可能沒有環境保護和綠色空間的提供。不過在其他國家，情形或許還不至於如此糟糕。許多國家都有營利或非營利組織，會拿出大量會員捐贈的金錢，透過土地資源保育地役權（land conservation easement），以及各種基金會，保護自然資源和珍稀物種。就財產權的觀點看，住宅所有權人也會有足夠的誘因，維護他們自己的財產，而不需要政府的干預。

環境保護是一件很重要的事情，眞正的環境保護工作，是要腳踏實地的保護各類物種，包括人類的使用。也就是要創造新的方法，改善棲息地供多目標的使用。我們可以很明顯地看出，政府機

---

❺ 台灣由政府規劃的國民住宅，從來就沒有成功過，最後都淪落爲貧民窟。在亞洲國家中，由政府規劃提供的國民住宅，最成功的要算新加坡了。

關在國家公園與森林保護區的工作，造成多少可怕的環境後果。我們也不免懷疑，從事城市規劃的人，會比住在那個城市的居民對這個城市瞭解得更多。我們必須避免一些傳統的思維，認爲有些所謂的專家，眞正知道如何給世界上其他的人規劃這個世界。

市場機制與城市智慧成長

城市智慧成長的重要價值，在於透過集體決策（collective decision）讓廣大的公民有機會參與土地開發程序。倡導城市智慧成長的人認爲，透過集體決策，公民可以決定自己的未來，並且設計自己的社區，增進宜居性與生活素質。此外，城市智慧成長運動的第一重要原則就是規劃，沒有規劃就等於低品質，缺少協調的開發，將會導致日趨低落的生活素質。我們在前面已經簡單地回顧了公部門規劃相較於市場機制，有它的侷限性。在前面，我們看到中央集權式經濟制度的失敗，也可以合理地推論，在土地使用規劃上，市場機制仍然要比公部門規劃有效率。

在我們談到城市智慧成長之前，先讓我們看看波特蘭市和馬里蘭州的城市智慧成長模式：

1. 波特蘭模式

美國奧瑞岡州首府波特蘭市，一向都被認爲是一個現代城市智慧成長的樣本城市。奧瑞岡州在 1973 年通過全州的城市智慧成長立法，要求州內所有的城市建立都市成長邊界，並且實施綜合規劃。規劃的目的是從農地與野生棲息地的保護，到提供負擔得起的住宅和限制郊區的發展。在波特蘭都會區有三個郡，二十四個地方政府，包括在以新都市主義原則下規劃的區域計畫。新都市主義的都市設計，主張高密度、小建築基地、住商混合的土地使用，以及倡導使用大眾交通工具。都市成長邊界成爲城市智慧成長的關鍵性特徵，也影響到其他的州，如華盛頓、田納西、緬因與佛羅里達等州的成長管理計畫。波特蘭市的策略性計畫是到 2040 年，目前正值實施階段。

2. 馬里蘭州模式

馬里蘭州的作法與波特蘭市不大一樣，馬里蘭州採取一些柔性的作法，提供誘因促使居民居住得靠近一些，而不是直接由政府實施土地使用計畫，規範土地使用。它使用款項購買空地、開放空間和農地，以防止開發；同時在都市地區投資建設基礎設施，鼓勵私人在市區中心投資。馬里蘭州首先建立「優先撥款地區」（priority funding areas），其目的在於直接投資於高度都市化地區，而且不投資於優先撥款地區以外的地區。第二步則是積極地透過購買發展權計畫，遏止農地與開放空間的開發。馬里蘭州政府希望把這些土地，永遠移出不動產市場。第三項策略是提供誘因，從事城市中心的再開發。第一項辦法是清理棕地；第二項辦法是給願意設籍都市貧困地區的企業租稅優惠；第三項辦法則是對居住與工作地點接近的家庭，給予房屋貸款補助，以減少通勤成本。

城市智慧成長的幾個重要原則

看了波特蘭市和馬里蘭州的城市成長管理與城市智慧成長模式之後，可以看到兩者都具備了當前城市智慧成長的關鍵性元素。但是，除了它們的差異之外，都有一個共同的作法，就是以由上而下、以政府驅動的開發管制和廣泛的公民參與，替代以市場機制爲基礎的開發。雖然波特蘭市並沒有排除私人市場的土地開發，不過私部門卻被放在附屬的地位。要城市智慧成長計畫成功，必須注意幾項重要的原則。

1. 城市智慧成長的計畫要城市與社區採取主動。這種主動的行爲，要看現在與未來居民是否知道什麼是對他們最適當的開發，而且知道成長管理能否帶給他們理想的結果。

2. 城市智慧成長計畫要靠都市成長邊界，或類似的成長管制措施，來規範土地開發，並且鼓勵高密度與混合使用。都市成長邊界要比市場更能促進緊湊式發展（compact development），也可以區分都市與鄉村的土地使用。城市智慧成長的潛在價值，在於使用政治手段配置市場資源，以達到城市所期望的目標。不過，這種政治策略是現代人的想法，往往會忽略未來世代居民的需要。

3. 城市智慧成長的相關立法過程要平順，自動自發。交易成本要極小化，最好是零交易成本，而且能顯示出地方大多數公民的集體意見，以作爲制定政策的方針。

4. 城市智慧成長計畫應該能讓大家看到，透過開發管制和土地使用規劃的願景。決定智慧成長最終型態的主要因素是土地使用，而政府可以透過法規、計畫，不受市場力量的影響，廣泛地影響土地使用。

5. 事實上，幾乎所有的城市智慧成長計畫，在都市發展過程中，都會有擴大公眾參與的元素。擴大公民參與公共政策的制定，是成長管理應有的做法。因爲計畫是爲了反映地方的精神、希望，以及地方所期望的生活方式。不過，增加公民參與也會拖長規劃的時程，並且阻礙市場的創新。

在城市智慧成長計畫實施的時候，免不了會牽涉到政治、經濟與市場方面的問題。的確，在民主決策的結構下，無論是在州、區域或地方階層的集中性土地使用規劃，都會有政治、經濟與市場方面的問題。以下再分別加以說明。

政府規劃的決策

通常一個土地開發計畫都會經過兩個審查階段。第一個階段是初步的土地使用計畫審查，包括土地的重分區申請，以及如何因應特殊型態的土地開發。第二階段包括：建築物的設計、公共設施計畫等審查。與私經濟市場不同的是，政治性的決策是取決於平均成本和利益大於全市。因爲政治性的消費者偏好，無法像市場那樣能夠用金錢價值表現出來。此外，區域計畫所能做的只是引導成長。因爲它不能限制全區域的成長，只能用引導移民、控制企業的設立與擴張，或者規範生育率等方法。事實上，大多數影響區域成長的因素，都不是地方政府所能控制的。大部分的原因，也是因爲個人自由和財產權受到憲法的保護，超出地方政府所能掌控的。而且因爲房價的上升，居民可能要求政府擴張都市成長邊界，以補救土地短缺的問題。事實上，科羅拉多州布勒德郡（Boulder County）的幾個城市，已經以合併的方式擴張了成長邊界。

其次，要政府的決策有效，必須對問題（problem）有清楚的定義。比方對蔓延來說，就沒有一個大家一致認同的定義。規劃師認爲蔓延是低密度、蛙躍式、倚賴小汽車爲交通工具的住宅、商業發展。農民則認爲農地的零星細碎，是主要的蔓延型態。主要的都市新聞媒體則認爲，蔓延是商業隨著住宅超過城市邊緣的發展。一般市民則認爲，任何對市區開放空間的開發都是蔓延。因此，如果對蔓延沒有一個大家共同認可的定義，就很難制定一個解決蔓延問題的策略。

再者，要政府的政策有效，必須聚焦在單一問題上。政府的作爲不可能是多目標的，選舉或任命的官員，大多會先注意具有高政治能見度的問題。政治能見度不高的問題，一定會淪爲次要的項目。而且對於複雜的問題，最好能先將它簡化，而且注意重點。在這方面，波特蘭市的經驗值得參考。它的區域計畫是用配置都會區主要城市人口的辦法，來達到平衡發展與成長。此外，該計畫也要求提高密度，以節約土地使用，並且減輕要求擴張都市成長邊界的壓力。雖然移民可以規範，但是社區的價值將會因此改變。波特蘭市的都市成長邊界，在開始時非常受到矚目和歡迎，但是邊界之內高漲的房價卻抵消了對它的支持。整體看來，都市成長邊界政策把原本屬於經濟領域的土地開發行為，用政治決策解決，在程序上顯得繁瑣而沒有效率，缺乏一個清楚的共識目標、高度的政治能見度，以及足夠的資訊，似乎並不容易達到成長管理和城市智慧成長所預期的效益。

市場機制的決策

與政治性規劃決策相反的是，市場機制能夠更有效地協調私人的決策。因為在今天這種動態的環境裡，市場能迅速地傳遞成本、利益以及相關資訊給生產者和消費者，使生產者能夠對土地開發做評估、改變與創新；或者讓消費者做明智的購買選擇。

一般來說，如果要讓市場機制有效，需要具備以下幾項條件：

1. 要有多個分歧的目標，而對於特定的結果並沒有共識。
2. 因為具有多個目標，所以為了達成特定的目標，在政府規劃時，選擇替選策略並不容易。但是，市場機制最能有效地在分散的目標中，經過實驗與設計來選擇可實施的策略。
3. 人們對於某種規劃出來的產品價值判斷與偏好，具有相當大的不確定性。
4. 對於散亂的資訊與知識，只有在市場裡，當生產者與消費者在做決策時，面對機會成本時，才會顯現出來。[6]

新科技戲劇性的變化，使工作的人不必一定要接近市中心的上班地點。所以人們可以依照他所喜歡的環境，選擇他的居住地區。在這種環境裡，資訊變得更分散化、去中心化，以及個人化。住宅區的規劃，也不一定要倚賴政府中央的規劃。

土地不動產市場是具有複雜、動態、不確定性的，是令人難以捉摸的。決定什麼土地要開發，什麼樣的住宅該提供，要靠各種動態、互相關聯的供給和消費者行爲來決定。這些資料是政府中央規劃所無法提供的。而市場的制度化行爲，卻能依照邊際消費者的偏好與需要，告訴不動產市場需要什麼樣式？什麼品質的產品？這種事情是政府規劃所無法做到的。

修理失能的城市中心！

爲了遏止都市往郊區蔓延，近年來有人提出使城市中心復甦的看法。因爲愈來愈多的人認爲郊區的蔓延發展，除了其他因素之外，多多少少也是因爲城市中心的衰敗。在愈來愈現代化的生活裡，加上網際網路、電傳視訊的發達、交通工具的便利，人們都想遠離城市過自己的生活。特別是中產階級的人們，郊區或鄉村生活成爲他們的常態。除了科技的改變和經濟的成長，當前的社會趨勢也改變了城市的生活型態，特別是私人生活領域受到財產權和自由與個人主義興起的影響。愈來愈富有的嬰兒潮時代的中年人，喜歡過那種優閒自在的日子，穿著牛仔褲，住寬大通透、豪華的住宅，而且可以避免城市中心的塞車、擁擠之苦。

有人說，城市已經過時了，聽起來好像要一竿子打翻一船人。事實上，城市中心因爲某種利基（niche）復甦的也所在多有。也有人認爲市中心必須與郊區競爭，但是這種看法並不正確。因爲我們不可能把一大票的有錢人搬回城市中心來。不過我們可以做得到的是，嘗試透過城市中心的復

---

❻ Samuel R. Staley, "Markets, Smart Growth, and the Limits of Policy", in Randall G. Holcombe and Samuel R. Staley, Edited, *Smarter Growth-Market-Based Strategies for Land-Use Planning in the 21st Century*, Greenwood Press, 2001, p. 216.

甦，讓他們回來。二戰之後的都市發展政策是促進成長，要讓水平發展的城市替代已經垂直發展的老城市。1940 和 1950 年代是都市更新的全盛時期。到了 1960 年代，則流行樣本城市（Model City）計畫，它是一種加上社會工作面貌的都市更新。由社會學家與政府規劃師一起工作，重新改造城市。這個風潮不僅是在美國，而是世界性的。

到了 1970 和 1980 年代，人們認爲挽救市中心（downtown）地區，即是挽救全市的關鍵。贊成這種說法的人，是從設計和規劃的角度看問題。如果住宅、交通、休閒娛樂、零售商等做實質的改變，就足以使城市中心恢復生機。這種對問題的看法，也不能說沒有道理。然而，這種光從實質建設方面看城市問題的方式，本身就有其弱點。關於老市區中心的復甦，有幾點看法值得注意。

第一、假使這些地方有幸躲過了 1940 到 1950 年代的都市更新浪潮，既使建築物並沒有被完全剷除，也會被新的規劃方法和建築法規弄得面目全非，失去了重新開發的吸引力。

第二、這些市中心的鄰里街坊的經濟，是靠全國性的連鎖餐廳、名牌商品店撐起來的。但是，再開發是否能再製造出同樣的繁榮也是疑問。

第三、很多市中心老街的再開發，都會吸引附近住宅市場的復甦。但是，這裡的居民往往是單身貴族、頂客族（double income no kids）或空巢族。對於城市中心的復甦，在某些方面他們可能有幫助，但卻不可以將其視爲通例或主力。

第四、爲了城市中心的復甦，有人認爲高稅率和某些不合時宜的法規也是壓力。所以採用比較有彈性的財政政策和法規，可能會有幫助，例如減稅。同樣的，有些法規對於棕地的開發、上下水道設施、道路的建設和修補等，也都是綁手綁腳的。

經濟發展的誘因，使城市中心起死回生的藥方，的確也很重要。但是，如果我們看看矽谷

（Silicon Valley）的發展，也許會發現另有天地。矽谷位在稅賦最高的加利福尼亞州，全國住宅最貴、交通第三擁擠、缺少勞工、缺少土地、土地使用法規嚴格、設廠困難而且成本高。在這種情形之下，似乎在吸引投資、創造工作機會等方面是沒有競爭力的。然而，矽谷卻成爲高科技創新的中心。這種情形顯示出，企業與科技的創新也是使城市興盛的一種不可小覷的力量。

另外，有一種城市復甦的老想法，在 1990 年代末又受到普遍的注意，就是區域主義（regionalism），特別是區域政府。從規劃的角度看，無論是區域政府或區域規劃，都受到認知和資料上的困難。資源的配置沒有效率，成長與創新也不順暢。正如珍雅各在《美國大城市的死亡與再生》裡所說的：

> 今天有許多城市專家相信，眼前的城市問題，已經超出了規劃師和政府官員所能理解和控制的範疇，更不用奢談解決了。假使把規劃的範圍擴大，從更廣的視野看問題，或許能找到好一點的解決辦法。[7]

今天，區域主義已經被視爲比城市規劃更廣的尺度，也是能夠抓住城市中心稅基和郊區居民的辦法。因爲擴大了城市的範圍，便可以重新分配富裕郊區與貧窮市中心的財稅收入。如果再加上都

---

❼ Jane Jacobs, *The Death and Life of Great American Cities*, Vintage Books, A Division of Random House, Inc., 1961, Vintage Books Edition, 1992, p. 401.

市成長邊界，或許就更能防止城市的郊區化了。

毫無疑問地，都市復甦的目的是爲了吸引中產階級回到城市，並且恢復中心商業區（CBD）的生機。但是，爲了要使城市跟郊區競爭，必須在大片的土地上重新蓋起相當於郊區低密度和樣式的住宅。可是要在城市中心找出大片的土地，卻不是一件容易的事。也許除了改善經濟和實質的建設之外，還有一些其他隱而未顯的城市中心問題，需要我們去探討。

城市中心的犯罪問題，顯然是一項阻卻投資與經濟活動的因素。城市中心的學校教育品質、CBD的酒吧、街角暗地的販毒、垃圾與衛生、街頭的遊民等，都是可能阻礙城市復甦的因素。因爲這些因素更會影響城市居民的生活。所以我們可以看見，改善城市環境最需要的是道德的重建，而不僅是物質硬體的重建。當我們呼籲重建我們的城市道德秩序時，我們也聽到不少從宗教著手的成功案例。不過，不管是保守派人士或自由派人士，都不覺得那是一件容易的事。

那我們該怎麼辦？

從上面的討論，也許我們會得到一個印象，認爲都市地區的土地開發型態，就是一個中心城市外邊圍繞著郊區，郊區把城市的人口吸走。這種看法未免過於簡化，也可能誤導。在二十世紀初期，人口住在城市，因爲他們的工作在那裡。一直到現在二十一世紀，郊區的人口居住在獨棟住宅的現象，更有如爆炸式的發展，而且是世界性的。其背後的原因，我們在前面討論過很多，但重要的是地方政府的政策缺乏遠見。往往有些城市增加課稅，但是稅收又不用在對居民有利的地方，以至於市民用腳投票，移居低稅賦的地方。

環境問題

環境保護是一項廣受注意的課題，但是在土地使用規劃上，有三件與環境有關的問題需要分別討論。第一、是否具有特殊環境愜意性的資源，要無限上綱地加以保護免於開發？第二、是否蔓延式的土地開發會消耗自然環境，損失自然環境與農地？第三、如何使開發所造成的衝擊極小化？第三個問題可能是三個之中最複雜的。

關於必須保護的特殊愜意性環境資源，當然最好的辦法就是避免開發。最直接的做法就是透過政府或私人的信託，購買這些環境敏感的土地；或者補償地主設定地上權或地役權，以避免開發。有的時候，我們也可以在已開發地區保留一些土地，做公園或遊憩地區。不過，在保留愜意性環境資源時，會遇到財產權問題，須要注意。

關於第二個問題，批判都市蔓延的說法，認爲在容納等數人口時，低密度的土地開發會使用較多的土地，同時會消費自然環境和農地。比較緊湊的開發和較高的人口密度，會減少這種損失。不過，也有人認爲，農地的減少是因爲生產力提高，而不是因爲都市蔓延。因此，也不須要爲了多保留開放空間，而採取高密度的土地開發政策。其實，以美國的情形而論，美國幅員廣大，未開發的土地多得很，根本沒有必要爲了減少都市蔓延而做高密度的開發。

而在台灣，因爲土地相對稀少，就要另當別論了。但是，台灣各大小城市都由政府主導，在城市外圍從事市地重劃進行開發，助長都市蔓延，似乎值得檢討。

至於第三個問題，如何減少土地開發所造成的環境衝擊，則比較複雜。許多因素使人傾向於認爲低密度開發會對環境比較友善，因爲人口密度較高的地區，汙染程度也會較高。例如當交通壅塞時，小汽車引擎空轉最會排放廢氣。雨水的宣洩，也是一樣的。所以，由此可見高密度的開發，反而對環境不利。不過，重要的是，我們應該考慮的是，什麼樣的開發會影響整體的環境素質。

交通問題

交通問題可以說是土地使用規劃的核心問題。顯而易見的，從二十世紀後半期以來，由於廣泛地以小汽車作爲交通工具，已經大大地改變了土地使用的型態。除了造成蔓延開發之外，對人們日常生活影響最大的就是交通壅塞。此外，城市智慧成長，是希望減少小汽車的使用，而增加對大眾運輸工具的使用，進而引導人們步行或以單車代步。不論如何，土地使用政策與交通政策是分不開的。

關於交通問題，有兩個模式值得注意。城市智慧成長模式是主張提高人口密度，以使人們使用大眾運輸工具，或者使用單車或步行，而少用私人小汽車。人口密度必須高，才能支持大眾運輸工具。所以城市中心的內塡（infill）發展，使其復甦重新成爲工作與購物中心，才是城市智慧成長模式所應遵循的策略。城市智慧成長模式策略的另一個選項，則是聽憑市場的引導。當人們變得富裕之後，會願意多花點錢去購買便利與舒適。因此，低密度的居住型態和私人小汽車的使用，便成爲二十一世紀的必然趨勢。雖然城市智慧成長的努力是讓人脫離小汽車的使用，但是其效果可能適得其反。因爲在可預見的未來，小汽車的使用將會繼續下去。所以市場導向的土地使用規劃，必須把小汽車納入考慮。

土地使用政策

在土地使用規劃政策中，必須清楚地認識到，交通網絡是整體土地使用規劃的關鍵。城市智慧成長模式的注意力，主要放在大眾捷運，如輕軌，以及提倡單車或步行，而忽略了容納小汽車的道路規劃。除非人們知道道路的區位，否則規劃師或地主都不可能知道一塊土地如何使用最有效率。所以，政府若要土地使用政策有效，必須先把交通設施規劃好。一個市場導向的土地使用規劃，認識到如果政府能把基礎設施做好，私人地主自然知道如何有效地使用他的土地。

土地使用法規，禁止土地做某種使用或大小等，抹煞了保護私有財產權的原則，認為私有財產權必須受集體的管制與認可。也許有人認為對私有財產權的管制是為了公眾的福祉。但是，我們卻忽略了城市智慧成長模式，是要扭轉市場的力量與個人選擇的權利。防止私人的自由選擇，才真的會影響到人們的財產權利和生活素質。

小結

關於城市智慧成長問題，有一派人士主張土地的規劃要提高人口密度，並且減少對小汽車的倚賴。另一派傾向由市場力量決定的意見，則主張降低人口密度，並且增加對小汽車的倚賴。因為這樣的改變對人們有利，而且當人們的所得增加、富裕之後，他們負擔得起比較優渥的生活。在二十世紀的時候，人們還懷疑市場是否能像政府規劃得一樣好？但是到了二十一世紀，人們便比較傾向於偏愛市場力量了。因為市場力量可以有效率地生產財貨與勞務，也可以創造有效的土地使用，提高人們的生活素質。

在瞭解市場機制在土地市場裡如何運作之後，可以發現政府的規劃也不可偏廢。因為政府的規劃或許可以改變一下方向，補救一些市場可能失靈的項目。或者是市場力量難以做到的事情，例如：交通網絡等重大公共建設，仍然需要政府的投入。不過，在城市智慧成長方面，政府似乎也可以做一些市場不容易做到的事情。例如：建立都市成長邊界。一般來說，都市成長邊界可以發揮包容都市蔓延、提高密度和混合使用等功能。具體一點來看，都市成長邊界可以達到以下幾種目的：(1)保護開放空間和農地，(2)使都市地區復甦，(3)提高住宅地區的密度，(4)提供更有效／省費（cost-effective）的基礎設施，(5)有秩序地使鄉村地區的土地過渡到都市使用。[8]

不過，也有研究指出都市成長邊界的幾項弱點。第一、都市成長邊界似乎只是一個比較單純的工具，它希望用比較簡單的方式達成複雜而多重的政策目標。例如：使城市中心復甦，需要多種的政策工具，特別是在一個尊重人民居住、工作、遷徙自由的國家，城市智慧成長不是防止居民離開城市就能奏效的。第二、都市成長邊界會減少邊界內部土地的供給，使地價上漲。第三、都市成長邊界會限制住宅的基地大小、空地的保留和房屋的型態，因而降低住宅的品質與愜意性。都市成長邊界可能會製造新的特殊利益族群，他們當然希望保護其既得利益。[9]

市場導向的土地使用規劃，不是只用法規管制土地使用。它會用購買發展權和保育地役權（conservation easement），來保留具有策略性的土地。它也不會管制郊區的低密度開發，而是去改善城市的服務能力、棕地的再開發，以與鄰近的社區一較高下。市場導向的土地使用規劃，會鬆綁束縛土地市場的法規，使不動產市場更活潑、更多樣化。除了這些之外，市場導向的土地使用規劃會直接針對問題，尋求解決問題的政策和方法。

---

[8] Randall G. Holcombe and Samuel R. Staley, Edited, *Smarter Growth—Market-Based Strategies for Land-Use Planning in the 21st Century*, Greenwood Press, 2001, p. 263.

[9] Ibid., p. 263.

7

收藏市井街角的城市美景

歷史性的古城、古鎮，農田的開墾、播種、收割時的田野，漁翁垂釣的溪流，都充滿了歷史文化的集體記憶。

地景的改變，可以說是與人類歷史同樣久遠的。因爲土地使用的變遷，地景也是隨時都在改變的。這種改變，反映了社會在某一個時期的社會經濟需要。這些需要包括：人們的居住、農耕和畜牧、森林的砍伐，和溼地與沼澤的清理等。地景受到自然與人爲活動的影響，是一直都在演變的。從另一個角度看，目前的地景受到人類活動的影響，可以說已經遭到一種威脅。因爲一方面失去了生物的多樣性，同時也失去了它的特有本質，以及它與周邊生態的和諧性。而且這種變化之快速與規模之大，與幾個世紀以來的傳統土地使用方式比較，也是大異其趣的。因此，這種快速的變化，使人感覺到保存傳統地景價值的急迫性。或者希望至少保持它的可持續性，讓未來世代的人，仍然能夠享用到地景的經濟財貨與服務。

有些理論認爲，任何因人爲因素而形成或改變的地景，都是具有文化意義的。泰勒（P. D. Taylor）說：「文化地景是受到人類行爲和歷史，甚至史前時期的影響而形成的。」❶文化地景與自然地景完全不同，自然地景是沒有被人類行爲衝擊過的空間。特別是在現在，現

❶ Taylor, P. D., 'Fragmentation and cultural landscapes: Tightening the relationship between human beings and the environment', *Landscape and Urban Planning*, 1958(2~4): 93~99.

代化、都市化的時代，地景就成爲我們回憶的那些地方。例如：歷史性的古城、古鎮，農田的開墾、播種、收割時的田野，漁翁垂釣的溪流，都充滿了歷史文化的集體記憶。特別是像我們人口眾多、土地使用規劃管制不良，而又天災頻仍的台灣，這些過去的地景，都已經不復存在了。如果你看過齊柏林先生拍攝的《看見台灣》紀錄片，就知道這個曾經美麗過的島嶼，荷蘭人讚嘆的福爾摩沙（Formosa），遭到如何的破壞與改變了。

因此，在現代事事講求價值的經濟體系裡，我們有興趣在這裡探討地景的經濟價值究竟是如何衡量的？一旦瞭解了地景的經濟價值如何評量，我們便可以在地景的空間架構上，分析地景的規劃、使用與保育、管理等問題。但是，地景的價值並不限於金錢、供給與需求。我們探討地景的價值，是嘗試去瞭解如何在資源有限的情況下，來滿足人們對地景的無限需要和渴望。同時，也是在嘗試連接經濟學和地景之間的關係。一方面解開它們之間的糾葛，也嘗試從理論和實務上，探討地景的經濟價值和土地使用規劃之間的關係。經濟學並不是單純地評價某一個地方地景的價值，而是在比較不同地景之間的價值。經濟學是希望解決資源稀少性的問題，也就是希望在資源有限的情形下，探討如何滿足人們對某種資源的需求。首先讓我們看看地景是什麼？

什麼是地景？

地景的定義會隨著地景的改變而有不同的概念，但是也因爲探討領域的不同，所注意的重點也就有所不同。例如：地理學、人類學、生態學，以及空間規劃與設計、景觀建築，都會對地景有不同的解讀。因爲對同一個名詞有不同的解讀，也會造成彼此溝通的困擾，以及尋求一致性地景政策的困難。事實上，在十三世紀時，荷蘭人即對*lantschap* 的意義有所認識。荷蘭語*lantschap* 是指一個行政地區，或者是作爲土地的同義字，或一個人的祖國。在日耳曼語言中，地景傳統上是和區域或領土有同樣意義的。十六世紀時，荷蘭的地景繪畫傳到英國，地景一詞逐漸演變，意思是指藝術作品或繪畫的景緻。到了十七、十八世紀，德國地理學者Alexander von Humboldt（1769~1859）把地景視爲一門科學。他定義地景爲「一個地區的整體特性」。從此之後，各種有關地景的概念，逐漸開始出現在相關領域的文獻中。我們引述幾個常見的定義給大家參考：

1. Forman and Godron認爲地景是在一塊多樣化的土地上，包含群聚、互動而形成的生態系統。這個生態系統一直會重複地做類似的變化。
2. Stiles認爲，地景包括：各種大小的戶外空間，從過去、現在到未來，從私人庭院到公共公園、綠地，整個的都市與鄉村文化地景環境。
3. 歐洲地景會議（European Landscape Convention, ELC）所採用的定義，認爲地景是自然與人爲因素互動所形成的一個地理區域。
4. Karjalainen從景觀建築的角度定義，認爲地景是我們可以在某些時間接觸到的環境。
5. Terkenli從地理學的角度看，認爲地景是地球表面的一部分，是實際可見的，不是想像出來的。
6. Burel and Baudry從生態的觀點看，認爲地景是生態系統的一部分。它是多樣性的、動態的、獨立存在的，人類只能管理它的一部分，它是獨立存在於人類感知力之外的。
7. Antrop認爲地景不僅是物質的實體，地景的概念不只包括可供使用或提供某種功能的土地。它是物質的實體，經歷不斷的自然與人類活動的磨合，產生非物質的價值。

8. Opdam et al.把地景看作是一個地理單元，具有特殊的生態系統型態，由地理、生態和人力互動所形成。

9. Wylie 指出，當代的英語字典，通常都把地景做如下定義：「地景是肉眼所看見的土地或風景的一部分。」大多數的人會把地景一詞，看作是描繪土地的一張圖畫或土地本身。[2]中國國畫的山水畫，也可以說是地景。

在以上這些定義中，Forman and Godron是從以生態爲中心的觀點看地景。這種以有機體的觀點看地景，意味著地景在空間的尺度上，可以小到只是一片森林，也可以大到一個國家或生態區域。此外，Burel、Baudry與Opdam等人，直接把地景和生態系統連接在一起。其他有關人類對地景的使用等看法，則是次要的考量。這樣看起來，對生態品質的破壞，就等於對地景的破壞。反過來看，地景的改變，也會帶來棲息地的破壞和改變。

上面所提到的其他定義，比較偏重人類學的觀點。也就是說，比較注意個人從空間所得到的效用和滿足。「歐洲地景會議」的定義，也是廣爲學界所引用的。這個定義是以整合的概念爲基礎的，它並不是把自然或文化地景做任何區分。說實在的，地景的價值以人類的需要爲中心，並沒有什麼不好，它的確是爲了人類的利益而存在的。雖然有人批評歐洲地景會議的定義太廣，但是它也有些新義。它的要點是說：

1. 地景是一個具有不一定範圍的空間，有領域的性質。
2. 地景是人們所可以看得見和感受得到的。
3. 地景是整體性的。
4. 地景是動態的，是天生會改變的。

5.地景是自然與人類行爲不斷互動的結果。

從這些定義的性質來看，地景可以被視爲一個動態的整體現象，包括各種尺度的組成分，有層次地結構在一起。地景基本上與土地的概念不同，土地是一片有邊界的空間，它是屬於某人或某機構的財產，可以被所有權人自由地使用。人類對地景所產生的衝擊，主要是透過對土地的使用行爲。地景的概念，是一個有形的地區，是二十世紀早期區域地理學所研究的對象，是實質環境和社會互動的結果。「歐洲地景會議」定義的另一個新義，就是它不是特定性地指那一個型態的景觀。事實上，「歐洲地景會議」的定義可以應用在自然、鄉村、都市和都市周邊地區。它也包括：土地、內陸水域和沿海地區。

在看了這些定義之後，也許我們可以從地景認識一個地理區域，但是地景本身並不是一個地理區域。因爲地理區域除了地景之外，還有其他的特性。例如：土地的品質和數量，以及氣候的狀況，砂土的地景會和黏土的地景完全不同。地景是土地使用的外貌，包括樹林、草地、房屋與道路等。然而，地景並不只限於視覺的認知，也包括氣味、聲音，甚至觸覺和味覺。例如：當你走過一個臭豆腐攤時，你會欣賞還是厭惡？

地景是如何生成的？

基本上，地景生態是空間型態和生態演化不斷互相影響的結果。演變是地景的本性，時間和

❷ C. Martijn van der Heide and Wim J.M. Heijman, Edited, *The Economic Value of Landscapes*, Routledge, 2013, pp. 3~4.

空間是促成的因素。自然地景的多樣性，是地球上地質、地質型態、生態和氣候長期變化影響的結果。人類的影響，只是從新石器時代（約 12000 BC）開始的事。漸漸地，自然地景變成文化地景。多樣化的文化地景，是自然演化與人類行爲互動的結果，人類的行爲則包括人口的增加和科技的成長。從十八世紀以後，人類對地景的衝擊，因爲工業與農業革命性的創新，地景的量體與成長與日俱增。驅使地景變化有三種連動的力量：第一、一個地區被交通設施所打開而開發；第二、然後帶來工業化和都市化。第三、接著，市場與經濟活動擴散到更廣的區域。這種轉變的過程，造成特殊的地理空間，以及各種集約和粗放的土地使用。人口的密度，使各種公共設施的密度增加，形成各種功能的土地使用，並且形成這些空間的網絡。有些比較遙遠的土地，就會任其恢復成原來的森林與草原。

地景是土地受到人類行爲的影響，所表現出來的樣貌。因此，基本的問題是誰有這種權力和能力改變土地的使用？當然，最重要的是土地所有權人（包括私人和公家）。第二是掌控空間的力量，它有規範土地使用的權力。這種權力來自政府的規劃和管理機關，以及更高的政策階層。目前，最大的問題是規劃與管理的機關太多，而又權力過於分散。由於民主自由和土地私有權制度，小土地所有權增加，造成太多不協調的土地使用改變，當然也造成不協調的地景。同時，地景的價值也會改變。例如：一個高生態價值功能的地景，可能因爲開發而變得失去生態功能的價值。因此，有些生態功能的價值是互相衝突的。但是，也有些功能的價值是互補的。例如：遊憩和生物多樣性的功能。學者認爲，多樣性功能不是生態系統的本性，而是社會與環境互動的結果，時間又會改變這一切。我們如何選擇這些功能去設計文化地景？就要看我們的價值系統如何衡量它們了。

地景在現代經濟思想中的地位

在傳統的思維裡，我們都從地理學、考古人類學、生態學，以及空間規劃與設計方面來看地景。然而，近代愈來愈多的人從經濟學的角度來看地景，因爲經濟學可以衡量地景對人類的價值。但是，至少在 1970 年代以前，西歐的經濟學家，並沒有對地景的經濟價值做過明顯的研究。除了人類爲了生存和生活，不經意地形成的農業和林業地景之外，只有社會上的富裕人家，會花些精神和金錢，經營他們的私人庭院或花園。直到 1970 年代，才開始有愈來愈多的經濟學家，注意到經濟活動對環境造成的傷害。它們認爲經濟活動的利益，必須把環境的成本計算在內。所以「環境經濟學」就用金錢的尺度，來量度環境破壞的程度，好讓公共決策部門思考什麼是最好的地景政策。因爲金錢尺度是大家最容易瞭解，也最容易讓相關人士溝通的媒介。然而，有些地景價值，也是金錢尺度難以評量的，例如美學價值。

地景經濟學是地景科學的一部分

地景科學可以說是包羅所有有關地景的學術研究。以傳統的概念來看，它包括：地理、歷史、景觀建築、景觀生態和考古學等。近年來，地景經濟學也開始從經濟學的角度對地景加以研究。地景經濟學可以說是環境經濟學的一支，它所注意的，是地景如何有效地提供景觀，並且保護它們。地景經濟學的研究方法和工具，源於環境經濟學。特別是新古典經濟學，它是以市場系統做最恰當的（optimal）資源配置。它利用開發與保育之間，可以等值抵換的價格系統，來評估地景的價值。除了價值之外，經濟學也研究由市場所顯示的人類行爲與偏好。把地景經濟學融入地景科學需要科際整合，而且也需要相關人士和機構的參與。

地景之所以有價值，是因爲人類需要使用它的某些重要特質。因此，我們可以說，對地景的評價，就是賦予地景特質一個價值的程序。然而，這種評價程序，要跟它周邊的空間和景觀發生關係才有意義。所以評估地景的標準不只一端，我們需要從不同的標準評估它的綜合價值。這樣的評價概念，也可以幫助我們瞭解，爲什麼人們喜好或不喜好某些地景。

地景經濟學中的地景價值

我們在經濟學中，把地景看作是公共財貨，往往跟農業、森林和自然資源並列。所以沒有任何有關自然資源管理的決策，是可以不談地景價值的。從廣義的生態系統功能來看，自然對人類的利益可以從不同的角度來分析。如生理的、心理的和經濟的等。地景的經濟價值，要看它的組成元素是什麼，以及消費者如何看待這些元素。在經濟學中，價值的定義是由消費者的理性和主權所決定的。每一個人都知道他的喜好是什麼，這是理性；他（她）根據個人的喜好做選擇，這是他的主權。一個人用願付價格（WTP）來表示他的喜好，或者用願意接受的價格（willingness to accept, WTA），來表示他願意接受對損失的補償。因此，我們可以用 WTP 和 WTA 來量度地景的價值。

給地景一個金錢價值，仍然讓某些人有一種不道德的感覺，因爲他們深怕有人會把地景拿到市場上出售。然而，金錢價值也會顧及到地景的利益層面。資源保育的成本與利益，就是社會上大家所共同認知的。至少在沒有更好的評價方法之前，用金錢來估計生態功能的價值，仍然是可以被接受的。因爲它的複雜性與整體性，給地景一個金錢價值並不容易，特別是它的實際驗證非常困難。

因爲一個人對某種地景的好惡，是他個人的感受。在環境經濟學發展的初期，Ciriacy-Wantrup[3]已經認知到整合社會心理學、環境心理學和調查研究的重要，需要把地景和人們的認知能力連接在一起。

整合的地景經濟評價可以分爲兩個階段。第一階段是分析地景的生物與空間元素，使用地理和地景生態學的方法，去確認地景的型態，以及量化的標準，並且建立GIS的資料庫和地圖。第二階段則進行抽樣，可以由樣本看出人們對地景的偏好。接下來還有四個步驟：

1. 地景的分類：依照土地性質，如高程、坡度、地質、土壤性質、植被和土地使用方式等。此外，也可以加上社會、文化資料，形成一個資料庫。

2. 抽樣設計做地表影像和視覺領域分析：抽樣設計用來做後續調查的視覺領域分析指標。每張照片的視覺領域分析，都是在GIS環境下進行的。

3. 視覺領域指標與人們偏好的調查：用照片和視覺領域，詢問人們對所選擇地景的偏好。

4. 地景的經濟評價：擬定選擇的問題，就圖片和實際的地景，詢問人們對不同地景的偏好。然後，用WTP和WTA評估地景的價值。

---

❸ Sigfried von Ciriacy-Wantrup 爲美國知名學者。出生於 1906 年德國Langenberg，於 1936 年移居美國，爲加州大學柏克萊校區農業與自然資源學系教授。於 1980 年逝世。

地景的價值如何評估？

地景價值的評估，在於嘗試找出美學與經濟學的公分母。Colin Price在他的*Landscape Economics*一書裡指出，地景的價值，並不限於它的工具性價值（instrumental value），例如：生態空間的樹木、草叢或埤塘是可以使用的。地景的特殊價值，應該也包含美學的價值。這樣看來，似乎美學的價值比自然或生態的價值更爲重要。對經濟學家來說，美學的價值是比較難以量化的。經濟學家所能做的，只是比較它們之間的比較好、比較不好，或者甚至大致相同等序列尺度或區間尺度來量度或判斷。

不過，幾乎所有我們所知道的環境經濟學方法，都能應用在地景的估價上。但是，我們必須知道，當我們拿地景與其他自然資源——如生物多樣性——比較時，我們會發現地景包含更多不可捉摸（intangible）的特質，而且缺少一個單一標準的衡量尺度。Garrod 和 Willis 說：

> 地景可能是最不容易評價的環境資源，因爲地景是由數不清的各種規模、形狀、地形、植被、色彩，以及人造物件所組成的。而且這些元素又互相影響，不斷地變化。這些變化又因季節的不同，使某些季節的變化比別的季節更吸引人。[4]

不僅如此，問題的關鍵在於，這樣評估的地景價值，是否就能使地景的規劃管理決策更好，也是問題？一般來講，能增進地景規劃管理決策的途徑有三：第一、把地景用金錢價值表現，可以更有效地引起公眾的注意。也更可以使相關機關把對地景的考慮納入公共政策。第二、給地景一個量化的價值，可以比較替選方案之間，地景所賦予的利益／成本，也因此可以使資源配置的決策更爲可取。第三、因爲地景包括很多的設計元素，而這些地景元素多數來自鄉村和都市當地。所以評估地景的價值，應該改變傳統由上而下的規劃決策程序，成爲由下而上的程序，以獲得更有價值的地方資訊。

地景價值只有當人們使用它某一部分重要而且有意義的品質時，才有意義。因此，我們可以說，地景的評價就是賦予地景特性一個價值的程序。這種評價的程序，也包括地景的空間和它周邊的環境特徵。評價需要一系列不同的標準，來評估它們各組成部分的價值。表 7-1 爲地景評價的主要項目內容。而地景的使用，又是與它的品質、功能、效用和價值互相關聯的。它們之間的關係可以用圖 7-1 來表示。

給地景資源估價

地景價值可以從存量（stock）和流量（flow）的觀念來估算。例如：一片森林是樹木的存量，但是當我們將樹砍伐下來成爲木材時，便成爲流量。兩者緊密相連。因爲存量的價值等於未來流量價值加總的現值（present value）。此一觀念與不動產的價值等於其預期收益（地租）加總起來折算成現值的道理是一樣的。

經濟學家又把地景資源的總經濟價值分爲三個部分。它們是：(1)使用價值或工具價值；(2)可能

---

❹ C. Martijn van der Heide and Wim J.M. Heijman, p. 8.

表 7-1 地景估價的主要項目

價值的分類	評價的標準	量度的尺度	量度的範圍
地景本質的價值	**與內容有關的價值**	**質性尺度**	地方性
自然的	稀少性	名目尺度	區域性
歷史性的	真實性		全國性
文化的	資訊內容	**量化尺度**	國際性
社會的	時間向度		世界性
美學的	凝聚性	序列尺度	
象徵性的	差異性或雜異性	區間尺度 比率尺度	
關聯性的價值	**與感官和偏好有關的價值**	**可否用金錢衡量？**	
區位	清晰可辨性		
空間關係	可鑑別性或特質		
垂直或水平關係	層次，演變，反差氛圍，神祕性		
		有無效用	
	可及性		
	使用潛能		
	管理職責		
	具體與否		
	是否可以交易？		

資料來源：C. Martijn van der Heide and Wim J.M. Heijman, Edited by, *The Economic Valuee Of Landscape,* Routledge, 2013, p. 39.

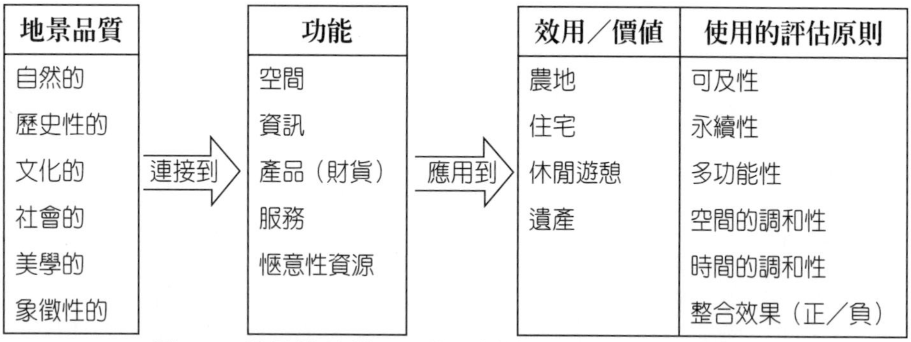

圖 7-1　地景的品質、功能、價值與使用之間的關係

資料來源：C. Martijn van der Heide and Wim J.M. Heijman, Edited by, *The Economic Valuee Of Landscape,* Routledge, 2013, p. 40.

價值；與(3)非使用價值。使用價值反映直接使用地景所產生的價值。例如：伐木、漁撈、引水灌溉，甚至欣賞自然美景等。水汙染便會影響漁獲量及灌溉，空氣汙染會影響景觀，甚至影響人體的健康。

可能價值反映人們預期未來使用地景或環境資源的能力。也就是反映人們願意保留某些可以保留的地景資源，供未來世代使用的價值。

非使用價值反映人類願意付出多少代價，去保留或改善的地景資源的價值，既使他永遠不會去使用。例如：政府把太魯閣國家公園出售給大理石廠商或水泥公司去開發石材或興建水泥工廠，一定會遭到國人一致反對。因爲此一特有資源的損失是無法估計的，既使有的人根本未曾造訪過，也不會同意政府出售這些資源的做法。這種價值是絕對不同於一般財貨的商場價值的。

以地景資源而言，無論其本身或是它們所產生的功能，都無法在市場中交易。所以在從事評價時，經濟學家只能採用不動產評價的成本替代法概念來評價。第一步，先找出地景資源所提供的各種功能；第二步，再確定這些功能在某段時間、地點上，其在質與量上所受到的影響；

第三步，再賦予這些功能、影響及損傷一個價值。最後才選擇一個適當的折現率，將這些損傷折算到現值。此一價值即可被認定爲是地景資源所能提供功能，或受損傷的價值。

這個方法的中心概念是：假使我們能夠找到可以提供同樣功能的替代地景資源，則這種資源的損失或傷害便不能算了。但是問題的關鍵是，某些地景資源是無可取代的，於是問題又回到了原點。我們如何用任何資源替代一個無可替代的地景資源？或者使它回復到原來的狀態？我們能夠做到的只是使它們愈形近似罷了。比較能夠做到的，只有估計清除損傷的成本而已。再說，如果只顧恢復自然資源而不顧及對此資源的需要，也會造成過度供給而花費超額成本。所以利益與成本兩者也必須相稱。

地景資源所產生的功能，可以從兩方面來看。第一、我們要看這些地景資源能不能爲我們所消費或使用。例如漁撈業著眼於魚貝類的市場價值；而遊憩者垂釣，其價值又超過漁獲本身的價值。第二、要看這些功能是私有還是公有？某一個人的享用是否影響到其他人的享用。例如：一般海岸，可以供人漁撈，也可以供人垂釣、休閒遊憩。漁撈的價值，可以由漁獲的市場價值來衡量，而遊憩休閒活動的價值，則需要以非市場的估價技術來衡量。

對於這些無法以市場機制或價格體系來估計其價值的財貨，經濟學家也發展出一些方法來衡量它們的金錢價值。例如：計算旅遊成本、門票費、旅遊時間的機會成本，或者願付價格等方法。不過這些方法的最大問題是，正確資料的蒐集並不容易。

另外一種間接的估價方法，則是「特徵估價」（hedonic price valuation）。此一估價方法，是嘗試把非市場資源看作市場資源可量度的一部分，以便掌握其價值。例如：在空氣汙染使房價降低的地方，其空氣遭受汙染的價值，即是以空氣汙染地區與空氣清潔地區房價的差別來量度。但是除了極少數的案例之外，個別地區空氣汙染價值的估計，並不容易獲得。

當我們去估計地景或環境資源的價值時，我們希望估計兩種價值。一種是估計自然或人類行爲對地景所造成的損害價值；這種損害包括它對人類健康的影響、對自然界的植物、動物、原物料的損傷，以及妨礙我們對自然界活動的享用價值。另一種價值是地景或環境資源所能提供給我們的功能或服務的價值。也就是在市場上對某特定財貨與服務的需求。然而，地景是不能在市場上交易的，所以學者提出「旅遊成本估價法」（Travel Cost Method），間接地用旅遊經驗來推論旅遊地區的地景價值。另一個方法則是「特徵估價法」（Hedonic Method），是用其他有價格的市場敏感度，來推測某地景的價值。一個典型的例子，就是把住宅價值的變動，跟是否接近超市連在一起。還有一種最常用的陳述偏好的方法，就是「條件估價法」（Contingent Valuation Method）。這個方法就是利用經濟學理論和問卷調查，直接詢問人們對某一特定地景的偏好和願付價格（WTP）。

旅遊成本估價法

旅遊成本模式是用來估計非市場服務（non-market services）價值的方法，也就是說，這些能夠產生服務的資源是公有的（in trust for the public）。最初，此一模式是用來估計從出發開始，到達（access）某些自然資源地或景點成本的。這種方法的應用也漸漸擴大到估計資源品質的價值。此一模式的形成是因爲人們需要到某些特殊的遊憩地區，從事休閒遊憩活動；其消費此項遊憩活動的成本，應該包括到達那個遊憩地點的交通運輸成本，加上其所花用的時間以及其他必須的費用，如住宿、餐飲等。也就是利用旅遊者的願付價格（WTP）來建立一個需求函數（demand function）。

此一方法又可以延伸出兩種不同的分析方法。第一種方法是分析旅遊者對某一旅遊區造訪的次數。第二種方法是分析旅遊者是否決定去造訪某一旅遊地區。我們可以從第一種方法來建立一個旅遊成本的需求函數。在需求曲線之下建立的面積，就是該旅遊景區所能提供旅遊者的旅遊服務價值。把這些個別價值加總起來，即可得到該旅遊區的總價值。

第二種方法是分析某一特定旅遊區的特性對旅遊者的吸引力，所以它是間接估計這些特性的價值。[5]

不論用哪一種方法，其基本的困難在於如何取得一個具有代表性的樣本。因爲作答的人都有其主觀性，回答可能並不精確。如果有多個適當大小的樣本，而且經過不同時間、不同地點的多次詢問，或者可以消除一些個人的主觀偏誤。

時間因素

經濟學家在估計對旅遊需求時，時間因素是一項非常重要的考慮量。旅遊者甚至認爲，時間比金錢更爲重要。在從事旅遊需求調查時，常常會詢問旅遊者，願意花多少時間在旅途上以及在旅遊地點上。不過時間有時是一項很複雜的概念；時間像金錢一樣，是一項稀少性資源（scarce resource）。任何事情使用時間作爲一項投入因素，便減少了它在其他使用上的效用。旅遊的時間成本通常是距離的函數。在傳統的工作／休閒決策模式中，個人是在所得與時間的限制條件下，使其效用極大化。在時間並不固定的狀況下，「工作」與「休閒」在既定的預算下是可以互相抵換的（trade-off）。因此，時間成本可以用工資率轉化成貨幣成本，再與其他成本加總，即可以得到總需求成本或價值。

特徵估價法

特徵估價模式（hedonic modal）是具有多樣性質的財貨在市場的均衡表現（equilibrium outcomes）模式。它比較常用於住宅市場，但是也用在其他市場，如：勞動市場、汽車市場等。在這些市場中，財貨具備某些能夠影響市場價格的特質。除了某些具有無法描述特性的財貨之外，特徵模式是一種財貨的標準供給與需求模式。這方面的例子很多，例如：汽車品牌或馬力的不同、劇院座位的不同，或者住宅設計的不同等，都會影響其供需與價值。

在市場中，買方與賣方都在尋求自己的最大福利。當買方或賣方在各種價格配搭之下，已經無法做更有利於任何一方的交易時，便達到了均衡的狀況。這時價格與財貨之間的關係，以及與財貨性質之間的關係，便是特徵價格（hedonic price）函數。此一函數的型態便反映了買賣雙方的特性。住宅市場的特徵模式特性是，一次一個單位的交易。❻

住宅市場的特徵模式可以用公式表示出來。賣方出售其具有Z_1、Z_2……、Z_m特性的住宅，以求獲得最大的利益，其中 m 為特徵數。買方也購買具有 Z 特性的住宅，以獲得最大的利益。特徵價格函數，可以用以下函數式來表示：

$$P = h(Z; r)$$

---

❺ Tom, Tietenberg, *Environmental and Natural Resource Economics*, 8th Edition, Addison-Wesley, 2009, p. 41.

❻ Raymond J. Kopp and V. Kerry Smith, editors, *Valuing Natural Asset, The Economics of National Resource Damage Assessment*, Resources for the Future ,1995, p. 163.

P代表那一個單位住宅的價格，Z是住宅特性的向量（vector），r是描述此一函數形狀的參數（parameters），此一參數由買賣雙方的人數與性質決定。

在住宅市場裡，當買方對固定住宅存量競價時，均衡價格即會出現。在均衡狀態之下，住宅的所有權人與買方都設法在他（她）的預算限制（budget constraint）之下，去求得住宅對他的最大效用（utility）。舉例而言，如果我們先考慮兩類的特性。一類是房屋，一類是基地。在房屋方面，包括：房間數、浴室、廚房、面積、基地大小、建材、空調等。在基地方面，包括：鄰居、密度、所得、學校、休閒設施、嫌惡設施與環境品質等。在以特徵模式評價時，第一類的特徵往往占比較重的權重；而第二類的特徵則不那麼清晰。有些比較明顯，有些則比較模糊。特徵模式法在實際使用上相當複雜。要注意市場的開放與封閉，所有人與購買或承租人的異質性，以及基地大小的變化。要估算其價格，必須注意在同一區域內有多少房屋會互相影響。當人口移入移出時，會使社區的福利維持一定水平，此一市場即是開放的；當移入移出的人口相對於住宅市場非常之小，而且無法影響社區的福利時，它便是封閉的。當一個城市是開放的、居民是同質的、基地大小是固定時，便形成簡單的長期模式。這時每一塊基地所受到社區福利改變的影響，便可以用特徵模式來預測。

條件估價法

條件估價法（CVM）基本上是直接詢問人們，對某種利益所願付價格（WTP），或者是願意接受的代價（WTA）對某些損害或成本的補償。此一方法所注意的是，在一個假想（hypothetical）的市場上，人們對於利益或損害的價值反應。例如：對某項環境品質的改善，人們所願意負擔的最高代價是多少？或者是對某項環境品質的損害，人們所願意接受的最低補償是多少？所謂條件市場（contingent market），是指不僅包含市場所有的財貨與服務，也包括市場所處的制度環境。

CVM的目的是，設法在這樣的一個市場裡，如何導引出接近眞實的財貨與勞務的價值。這個假想的市場，雖然是假設性的，但還是要愈接近實際市場狀況愈好。受訪者也一定要對財貨與勞務非常熟悉。條件估價法目前已經是一項專業，所以在設計與實施時，有幾個重點必須加以說明。

第一個問題是，調查應該採用什麼方式？是採用個人訪談？還是郵寄問卷？或者是電話詢問、電傳視訊、網際網絡？雖然個人訪談成本較高，但卻是一個比較理想的方式。不過，郵寄問卷調查也有相當成功的案例。近代則是使用電傳視訊、網際網絡的愈來愈多。第二個問題是，如何進行這項調查？因爲調查人員或僱用人員的品質會對結果有相當的影響。第三個問題是，如何量度WTP或WTA？通常有三種方法可以使用：(1)直接詢問受訪者願付最高的WTP或最低的WTA；(2)用一種比較迂迴的方法。就是由詢問人設定一個數字，再詢問對方心目中的WTP是高於、等於或低於此一數字；然後由詢問人做或高或低的調整，直到得到理想的數字；(3)是先說明WTP或WTA的數值及其影響，然後詢問受訪者是否願意付出或接受該一數值。受訪者只須回答是或否就可以了。詢問者也不需要再問其他的問題。這種方法雖然獲得的資訊較少，但是卻可以減少其他方法所產生的偏誤（biases）。

因爲條件估價法的使用開始於 1970 年代初期，所以很多會產生偏誤或錯誤的地方有待檢討。這些偏誤大致可以歸納爲以下幾類：假設的偏誤、資訊的偏誤、策略的偏誤，以及政策或償付方法的偏誤。茲再說明如下。

1. 假設的偏誤

假設的偏誤（hypothetical bias）是說整個情況的描述是假想的，而且WTP或WTA等數值也不是眞實償付或接受的。在估價的時候，學者往往會拿調查的價值答案與實際償付及接受的數值做一比較。此一方法，實際的應用多是在環境汙染問題上。也就是詢問人們願意償付多少費用去免除某項汙染。不過這又牽涉到**環境權**（environmental rights）歸屬於社會大眾或汙染者的問題。

根據實際研究的結果顯示，以WTP來講，假設與眞實的數值較爲接近；而以WTA來講，則兩者都有統計上的顯著（significant）差異。

2. 資訊的偏誤

資訊偏誤（information bias）產生的原因，與假設的偏誤相當類似；只不過假設的偏誤產生於實際選擇的內容，而資訊的偏誤則來自於問卷的設計。這種資訊的偏誤在於問卷設計做試調（pretesting）時，即可以做修正而避免，所以試調在條件估價法中特別重要。

另一個資訊偏誤的來源，則是受訪者對金錢數值過於敏感，或對償付方法、改善工作的不甚瞭解，例如課稅方法、額外捐項等。然而研究顯示，我們並不十分清楚到底這些差別是偏誤造成的，還是反映出WTP的確與償付方法有相當的關係。晚近的研究都嘗試避免提到特殊的償付方式，而建議使用比較乾淨俐落的接受或拒絕的模式，這也是條件估價法所應該走的路。

3. 策略的偏誤

策略的偏誤（strategy bias）是產生於個人因爲自身的利益而希望影響調查的結果。經濟學者一直都注意到策略的偏誤，乃是使用問卷調查方法的一大障礙。不過這個問題可以經由問卷的設計而加以改善；一個設計良好的問卷就不應該再有策略偏誤的問題了。

4. WTP與WTA的差異

一般實證的資料顯示，願意接受補償（WTA）而寧願損失一些環境品質的人數，要比願意償付代價（WTP）以維持原來環境水平的人數來得多。從經濟理論上來講，兩者的差異不應該太大。不過，一般的情形是詢問WTP的做法要來得多一些，因爲WTP的問法比較有一致性，而且問題的形式多半是：**你願意付出多少代價來防止損失**。但是人們在心理上會認爲，不會造成損失是起碼的要求；而或多或少得到一些補償，似乎更能得到心理上的滿足。評估的標準應該是現狀（status quo）；雖然得到與失去的價值相等，但是人們會覺得損失的價值大於得到。這種分析是屬於心理學的理論（psychological theory），但是也被用來解釋WTP與WTA之間的差異。

在實際應用上，當我們估計環境品質損失的時候，最好不要用較低的WTP數值；在另一方面，也會使資源保育計畫的價值偏高。使用WTP或WTA的爭論雖然一時無法解決，不過趨勢是偏向於多使用WTP而少使用WTA。一個重要的理由是WTA並不實際，而且主觀成分高，變化也大；例如有人要求補償時常常開出天價，甚至認爲他所受到的損失是無法彌補的。所以WTA在實用上並不可取。

5. 與其他方法的比較

如果我們拿條件估價法（CVM）與旅遊成本法、特徵估價法，甚至其他方法來比較，我們會發現它們之間有相當的一致性。雖然在正負之間的差距仍然很大，但是仍然能夠提供決策者相當有用的資訊。

至於說它們的使用，條件估價法比較常用於估計水質改善的價值，減少空氣汙染的價值以及珍稀物種與它們棲息地的價值等。後者更是在美國常用的方法。雖然人們不會完全同意他有責任去保育這些自然資源，但是至少會認識到這些自然資源的存在對人類是有價值的。

以最近的情形而言，由於對假想市場的複雜性不易瞭解，所以在開發中國家的使用相當困難。不過根據世界銀行（World Bank）與國際開發銀行（International Development Bank）在拉丁美洲國家以及巴西、印度、巴基斯坦等國家的研究。在水質、下水道與觀光事業等利益的估價，可以證明特徵估價法在開發中國家的使用仍然是相當有效的。特徵估價法最具優勢的一點，是它在多方面的適用性，甚至可以用在任何估價工作上。估價專家也幾乎一致認爲，這個方法可以提供相當合理的利益與成本資料。當然在使用此一方法時，必須審慎行事，而且受訪者對估價標的一定要非常熟悉。總而言之，這一方面的應用在估計地景與環境價值方面一定會被迅速推廣。[7]

地景的私人價值和社會價值

生態系統，包括地景，給個人帶來利益和價值供他消費。也給人類社會帶來各式各樣的利益，例如：生產的利益包括食物、燃料、纖維和木料等。規律性服務包括人類從生態規律中獲得的利益，包括：空氣品質、氣候、雨水沖蝕和管控，以及飲用水的淨化等。文化利益包括：生態系統給人類精神上的充實、認知能力的發展、休閒遊憩和美學修養等。另外還有支持生產所有生態系統的基本服務，如土壤的形成、氧氣的產生等。

從私人價值轉變到整體的社會價值，是決定地景是否被作爲最適當使用的關鍵。地景的社會價值，是地景提供個人現在與未來消費的總體效用的函數。在這裡，我們將特別注意兩個問題。第一、某一特定地景的總體利益有哪些？第二、是否這一地景所提供的總體利益，即可以代表全部的社會利益？還有沒有其他私人沒有獲得的利益？

地景的公共財性質

地景到底是一種什麼樣的財貨？這是一個重要的問題。一般而言，地景具有不排他也不敵對的性質，這就是公共財貨的性質，也就是說，沒有人擁有地景的所有權。然而，地景的元素，如灌木叢、樹林、草地、河流、湖泊、溝渠或顯壁，可能是公有的，也可能是私有的。只要它們是公有的，政府就會照社會的需要去設計。假使地景的元素是私有的或不屬於任何人的，情況就會不一樣。例如：保存一片森林，可能會從資源或地景的角度，需要政府制定法規去管理它。假使地景是一片公共資源，你就很難排除或限制人們去使用它們。然而，一個人的消費，就會減少其他人的享用。這時可能有兩種解決的方法，就是社會化或私有化。也就是要有外部的權威來管制使用人，或是賦予某些使用者私有權或受益權。地景元素也可以私人擁有。例如：在鄉村地區，農民就是重要的地景維護者或管理者。

---

❼ Anil MarKandya, "The Value of the Environment : A State of the Art Survey", in Anil MarKandya and Julie Richardson, *Environmental Economics*, Earthscan Publication, Ltd., 1993, pp. 146~149.

地景的價值與使用

農業與鄉村地景

「歐洲地景會議」把地景定義爲：**就人們的觀察和意識所認識到的一個地區的特性，是人和自然因素互動磨合的結果**。這個定義的主要意思是說，地景是公部門和私部門的各種相關角色，由各種目標所引導，以及外在自然因素的限制與人類的行爲，慢慢磨合形成的。最顯著的例子就是農業。

過去一個世紀以來，農村地景不斷地受到公共政策改變的影響。在此同時，許多影響農村地景的政策，並非爲了農業本身，而是爲了其他因素。例如：建設公共設施、經濟發展、工業園區的開發等。也就是受到經濟、社會發展等間接因素的影響，而不是爲了維護農村地景本身的改善或保護。更有一種思想認爲，現在已經是工業、科技或服務經濟時代，農業乃是十九世紀的過時產業。

既使從二十世紀後半期開始，地景問題在整體農業政策中，愈來愈受到重視。但是，主要的區域性政策，如區域開發、灌溉工程、溼地管理或森林復育等，都在控制農業生產的範圍。從全球的角度看，直到 1980 到 1990 年代，歐洲的農業政策，普遍都是從事土地整理（land consolidation）、集約農作，以提高農地的生產力。

近來，台灣由於農業部門政策的改變，使土地使用跟著改變，農村地景發生相當大的變化。從 1990 年代開始，由於農業產值低，農民所得相對於其他產業低，以至於多功能或多角化經營的概念進入農業部門，加上由於財團覬覦遊說，政府乃修法准予企業法人購買農地，並且興建農舍。藉口發展觀光旅遊，開通北宜高速公路，以至於大量優良農田變更使用，遍地興建所謂的民宿[8]，原來的農村地景已經面目全非。此種現象尤以宜蘭爲最，花蓮、台東也緊跟在後不遑多讓。東部的自然地景，漸漸悄然變色。

鄉村地景是愜意性資源

鄉村地景是大範圍鄉村愜意性資源（amenity resources）的一部分，鄉村在自然界有一種特殊環境功能。一般來說，它包括：荒野、農耕的土地、歷史遺跡、傳統文化、無可取代的物種、棲息地與生態功能，以及休閒遊憩活動，如：狩獵、垂釣等。鄉村愜意性資源，是自然或人造的東西，能顯示出特殊的實體和文化的特質。此外，由農業所產生的鄉村愜意性資源，還富有經濟與社會價值與非使用價值。這些價值必須加以保護，供給未來世代人們享用。至於非使用價值，不論保護或不保

❽ 其實台灣的民宿，就是變相的旅館。以美國的民宿而言，就是如果在自己家裡有閒置的一、二間房屋，就整理出來供遊客住宿，並且提供簡單的早餐。所以民宿的英文叫做：Bed & Breakfast，簡稱B&B。

表 7-2　鄉村愜意性資源分類

價值種類	愜意性資源的性質	經濟評價
使用價值		
1.直接使用	鄉村	生產產品
2.遊憩使用	垂釣、狩獵	垂釣、狩獵許可證
3.美學使用	地景品質	綠色旅遊
間接使用價值	預防洪氾、山崩	非市場評價（需要間接評價）
生態價值	生態功能、永續生命，消化環境汙染的能力	
非使用價值		
1.存在的價值	生物多樣性、稀有物種	非市場評價（需要間接評價）
2.遺產	具有生態價值的棲息地	

資料來源：C. Martijn van der Heide and Wim J.M. Heijman, Edited by, *The Economic Value Of Landscape,* Routledge, 2013, p. 283.

護，它們的存在就有對未來世代的利益，包括美學、文化、認知、遊憩和社會等各方面的利益。鄉村愜意性資源分類如表 7-2。

鄉村地景能提供環境功能

農業的多功能性質，提供給我們許多環境方面的功能，也使我們知道鄉村地景與農業之間的重要關係。研究生態系統性質的文獻，重點多半放在人類能夠直接或間接從生態系統獲得多少利益。一般來說，生態系統所能提供給人類的功能，包括：生產性功能、規範性功能和文化性功能。前者是指動植物都是從生態系統的基因資源所生產的。後者則是指水文循環、氣候變遷、生物的繁衍與保存等，都是由生態系統所規範的。第三項則是直接或間接與人類社會、休閒遊憩、文化或認知的利益有關的。無論是哪一種功能，農業都扮演著一個愈來愈重要的基本角色。

都市地區的開放空間

在都市地區沒有建築物的地景，我們稱之爲開放空間。開放空間在都市紋理上，占了相當大的一部分。如以荷蘭（Netherland）爲例，有建築物的土地面積，大約只有 50%，而眞正有建築物的基地面積，只有 10% 到 20%。有建築物的土地，包含各種土地使用，與住宅和非住宅建築物有關的地表與花園等。城市之內和城市周邊，有公園、運動場、水域、農地和自然地區。大部分的各種開放空間，都不斷地受到都市化的威脅。都市內部的小型開放空間，密度開始緊縮；而城市周圍較大的開放空間，都會看到都市擴張的痕跡。這種情形已經成爲世界各國都市地區的普遍現象。這種威脅使都市開放空間的估價更形重要，因爲都市與區域計畫的地景都需要有開放空間的社會價值作根據。

事實上，大多數的開放空間，都同時提供好幾種價值。例如：自然地區具有生態價值，也能同時提供遊憩或蓄集雨水、補注地下水的功能。農地可以有高生態價值，以及遊憩價值。這些價值往往不被人所注意，其原因之一可能是它們缺少明顯的價值指標。又因爲缺少明顯的金錢價值指標，往往會受到開發建設的排擠。這些使用便造成諸多的外部效果和社會成本。正因爲開放空間的市場價值無法反映其社會價值，即造成「市場失靈」的現象。因此需要以公共政策對土地使用加以干預與匡正，把開放空間的公眾利益納入土地規劃與管制決策之中。

8

讓我們攜手打造更美好的城市

增加參與並不意味著可以因此減少或避免爭議。相反地，它正是要激起爭議，好使各方面的意見早些納入規劃與決策程序，以免決策一旦做成才發現錯誤，連退路都沒有。

問題出在哪裡？

土地使用規劃是地方政府與區域政府的權責，地方與區域政府，每天必須面對許多關於土地使用的決策。這些土地使用決策包括：開放空間、經濟發展、交通，以及數不清的各種問題。這些決策會影響到幾十年，甚至上百年的人造環境、地景和經濟。土地與人們的生計和生活，有緊密而且親密的關係。它關係到人們的健康、福利，以及個人與社區的認同感。一般而言，土地使用的衝突大概可以從生活品質的爭議，到環境影響，以及對人類未來的影響。

我們且先用一個虛擬的開發案來加以說明。如果有一個開發商，要在某一個市鎮蓋一個購物中心。前面有一條四線道路，周邊有超級市場、加油站、銀行，以及其他建築物。後方不遠處有學校和住宅社區。這個開發案，看起來是對這個市鎮的一大改善，但是市民的反應卻不一定認同。附近的居民擔心車流會增加，尤其是有小孩的父母親會擔心子女在路上的安全。此外也擔心垃圾、氣味、噪音、光害等令人討厭的東西。另外，環保團體也擔心增加的地表敷面，會減少地下水的補注。於是，有一些傳言認爲，這個新的購物中心將會影響附近其他的商業。另外也有一些關於開發商名聲，以及市府官員可能貪汙的傳言。而開發商所關心的是，如果開發案被延宕，他將會遭受金錢上的損失。無論在美國或台灣，這種戲碼是天天都在上演的。以下再分別對這些問題加以探討。

生活品質的爭議

土地使用衝突對生活品質的影響，通常是我們可以立即而且直接感受得到的。它們會影響公眾的健康與安全，包括：交通、噪音、光線、氣味與美感。例如：新建的辦公和商場與住宅社區，會增加交通流量。都市裡的高樓，會產生陰影和過堂風。任何土地使用的改變，一定會對某些人有所影響。土地使用系統，必須考慮對各方面的影響，在這些衝突與需要之間做一些協調。

環境影響的爭議

土地使用的衝突，常常起因於對生態系統保護的關心。長期的間接影響，又包括對溼地、棲地、洪水平原、物種，空氣與水質等影響。這些對環境的影響，並不限於基地本身，也會影響到周邊的自然資源。例如：對整個集水區的環境衝擊，可能會延續幾個世代之久。

財務的爭議

土地開發會對市鎮、納稅人產生財務上的影響。例如：開發一個新的住宅區，應該是受歡迎的政策，但是住宅區的開發需要道路、上下水道、電力、學校、公園等公共設施，和公共安全服務。這些成本未必能由開發獲得的稅收所平衡。舉例來看，如果開發一個百貨公司，贊成的人會說，這個開發案會給城市帶來多少稅收，創造多少建造時的就業，以及後續多少商機。反對的人會認爲，能增加的稅收不可能太多，可是會增加交通的壅塞，以及空氣與噪音汙染等問題。美國有一百二十五個對社區公共服務（教育、垃圾處理、道路維修等）成本的研究，比較住宅開發、農地與開放空間保護，發現住宅土地使用／農地與開放空間保護成本的比率大於一。商業與工業／農地與開放空間保護成本的比率小於一。簡單地說，住宅土地開發的成本高，而工商的土地開發比較划算。所以，土地開發除了實質上的問題之外，還對納稅人產生財務上的影響。❶

憲法與私人財產權的爭議

私人財產權是自由市場經濟的重要基礎。但是，私人財產權，究竟應該受到國家何種程度的保護，或者受到何種限制，並沒有一致公認的標準。所以，在公眾使用上，時常產生爭議。關於土地的徵收，似乎補償的公平與否，是最受人注意的問題之一。其實，除了補償的公平與否之外，更根本的問題是應不應該徵收。尤其是像台灣這種地權爭奪、崇尚有土斯有財、視錢如命的地方，更是如此。**從地政界前輩蕭錚先生對中國人地關係之研究中，可以發現中國人從古至今，對待土地多以權利之分配爭奪爲重。如果從古推演至國民政府遷台之後，以至於目前之狀況，民國四十、五十年代之農地改革，也脫離不了這個窠臼。六十年代經濟起飛，工商業發達之後迄今，或可名之「地權爭奪與土地炒作時期」。有土斯有財的觀念可以說已經發揮得淋漓盡致了。**❷其危害之深、之烈，也可以算是世界之最了。至於一直誇耀於世的土地改革，也不過是地權的再分配而已。對於土地的

---

❶ Sean Nolon, Ona Ferguson & Pat Field, *Land in Conflict Managing and Resolving Land Use Disputes*, Lincoln Institute of Land Policy, 2013, p. 54.

❷ 蕭錚，中華地政史，台灣商務印書館，1984，頁 2~3。

改良利用，並沒有太大的貢獻。

其實，關於土地徵收，還有是否能有助於經濟發展，也是值得注意的問題。Jerold Kayden在2000 年到 2004 年的五年間，訪問了一百五十三位城市人口超過十萬的美國城市官員，問他們有多少土地徵收的案子是爲了經濟發展的目的。調查結果的數字，是非常令人驚奇的低。雖然我們不敢就此斷言，土地徵收權被濫用或誤用。但是大多數的徵收案，都是在比較一塊土地在被徵收之前與被徵收之後的狀況。特別是在 1950 到 1960 年間，實施都市更新的時代。狀況的描述都是著重在未來的土地使用前景如何、如何美好，而不顧現在的狀況，有如畫一張還不一定吃得到的大餅。

美國最近的一樁聯邦最高法院判例，*Kelo v. City of New London*發生在康乃狄克州（Connecticut）的新倫敦（New London）市。該市嘗試在政府行動與私人財產權之間，劃分一道明顯的界線。新倫敦市實施一項城市復甦與經濟發展計畫，更新的地區，包括許多私人土地和住宅，土地面積約有九十英畝。近鄰有輝瑞大藥廠（Pfizer）計畫興建的全球研發總部，以及一棟五星級的旅館。根據一個經濟顧問公司的規劃報告，此一開發計畫的利益，包括：五百一十八到八百六十七個營建工作機會、七百一十八到一千三百六十二個直接工作機會、五百到九百四十個間接工作機會，以及每年 680,544 到 1,249,843 美元的稅收。

但是，如果我們從另一個角度看，在這塊將要被徵收的土地上，還有很多並未損壞的獨棟住宅。有的家庭從 1918 年就住在這裡，也有的家庭住在這裡有六十年之久。在十五塊土地上，十家是自有的住宅，五戶是投資房地產，其中沒有任何一家是衰敗或狀況不良的。其中九戶拒絕出售給開發公司，並且對徵收權提出挑戰。

這個開發計畫的目的是要創造就業、增加稅收，並且提供公眾遊憩設施，甚至由此開始帶動全市的復甦計畫。市政府透過開發公司，利用憲法所賦予的徵收權，以市價徵收私人土地。Susette Kelo爲受到影響的屋主之一，因此對此一徵收案提出訴訟，官司一直打到聯邦最高法院。法庭以五比四裁定維持憲法所謂徵收，是爲了公共的目的或公共使用的說法。並且聲稱，沒有任何事情可以阻止老舊地區變成購物商場（shopping mall），或者使農田變爲工廠。此一情況引起全國輿論、國會與公眾的撻伐，認爲法庭擴大了政府徵收私人財產的權力。認爲這種作法是放任市場力量的自由運作。

結果康州緊急立法限制土地徵收，甚至廢止以經濟發展爲藉口，實施土地徵收的權力。此例以及更多的研究結果，都顯示土地徵收的目的純粹是爲了經濟發展，可謂並不多見。以我本身的經歷而言，當我在 2000 年左右回到 1960 年代在美國進修時的大學城時，發現當年租賃房子的住宅區，都被市政當局保留劃爲「歷史文物保護區」了。這種情形在台灣是難得一見的。

所謂公共使用或合理補償，定義並不明確，所以經常產生爭議。例如：紐約時代廣場的再開發，爲了整合七十四筆土地，花了十年的時間，處理四十七件訴訟案。前幾年台灣的文林苑都市更新案，苗栗大埔設置工業園區的土地徵收案，都牽涉到徵收的問題。不過這種情形也充分地顯示出，土地使用的規劃並沒有做好。一個比較可取的辦法，就是德國在占領青島膠州灣時的做法。它們的做法是在土地未開發之前，地價低廉時，政府將土地強制收購，然後實施重劃。重劃之後，公共設施齊備，地價上漲，此時才將土地出售給開發者從事開發。市政府則以售地所得建設公共設施，並且徵收土地增值稅，以售價與購價差額三分之一爲準。並且所有的土地，均須年納土地稅，稅率爲地價百分之六。台灣的自用住宅地價稅率爲千分之二，兩者相差數十倍有餘。相關內容請參看第四章。

這些土地徵收法律問題的眞正意義，在於是否政府爲了並非直接有關於公共建設（如道路）的目的，即有權行使徵收權徵收私人財產？在以上的判例確定之後，許多州都通過法律，限制以經濟發展的理由行使徵收權。Susette Kelo在國會的證詞說：「這場反對濫用徵收權的戰爭，雖然是由於我爲了保護我自己的粉紅色小茅屋，但是，它卻正確地維護了美國大夢和老百姓家庭的安全及尊嚴。」❸

價值與認同感的爭議

土地使用的衝突，不只是由於人們對土地使用所造成的衝擊、成本和收益的關心。也因爲人們認爲土地有價值，擁有土地也顯示所有人的身分。歷史地區和建築物的保存，是爲了留存一個城鎮的歷史記憶，但是卻也與未來的發展之間產生衝突。當地居民也可能要保留一個小餐館，因爲那是鄰里居民聚會的地方，有歷史、記憶，和友誼關係的地方。另外也會有爲了大眾的利益，須要犧牲小我的建設，這時也許需要公平正義的衡量介入，至於用什麼方法，可能還有商量的餘地。

總而言之，許多土地使用的衝突，是由於根深柢固的價值分歧。如果我們試問，開放空間重要？還是買得起的住宅重要？如果一個穆斯林的清眞寺蓋在101大樓旁邊會如何？其實，台北市新蓋的大巨蛋，就在國父紀念館對街，而且四周高樓與商場林立，你覺得區位選得恰當嗎？最近社會輿論討論在緊急狀況時，觀眾的疏散與安全問題。你覺得需要多少時間才能疏散完畢呢？當人們開車在沙灘上奔馳，或駕駛水上摩托車在水上遊戲，其他在海灘上休閒遊憩的人，是否會覺得他們戲水、釣魚、休閒的權利受到侵害？我們提出以上的情境問題，是因爲土地使用不僅是權利與利益問題，也關係到**認同感**的問題。

社區意識問題

土地使用不只是實質上的空間有無，或經濟學上的利益／成本分析問題，它也會影響我們所期望的社區會成爲什麼樣子。土地使用的衝突，會引來不同社會經濟階級更深一層的焦慮。比較重要的土地使用問題，開始於 1970 年代，包括社區和住宅公平問題，直到如今則愈演愈烈。在美國的城市裡或郊區的高級住宅區，則是大面積的住宅基地和相關的分區規則，常常有意地排除中低所得家庭。在台灣台中市的第七期重劃區，則因是市政府所在地，所以用特殊法規，劃成特別地區，其房價也是中低所得家庭所無法負擔的。說得嚴重一點，這是封建思想在作祟，是不合乎現代社會公平正義思想的。一般家庭可負擔的住宅，也是一項重要的土地使用問題。更重要的問題是，社區意識的意義是什麼？

未來的不確定性

沒有人能夠預知未來的經濟狀況，某種土地使用的價值將會如何？人們的品味會如何改變？人口問題會如何變化？某些開發案是否能迎合未來的需求？土地使用將如何決定，未來也會變得更爲複雜。土地使用決策本身，是一個長期的承諾，一棟建築物的存在，可能長達一個人的一生，甚至超過一、二個世代。一個城市或區域整體計畫的定案，則會影響社區發展達數十年之久。土地使用決策，也會使開發者在財務上負擔相當的風險。長期而言，則會讓整個社會承擔錯誤決策的結果。

---

❸ Sean Nolon, Ona Ferguson & Pat Field, pp. 57~8.

因此，長期土地使用決策影響的不確定性，將會造成許多土地使用衝突，以及不同程度的複雜性。

認知的偏差

在過去的二十年間，「行爲經濟學」告訴我們，所有的資訊傳播都不完整。所以在一個問題的諸多當事人之間，都會有認知的偏差（cognitive bias）。一個常見的現象，例如：當兩個人都用同樣的字彙交談時，彼此的含意卻會不同。通常，我們都認爲那是心理的現象或傾向，會阻礙我們對訊息做有條理的思考。一項最常見的認知偏差，就是把土地使用的爭議，看作是一個大小固定的「派（pie）」，不可能再增加任何價值。相關的各方面，都認爲這個派的利益或負擔是既不能增加，也不能減少的。最重要的認知偏差，就是人與人之間對一件事情的比較。有人認爲公平，有人認爲不公平。在土地使用的問題上，最常見的爭議就是利益與成本的分配，誰會從開發案上獲利，誰將眞正負擔成本？

每一個人對利益和公平的認知都不相同，那都是每一個人的主觀認知。每一宗土地開發案件，都牽涉到實質、自然，和人造環境的改變。而土地開發又關係到更廣泛的經濟、社會與個人的爭議，問題的關鍵是，我們究竟希望生活在什麼樣的社區裡？在這種情形之下，具有不同利害關係的每一個人必須參與，並且彼此商議妥協，才能做出讓大家都能滿意，或至少能夠接受的決策。

評估與瞭解當事人的爭議

在我們大概瞭解了土地使用的爭議之後，最重要的第一步工作，就是要評估與瞭解當事人的爭議是什麼？然後才能決定在什麼狀況下，採取什麼方法和步驟，來解決這些爭議。面對一件開發案或再開發案的聽證會，關係人必然有許多問題。例如：開發案會與現在的使用相容嗎？它會擾亂鄰里街坊嗎？交通流量會威脅到兒童的安全嗎？路燈照明將如何裝置？垃圾和廢棄物如何處理？會有足夠的停車空間嗎？供水、供電和道路會足夠嗎？工期有多長？何時開始？何時完工？等等。

人們對土地、家庭、社區，和他們的權利都會非常關心，特別是對於爭議性高的開發案，評估與瞭解爭議的性質，將有助於對開發案做比較正確的決策。做評估的第一步是要決定什麼人應該參與，參與的程序又該怎樣擬定？通常要由進行評估的人邀集各當事人面談。做評估的人，應該是社區裡的中立專業人士。面談的紀錄，應該詳細記載各項細節和建議事項，然後交由相關人士傳閱，接受意見與評論。

進一步看，評估與瞭解當事人的爭議，有如下幾種功能：

1. 評估可以幫助一個社區發展出一個願景，讓它成為一個其所希望的社區型態。
2. 評估可以幫助相鄰的社區共同合作，發展需要共同發展的土地使用。例如：交通、住宅、汙染防治、垃圾處理等。
3. 評估可以幫助特殊基地的開發。
4. 評估可以幫助土地開發決策本身的改善。諸如決策程序是否有效率而且公平？決策程序是否能幫助或阻礙經濟發展？是否各方面的意見都會被納入考慮？

如何解決爭議？

當土地開發問題產生爭議的時候，一般常用的解決問題的方法有以下幾種：

1. **訴諸於權力**：某人利用他的影響力，迫使其他人去做某些事情。

2. **利用仲裁的方式**：建立仲裁的程序，或者訴諸仲裁機構，去裁決誰有權、誰無權從事開發工作。

3. **協調各方面的利益**：化解爭議，盡量滿足每一方面的需要或焦慮。

以上三種方法，比較常用的是仲裁。利益的協調並不容易，而訴諸權力可能是最快的決策方法，但是未必能得到長遠的成果。因爲當權力失衡時，原先的結果便可能會被得勢的一方推翻。但是，無論使用哪一種方法，最好避免進入法庭去尋求解決。不過，往往在法庭裡也會有仲裁的機制。就是希望避免時間冗長、花費不貲，而且得到無法預料的法庭審理程序和結果。

有沒有比較可取的辦法？

美國「林肯土地政策研究院」資助學者超過十年的研究，發現一種比較可取的辦法，來管理最具挑戰性的爭議狀況，這種辦法可以稱之爲雙贏策略（mutual gains approach）。雙贏策略並不是一項單一的辦法或技術，它是運用多種方法的混合體，包括：談判、建立共識、互相合作解決問題、公眾參與、公共行政，以及審慎行事的民主方式。雙贏策略有幾個指導原則和實施的步驟：

1. 要以所有當事人的利益和所需要的資料爲基礎。
2. 要從參與的當事人中選擇能做決策的領導人。
3. 要有對當事人有意義的資訊，包括：鄰居、社區領袖等。
4. 要有強而有力的社區公關能力與規劃技術。
5. 要讓更多的公眾分享資訊和看法。

這種雙贏的策略，並不限於用在土地使用的某一方面。而且它最好能儘早使用，將可以幫助草擬全市的整體計畫。在規劃工作上，社區可以使用公眾工作坊（public workshop）、當事人所組織的委員會或其他工具，建立鄰里街坊對計畫的瞭解與共識。除此之外，以下幾項原則將有助於雙贏策略的推動：

1. **開始得愈早愈好**：在開發的過程中，要建立決策的官員、地方領袖、相關機構，與當事人的合作關係，要愈早愈好。因爲在事件的早期，比較容易根據地方反映的意見與各方面的利益，對開發案做適當的修正。

2. **傾聽與瞭解**：要瞭解一樁複雜的狀況，最好的辦法就是傾聽與瞭解當事人的利益，和他們所關心的事情，以及如何讓他們參與開發工作的程序。

3. **雙贏策略**：要建立在各方面的「利益」之上，而不是「立場」之上。利益會告訴我們爲什麼會產生爭議，什麼事對他們是重要的。立場只告訴我們當事人要什麼，利益則會告訴我們爲什麼當事人要什麼。

4. **設計並且建立一個有效的工作程序**：每一個社區的爭議都會有它獨特的性質，所以必須依照爭議的性質，設計一套符合其特殊狀況的工作程序。

5. **最好有多數人的參與**：受到影響的人參與的愈多愈好，正面的和負面的都要有。而不只是社區領袖、規劃師、官員、有力的仲介人，和具有法律立場的人。

6. **要互相學習**：土地使用的規劃與開發，是一項相當複雜的程序。它包含對經濟、環境和社會多方面的衝擊。因爲在開發案的社區裡，公眾可能都會抱持懷疑和觀望的態度，所以要盡量公開精確而可靠的資訊。同樣地，社區團體也可以提供當地的訊息、民情、觀點給規劃設計者參考。

7. **建立長期的和諧關係**：土地使用規劃與開發的基本性質，就是改變一個地方的實質空間環境，因爲當地的居民將要與它長期共存。因此，最好各相關方面都能建立並維持長期的和諧關係。最好的方法就是讓決策程序各方面的資訊都能盡量透明化，並且維持它們的一貫性。

如何推動雙贏策略？

在我們瞭解一些推動雙贏策略的原則之後，接下來也許可以談談如何推動雙贏策略的步驟。

1. **評估並且瞭解當事人爭議的問題是什麼，以及對各方面利益的影響**：評估要廣泛地蒐集當事人的資料，以及對這些資料的看法，然後才容易決定下一步該如何進行。這個評估步驟，包含一連串對當事人的保密面談。這種面談可以由公正的專業人士進行，然後可以獲得可用的結果和建議，並且完成行動方案。

2. **設計一項合作的框架**：合作框架的設計是在深思熟慮之後，確定合作的狀況和條件，以便於使相關人士一起合作，完成設計框架的工作。好的框架設計，可以增加當事人之間意見的共識，將衝突導向富有成效的方向。

3. **使當事人的思考更趨成熟**：思考的過程，大概可以分爲三個階段。在開始的時候，大家逐漸達成某種標準、界定範圍，並且鎖定目標，認定各自的利基所在。然後，蒐集資訊、發現創造附加價值的可行辦法。最後，縮小可選擇的方案範圍，然後達成共識。這項過程，如果當事人的意見相差不大，也許一、二次會議即可達成共識。否則，也可能耗時數月、一年或數年之久。

4. **共識同意方案的實施**：達成共識同意的方案，並不是整個合作程序的結束。一旦方案達成共識，此一方案必然會變成在法律上可以執行的方案。當事人當然也希望他們辛苦工作的結果能夠實現。但是，往往在執行的時候，許多狀況會發生變化。例如：員工轉換、政治官僚或民意代表更換、市場條件動盪等，都會影響土地使用的決策，這些狀況都是當事人所應該預期到的。在實施的階段，有三件事是必須做到的。第一、要把所獲得的建議納入所提出的計畫中，此一計畫必須符合決策委員會的要求。第二、開發許可要通過決策委員會的審查，程序要符合標準的SOP。第三、在開發案通過後，必須付諸實施。

傳統的土地開發許可程序是否恰當？

傳統的土地開發許可程序，大約可以分爲四個步驟：(1)開發人向政府主管機關提出開發計畫；(2)政府主管機關審查開發計畫；(3)申請人面對審查委員會做簡報，並且聽取公眾的意見，或做某些修正；(4)政府主管機關做決策或建議市政委員會做許可與否的最後決策。

近代的規劃決策程序

有學者說，規劃是一個程序（planning is a process）。也就是說，規劃工作是一個按照一定的步驟或程序進行的工作。因爲規劃工作是針對問題的發生，爲了要解決問題而做規劃。而問題是會因爲內在需要和外在環境的改變，而一遍又一遍地發生。也就是一遍又一遍地需要規劃。所以中外各國的都市計畫，最少每五年要做一次通盤檢討，這也就是逐步規劃（incremental planning）的用意所在。

第一步、確定規劃的範圍

找出並且確認和此一規劃範圍有關係的人、事、物所遭遇的問題，包括：

(1)基本問題的範圍，受影響的人、事、物。它們參與的機會，對解決問題的需要，以及所需要的資料與需要做的分析。

(2)草擬規劃程序的初步工作計畫。

(3)草擬對有關係的人、事、物參與規劃的設計。

第二步、找出並且確認需要規劃的問題、可能的機會、所關心的事物、規劃的目的、規劃的標準，以及規劃時所可能遭遇的不確定性

(1)確認要規劃的問題、機會、所關心的事物，評估的因素包括：制度、法律、技術標準等。

(2)根據規劃的範圍，決定參與的工具和方法，包括：顧問委員會、會議、研習會、資料調查等。

(3)衝突解決與談判（商談）的工具或方法，包括：方法如何選擇？如何使用？要看衝突的程度而定。

第三步、規劃狀況、情境的分析

(1)由評估的因素（例如：社區和諧、美學、交通便利、汙染、擁擠等）決定資料蒐集和分析的範圍。

(2)確認資料有無限制與不確定性。

(3)參與的方法（研習會、討論會、訪問調查等）。

(4)由衝突的程度決定或選擇衝突解決與談判（商談）的工具或方法。

第四步、適當地形成，並且說明規劃方法的各種可能選項

(1)例如：採用綜合規劃、逐步規劃，或倡導式規劃；此一選擇取決於問題、可能的機會、所關心的事物、規劃的目的、規劃的情境、標準，以及規劃時所可能遭遇的不確定性。

(2)選擇參與的方法（研習會、討論會、訪問調查等），可以選擇一項或幾項交替使用。

第五步、衝擊或影響的評估

(1)經濟、生態環境、人造環境，和社會、財務的影響評估。

(2)由評估的因素、規劃的情境，以及規劃方案的選項，來決定影響評估的範圍，採行綜合評估或逐步評估。

(3)影響評估的方法或工具，包括：益／本分析、環境影響評估（environmental impact assessment, EIA）、社會影響評估（social impact assessment, SIA）。

第六步、評估計畫，以及選擇計畫

(1)組織與評估方法，如：模型（matrices）、指標（indies）等。

(2)參與的方法或工具的評估，如：研討會、訪問調查、審查、評析等。

(3)衝突的解決與談判（商談）的工具或方法，例如：倡導（advocacy）。這些方法如何使用，要看爭議的程度而定。

第七步、實施、監督，實施之後的效果評估、採用或改善

(1)由不確定性和爭議的程度，來決定監督與改善的時機與程度。

(2)由不確定性和爭議的程度，來決定參與的方法或工具（公眾的監督、研討會、年度會議（conferences）等）。[4]

但是，對於比較複雜有爭議性的開發案，這樣的開發審查程序，並不一定能提供一個對話平台，讓各有關方面充分表達有建設性的意見。要不然就要向法庭提出訴訟。實際上，如果有一個好的決策系統，這種爭議是可以避免的。決策系統就是一個各方面互相協調的程序或機制，用來防止和解決爭議，達到管理決策的目的。在決策系統的程序中，常常被忽略或者不容易做到的，可能就是公眾意見的參與夠不夠。從另一個角度看，就是決策單位不知道如何把公眾的意見納入決策系統。這種情形在台灣尤其嚴重，因此，以下我們將就這個問題加以簡單地討論。

如何把公衆的意見納入規劃決策程序中？

在一個土地開發案的規劃決策程序中，廣泛的公眾參與，是非常重要而且必須的。但是，要做得有意義，也不是一件容易的事。可能面對的問題與挑戰，包括：參與的一貫性，個人所注意的問題或公眾的問題，對問題沒有充分的瞭解，以及缺乏理性與合理性。因此：

1. 公眾需要時間加以教育，讓大家瞭解問題的各項細節、建立互信，並且評估可行的方向。
2. 因爲每一個人都會從自己的觀點看事情，所以要在當事人之間建立共識。

3.在現代的規劃理論中，公眾參與是規劃程序中相當重要的一項元素。尤其是在一個民主社會裡，政府任何政策的決定，必須有公眾意見的充分參與；特別是那些可能對公眾產生直接影響的政策或計畫，更應如此。公眾參與貴在由政府或規劃機關主動建立一個它本身與公眾之間的雙向溝通管道。這個溝通管道，一方面可以使公眾瞭解計畫的性質，以及對公眾所可能產生的影響；同時，也可以讓公眾的觀點、意見與爭議，對規劃單位做充分的表達。

增加參與並不意味著可以因此減少或避免爭議。**相反地，它正是要激起爭議，好使各方面的意見早些納入規劃與決策程序，以免決策一旦做成才發現錯誤，連退路都沒有。**規劃與開發者必須瞭解，政治與行政的可行性，和工程與經濟的可行性，同樣重要。而且，關於社會與利益的得失問題，只有當事人本身才有真實的瞭解。公眾參與的目的，就是要政府和規劃機構從一開始就持續不斷地向會受到影響的個人和團體提供相關資訊，並且徵詢意見，以加強計畫的政治與行政可行性。

美國學者Ray K. Linsley說：「原則上，除非絕對必要或別無選擇，一項影響社會與美學價值的計畫，當各種互相衝突的意見不能達到協調時，這個計畫應該避免。這並不是說這個計畫將就此落空，而是更敞開了尋求其他途徑的大門。」

歸納言之，公眾參與的目的有如下幾點：

1.提供資訊，使公眾對本身的權益有所瞭解，也提供他們參與選擇計畫的管道與機會。

2.使規劃機構獲得汲取不同意見的管道與機會。

---

❹ John Randolph, *Environmental Land Use Planning and Management*, Second Edition, Island Press, 2012, p. 35.

3. 使與這個計畫案有關的其他規劃單位，和各級政府機關取得協調。
4. 使規劃單位的角色與地位更形穩固，同時也更能取得公眾的信心。
5. 可以協調各公眾團體的利益衝突，兼顧各方面的意見與需要。
6. 取得各級政府機關的充分信任與授權，以利計畫案的執行。

這時，我們也可以看出，公眾參與一詞中的「公眾」，大概是指：

1. 與主事機關有關的各級政府機關和規劃單位。
2. 地方有關社團組織與利益團體、意見領袖、民意代表和專家學者。
3. 新聞傳播媒體。
4. 與規劃案有關的當事人。

由此，我們也可以瞭解，公眾參與除了包括政府與民間的縱向溝通外，也要涵蓋政府有關機關之間的橫向溝通與協調。

再進一步看，任何一項計畫，不但是社會經濟變遷的結果，也會造成社會經濟的改變。例如：興建核能電廠固然是基於對電力需求的預估，然而核能電廠的興建也會帶來土地使用、自然生態的改變，和居民安全的顧慮。有關機關就需要對這些改變的正面和負面影響加以評估，設法避免或減輕負面的影響。同時，也需要將這些訊息提供給公眾。

如果計畫單位希望將社會經濟的改變及影響計算在內，它必須建立一套規劃程序，來顯示規劃的步驟，公眾參與的時機與方法，明列可能的替選方案、決策的形式，以及參與者在規劃程序中的地位與關係。計畫單位不僅需要重視計畫的成果，更應該注意計畫的成果是否能爲當事人和社會大眾所接受。美國學者William Peterson的意見認爲：

1. 規劃是一個動態的程序，它不僅在乎將來的目標是否能達成，而且也在乎從現在到達成的過程是否恰當。

2. 一個能顧及社會、經濟、政治關係，以及當事人利益的計畫，才是一個可行而有用的計畫。規劃既要適應社會變遷，又要顧及社會、經濟、政治等各方面的關係與可行性，所以在**公衆參與**方面採用何種策略與方法極爲重要。一般而言，歐美先進國家的作法有如下幾點：

1. 僅由規劃單位在計畫將要完成時，提供規劃資訊給有關機關和公民團體。

2. 由規劃單位在規劃工作過程中，隨時將各階段的作業情形提供給公眾，同時經由回饋程序，接收公眾團體的意見與建議。

3. 規劃單位將有關機關與公民團體的意見加以歸納、綜合考量，但不鼓勵各機關或團體之間意見的交換與溝通。

4. 規劃單位發揮協調與觸媒功能，在各機關與公民團體之間，協調不同的意見與衝突。

5. 由各公民團體組織綜合機構，代表公眾與規劃單位協商。

6. 設立仲裁機構，在規劃程序的各階段中，對規劃單位與公民團體之間的不同意見進行仲裁。

7. 由各公眾團體提出各自的計畫方案，再經由政治程序決定取捨，或綜合成一個新方案。

8. 由政府機關或規劃單位舉辦公聽會後做決定。

9. 交由全民複決。

10. 由上級政府機關組織委員會審查計畫，參酌公聽會的意見做決定。

以上所說的各種公眾參與策略和運用方式，也並不是一成不變的。在規劃與決策程序中，可以參照各個案例的需要，地方、時機的差異等因素，加以取捨採用。

總之，公眾參與是現代政府施政、規劃與決策程序中的重要元素。如果說，一般的規劃與決策程序，包括：診斷問題、設定目標、選擇方案、編列預算、執行方案、評估結果等步驟；公眾參與必須包含在每一個步驟之中，否則就不算是有公眾參與的作爲。在歐美國家的政府機關中，都設有社區連絡（Community Liaison）或公眾資訊與教育（Public Information and Education）部門，負責該機關的公眾參與工作。它們的工作態度積極而主動，很值得借鏡。[5]

[5] 韓乾，〈把公眾參與納入決策程序中〉，中國時報，1985 年六月二十日。

9

一磚一瓦堆砌未來的城市樣貌

面對環保人士的最大挑戰，乃是告訴非環保人士一些他們並沒有注意到的事情。不動產開發業者，正處在一個道德的矛盾當中。這個矛盾就是如何在生態意識和經濟意識之間取得平衡。

隨著後工業時代方興未艾的都市化趨勢，以及人口與小汽車數量爆炸性的成長，產生各種土地使用之間的競爭、配置與規範的問題。有人認爲如何有秩序地配置都市的建築物和交通動線，以獲得最大的經濟、便利與美觀效果，是科學也是藝術。那也是整理一套能夠指導人類生活的原則，使我們能看見未來，而且引導我們走向未來。換一種說法，就是把對的人，在對的時間，放在對的土地上。

管制都市裡建築物、交通動線和人口居住型態的鋪陳與設計，其歷史已經久遠得不可考。人類早期的文明發源於兩河流域（Tigris and Euphrates），顯示了人類過集體社區生活的能力。同樣的社區文明，也顯示在中南美洲的印加和馬雅文明中。古希臘和羅馬在 2500 年前，已經有棋盤式的城鎮設計。在東方的中國，秦漢時代的長安和北京等古都，都顯示出當時城鎮規劃的規模。個別屋宇的設計，也都能顧及採光、通風、便利等功能。其實，設計一棟房屋跟設計一個社區沒有什麼不同，差別只在於規模的大小和一些人們關心與感興趣的事物而已。

現代的規劃系統，是二戰後的產品。也許我們可以說，是由 1947 年英國的《城鄉計畫法》開始的。《城鄉計畫法》的主要意義，在於它建立了一個周全的土地使用管制制度。這個制度的主要功能，是它能維持社會、經濟的和諧，公、私之間利益的均衡。它有效地配置土地資源，並且注意到「人造環境」和社區的福祉。這樣看來，規劃是預測經濟、社會、政治和實質上的力量，會如何影響未來的都市發展，以及在區位、型態上可能發生的變化。而在民主和法律的框架下，很實際地使各種都市元素，如交通、電力、住宅和就業，都能實現人民的願望，爲全體市民謀最大的福利。

也許都市規劃最關心，也最重要的事，就是這些人們所關心的事務。因爲規劃就是設法結合社會與經濟的目標，以及公私兩方面的要求。這些事情包括：資源的配置。特別是土地，使其產生最大的效用，注意社區的人造環境和福祉。都市規劃的目的，在於在土地的保育和開發之間，維持一個敏感而又可以被接受的平衡。這些包括：探討社區的需要、討論並且形成共識、研擬實現它們的政策、規範公私兩方面的投資、指導公共設施與服務的提供、執行必要的措施、持續地監督政策實施的效果，並且隨時做必要的修正。

都市規劃，是除了社會、經濟、政治的考量之外，還包括土地空間元素。都市規劃可以說是協調都市地區各種土地使用之間對有限資源的競用，以求取得平衡而有秩序的土地使用與管理，提供人民更好的生活環境，和健康而且文明的社區生活。也有人說，規劃是應用科學方法去選擇政策的決策程序。但是這樣定義規劃，又會淪於泛政治化，凸顯了都市規劃的政治性。不過，老實說，規劃與政治總是分不開的。幾乎所有的規劃決策與資源的配置，在某種程度上，總是有人獲利，有人受損。最後，仍然是由政治決策來解決。

我們在這裡所倡導的規劃系統，是以有效土地使用爲基礎，規劃緊湊型城市。其中包括公共運輸、土地混合使用與開發，以及不鼓勵倚賴私人小汽車做交通工具等。

更有效的土地使用，要反映在密度、鋪陳、設計，以及緊湊的混合使用。這種規劃系統可以很明顯地適應氣候的變遷，進而影響都市環境的永續性。

都市規劃與市場

城市的土地如果沒有規劃，就會依照市場經濟，由價格機制來配置互相競爭的土地使用。也就是會依照「最高與最佳使用」的原則，來配置土地資源的使用。當土地資源能對經營者與社會產生最高報酬時，就是土地資源的最高使用。但是有的時候，產生最高報酬的使用，如果以無形的社會價值來衡量，未必是最佳使用。例如：紐約市的中央公園，是在地價最高的曼哈頓區；倫敦的海德公園，也是在倫敦市中心區。台北市的二二八公園、台中市的台中公園，也都是在市中心區。如果以金錢價值來衡量，它們當然不是最高的使用。但是它們卻有美化環境的社會價值，可以說是最佳使用。從這些例子可以看出，所謂的最高與最佳使用，從市場、經濟與社會的觀點來看，其意義都各有不同。經濟概念的最高與最佳使用，是從金錢報酬的角度來衡量土地使用的價值。社會概念的最佳使用，則是以非金錢計量的價值來反映不同的期望、目的與價值判斷。不動產（real estate）的使用，如果能產生最高的「比較優勢」（comparative advantage）或最低的「比較劣勢」（comparative disadvantage），我們通常即認爲是在最高與最佳使用的狀態。

一塊土地的「最高與最佳使用」也是經常變動的，正如土地使用容受力與效率一樣，它會隨著土地資源的品質、技術的改變與需求的變化而變化。除非受到土地使用分區管制與公共政策的影響，在大多數的情況下，都會因爲經營者的競價或競租（bid rent）而改變。再者，私部門在自由放任（laissez-faire）的競爭市場中，很可能造成資源的浪費。私人開發者在追求個人的最大獲利時，往往會忽略社會與公眾的福利及公平。在沒有規劃的情形下，私人的力量也會造成市場不穩定的起伏變動。

因此，規劃便成爲政府公部門所關心的工作。因爲一直以來，規劃都牽涉到政治，而不只是市場的交易行爲。所以需要公部門設立機關來管制市場的運作，或提供某些財貨與服務，以維護社會公眾的利益。這種政府規劃的政治干預的正當性，包括：提供公共財貨，如道路、國防；在生產和消費時會產生外部性的財貨；會有高成本、高風險，不吸引私人投資的產業，如發電和航太工業；大規模土地整理做整體再開發，需要政府法令保障其結果的案件；以及對整體社會有利，需要保護或保育的自然資源、歷史遺產、開放空間與休閒設施等。❶

此外，由市場單獨運作，通常不以營利爲目的的土地使用，不容易獲得最適當的區位。如交通設施的場站、道路、消防設施、汙水處理場等。然而，如果這些非營利設施能夠座落在恰當的區位，便能使營利性的土地使用更形獲利。對商業活動而言，這些設施與服務的可及性與便利性更爲重要。因此，我們可以說，規劃可以使市場變得更有效率。

在一個社會、科技與政治快速變動的時代，規劃之所以尋求直接控制與引導人造環境，乃是爲了社會整體的福利。這種作法，不可能討好所有的人。然而，不容懷疑的是，雖然有時違反我們慣常對土地私有財產權的看法，對私人市場決策做某種程度的干預，仍然是必要的。例如：道路的規劃設計和對交通的管理，顯然不是私人部門所能勝任的。除了某種型態對人造環境管制的功能之外，綜合性土地使用規劃的實施，在經濟效率、社會公平與實質品質等方面，並不能完全符合普世的期待。減少一些不合時代潮流的僵硬規劃，多給市場力量一些空間，顯然是大家所樂見的。規劃和規劃者，往往給人一種主宰公眾偏好，忽視消費者需求的印象。他們所發展出來的模式或計畫，原本希望達到都市系統中各種元素的平衡與秩序，但是卻無法改變人們的品味、習慣或偏好。

除了上面所說有關規劃的缺點之外，我們可以說，自由市場和規劃兩股力量是互補、互利、互相修正的。做規劃的，順著市場的運作，一方面影響，另一方面幫助市場發揮它的功能，兼顧公、私雙方的利益。再者，愈來愈多公共政策的實施，都要靠私部門的開發去實現。公、私兩方面的合作，成為今天規劃工作的趨勢。最重要的是，從事規劃的人，必須研究市場的不穩定性，以及它變化所可能產生的後果，這就是都市規劃的精義。

不動產在市場經濟中的地位

不動產無論在已開發或開發中國家，都是不可忽略的重要元素，它會影響社會經濟的每一個階層。不動產市場是不動產產權交易的市場。這種交易會發生在每一個不同的地方，也會牽涉到不同種類的不動產。不同種類的不動產，又會因為買方和賣方的品味不同，形成各種不同的次級市場。這種分類可以便於不動產市場的研究。不動產市場的研究可以從區位、供給與需求的性質，以及整體不動產市場的狀況著手。不動產市場會受到買方和賣方對不動產的看法、動機和互動關係的影響，這種影響又會受許多社會、經濟、政府政策和環境的影響。不動產是一種特殊的資產，可以被視為一個國家的整體經濟命脈。談到經濟財富，雖然國家和國際發展的趨勢會影響不動產的價值水平。反過來說，不動產業也會影響各種經濟活動。同時，在大多數的國家，相當大部分的財富，都與不動產有關。

---

❶ 韓乾，《土地資源環境經濟學》，五南圖書出版股份有限公司，2013，pp. 14~15。

不動產一詞，包含相當廣泛的概念，它包括土地的使用和相關的事務。例如：存在於不同地理區域，不同政治制度的土地與財產的實質、法律、經濟和文化的性質。它也包括擁有土地、房屋的所有權人，所享有的利益、利潤和權利，這些權利總稱爲「一束權利」（a bundle of rights）。這一束權利中的每一項權利都是各自獨立的，權利所有人可以整體或單獨行使某一種權利。例如：他可以出售、出租、抵押、贈與他的不動產。另外，政府也有幾項公權力來管理私人的財產權。這些權力包括：課稅權、徵收權、充公權、警察權，以及各種法規來規劃管制土地與建築物的使用。

同樣地，所謂市場經濟，也是一個動態的概念。它可以從一點政府干預都沒有的自由放任，到政府完全管制的另一個極端。另有一些制度，則是介於兩者之間的。事實上，目前世界各國的經濟制度，大多數是介於自由放任與完全管制之間的經濟制度。也就是說，既使在自由放任經濟制度的國家，私人也沒有任意使用其財產的絕對權力，而要顧及公眾的利益。例如：財產權所有人，不得將工廠廢棄物排放在鄰近的河流裡；也不可以產生噪音、影響鄰居安寧等。因此，我們可以把目前世界上多數國家的經濟制度看作是「混合的經濟制度」（mixed economies），但是沒有任何兩個國家的經濟制度是相同的。

然而，以不動產而言，各種不動產卻具有某些共同的性質。它們具有實體性、異質性、恆久性、不可移動性、不可分割性等。它們的取得需要大量的資金，所有權具有複雜的法律問題，交易與管理需要較高的成本。在一個開放的經濟體系裡，不動產的管理與交易，具有複雜的理論與程序，它們會因爲客觀環境的不同而不同。在一個開放的經濟系統裡，不動產還有一些其他的性質値得注意。第一、許多大型的私人開發案，可以引起其他開發投資人的興趣與信心，進而增加開發的機會。第二、公部門與私部門對公共設施的投資，如道路、公用事業與交通設施，都會產生同樣的效果。第三、一個健康、有效率與專業管理的不動產市場，可以有助於吸引資金在各部門的投資。

不動產市場的性質

實際上，不動產市場中私人部門的角色，與中央集權規劃管制的市場有很大的不同。

參與者的態度不同

不可諱言地，不動產市場的驅動力，出自於利潤的追求。不論它們的目的是追求短期的利得，或是長期的資本成長，報酬的極大化應該是不變的投資與開發策略。然而，在沒有某種周詳規劃藍圖的情形下，個別廠商單獨的決策，可能會造成外部成本；使土地資源的配置無法達到整體報酬的最適當水平。如果有正確的環境影響分析，更實際的規劃政策，以及私人不動產公司形象的改善，即會獲得與品質相稱的利潤。

至於參與者的態度與行爲，公領域與私領域不動產操作的顯著區別，就是他們保密的程度不同。一般的情形是，公部門有責任，也比較傾向於公開他們有關不動產所有權、成本、價值與動向等資訊。最近政府開始實施實價登錄政策，使不動產交易更透明化。其實，雖然市場變得愈來愈複雜，參與市場的人愈來愈需要更深入瞭解不動產市場的內涵。但是，社會上關於不動產的知識與資訊，仍然是非常不完整的。特別是買方與賣方，資訊的不對稱情形相當嚴重。此外，不動產市場本身，就是一個以顧客相互關係爲導向的小圈圈。通常所注意的，不外乎是住戶或顧客的特別需要而已。

效率不同

市場經濟最重要的特質之一，就是效率。不動產市場是一個競爭激烈的市場，自然也不例外。一方面，它可以激勵出更高水平的專業服務。另一方面，它也可以為了大量節省費用，降低服務的水平。擁有較大僱用或解僱人力的彈性，是私部門比公部門較占優勢的地方，同時也容易指派專業人士擔任特殊的專案任務。

決策的可靠性，在政府和私人不動產企業之間有很大的差別。政府機關必須遵守既定的法規和作業程序，往往需要花費較多的時間和成本。而私人不動產企業在一個開放的市場中，所受的限制非常之少。不可諱言地，顧客的要求非常高。如果作業表現不好，顧客往往會興起訴訟。這樣一方面會逼迫業者提高效率，可是也會增加保險和訴訟的花費與時間。

在談到效率時，在一個開放的市場裡，不動產業的口號是：時間、成本和品質。然而，這些目標卻往往是互相排擠的。顧客的要求是：又快速、又便宜、又是最好的；但是最好的，不見得是最便宜或最快速的；最快速的又不見得是最便宜或最好的；而且最便宜的很少是最好的。這時就要靠經驗與專業來做判斷，才能做最有效的決策。

反應是否即時？

由於不動產市場的激烈競爭，各方面的業者承受著龐大的壓力，會要求對快速變化的環境做即時的反應。

1. **技術的改變**：例如不動產估價技術，在過去的十多年中，有長足的進步。在幾乎所有與不動產有關的行業，如規劃、評鑑與管控等，都需要掌握新的技術。

2. **區位的變化**：在大多數的市場經濟裡，城市與土地使用的型態，是一直都在變動的。進步的通訊、快速的遷移，以及生活在更好環境裡的欲望，已經改變了傳統的「中心地理論」與概念。某些功能的離心力量正在替代集中的力量。最後，在市場經濟裡的不動產業，也要對這些改變做即時的反應，趨向於消費者需求導向。

3. **不動產設計的改變**：不動產市場的各個領域一直都在改變。住宅的設計不再一成不變；零售業是一直都在變化的；辦公設施與工業區的開發，其建材與設計也配合功能，做不同的設計以提升水平。整體來說，現代的設計概念，多半講究具有彈性與適應性。

4. **不動產開發與投資的契約及程序改變**：在建築物的營造方面，除了傳統的契約內容之外，還會加上對設計與管理的要求。在投資的管理方面，會注意租約的長短、條件，以及提供服務項目等。

5. **工作的性質在改變**：大部分在於因應顧客的要求、市場的競爭，以及追求更高的效率。在不動產業務方面，會影響到費率的結構、工作的分配、授權、公司內部和公司之間的合作關係等。

6. **最重要的是，要能因應快速變化的經濟情況做適當的反應**。這種反應在上升的市場比較容易，在下滑或劇烈震盪的市場，才是眞正的考驗。往往會出現同流效應，市場的趨勢也會被誇大，威脅到市場的確實性、穩定性和可預測性。

企業家精神

市場經濟的重要信念之一，就是企業家精神。企業家精神就是願意嘗試新的事物，勇於面對困難與冒險。在不動產市場裡，企業家精神非常重要，而且是無可避免的。首先，提供財務服務就是不動產顧問的主要功能。不管是自己成立財務部門，或是與熟識的財務公司合作，都要能使顧客獲得剪裁合適的投資或開發所需資金。此外，也有一連串的新投資工具需要我們去開發，包括：集團基金（consortia funding）、多種設施選擇的保障（securitization with multi-option facilities）、無資源貸款（non-resource loan）、投資信託的整合（unitization by way of investment trusts）、高風險的創業融資（venture capital arrangements for high-risk projects）、夾層樓的放款（mezzanine funding）、售出再租回（sale-and-leaseback），以及多種選擇的融資方案。

在不動產制度方面，也有新的所有權型態。除了我們所熟悉的所有權（freehold）和租賃權（leasehold）之外，國際市場也引介了多種容易處理的制度。在不動產權屬制度（property tenure）方面，國際上也有一些創新的做法，例如：移動所有權（flying freehold）、分層所有權（strata title）、一般所有權（common hold）、平等參與（equity participation）或聯合開發（joint venture）、土地重劃（land readjustment）和企業組合（syndication）等。這些制度，有的台灣已經有了，有的還沒有。是否我們應該研究一下，有哪些制度適合引進台灣？以改善或強化台灣的不動產市場制度，或許是我們應該思考的。在現在激烈競爭的市場環境中，台灣有許多法規和制度是須要鬆綁，而且走向多樣化的。例如有些顧客喜歡用一次購足（one-stop shopping）的方式，去獲得有關不動產的資訊和服務，如：環境、法規、融資、帳務、管理和公關等。

從 1980 年代起，在不動產開發方面，也有許多新的改變。除了在建築物的設計方面不斷推陳出新外，更有新的開發方式出現。包括：企業園區、綜合大樓、科技園區、主題公園、休閒園區、購物中心、廉價零售區、工廠直銷園、老屋新用，或老舊市中心更新後，做住、辦、商、休閒等使用。

在 1980 與 1990 年代之交，不動產市場一個顯著的特點，就是愈來愈重視對不動產的研究。一些知名的不動產顧問公司，把研究工作視爲支持投資、開發、管理、鑑價、行銷等工作的重要基礎。再者，研究工作變成一個公認可以賺錢的行爲，於是從事與不動產相關行業研究工作的公司，如雨後春筍般興起。一個近來與不動產業有深遠影響的發展，就是不動產市場的國際化。用不動產的術語講，世界眞的有如一個地球村了。資金的投入在國家之間快速的流通，設計的概念與建築物的使用方式，也廣泛地散布。不動產公司也朝向國際發展，與其他國家的公司互相結盟。這種國際化的趨勢，將來必然會方興未艾地發展。

不動產市場的專業化

關於不動產市場的專業化，有幾個問題値得加以討論。第一、不動產業的一項重要特性是它的獨立性與客觀性。在某些國家，專業機構要達到獨立性，要扮演許多相當重要的角色。它的服務要維持一定的水準，要提供一貫的作業程序，要增進公眾對它的信任，要監控會員的行爲和表現，要爲不動產業對政府進行遊說。在許多其他國家，要獲得執照以印證其基本的專業能力。

第二、鑑價的能力對不動產的專業非常重要，特別是在不動產的投資、開發、管理和行銷等方面。在鑑價方面的市場資訊，包括：租金、價值、報酬與成本。所有權、規劃政策和實質條件等，更不在話下了。在有些國家，不動產交易的紀錄是要公開的；但是也有些國家是保密的。不過，往往公開的數字背後，還是會隱藏著買賣雙方的一些祕密協議。

第三、獲得市場資訊是一回事，做市場分析又是另外一回事。既使用同樣的資料，不同的顧問公司也會分析出不同的結果。鑑價的重點是比較性的，比較可以引用完成鑑價的類似不動產，然後再根據屋齡、大小、區位、設計、權屬、設備、實質狀況、交易時間、目前市場氣候、法規要件，以及未來趨勢等因素做分析。總而言之，鑑價是一件非常繁複的工作。

要減少鑑價的錯誤和不確定性，有許多技術可以應用。究竟鑑價是科學還是藝術？是長久以來大家所爭論不休的問題。雖然今天在鑑價技術方面，特別是風險管理和投資組合的管理方面，已經有長足的進步；但是既使是最精細的技術，在資料的選取、分析與決策上，專業的判斷和直覺的臆測，仍然是不可少的。

不動產投資

在一個市場經濟裡，不動產不僅是一個國家的重要資產，也是一種長期的投資對象。不動產投資在投資組合中，無論短期或中期，都可以非常有效地分散風險。同時，在一個開放的經濟體系裡，不動產投資更能使個人所得在租金和增值上獲得可觀的成長。在不動產市場裡，投資專家可以提供以下各項服務：

1. 提供可以顧及全盤的投資顧問。
2. 代理顧客買賣土地和不動產。
3. 提供不動產市場行爲評估的技術分析。
4. 提供顧客可靠的資訊，幫助他們做投資的決策。
5. 預測市場行爲未來可能的變化，以及各種可能的投資機會。
6. 增加進行國際間的不動產投資。

不動產開發

不動產開發在許多方面，都會影響我們未來的生活方式。它提供住房、工作空間、購物與休閒設施、許多現代社會的基本需要，以及相當大部分的私人投資。開發的程序（process），無論對公私部門的不動產開發工作，都是應該瞭解的。因爲不動產開發工作通常都是動態的，它連接營建、管理、行銷、金融、法規等各方面的工作。公部門所要求的是最好的開發，保證建築物是吸引人的、是安全的，也是一個城市裡區位良好，能夠發揮有效功能的。在私部門方面，則是使利潤最大化、風險最小化。不動產開發是一個高風險、高報酬的行業。在一個市場經濟裡，不動產開發程序的主要功能有如下幾點：

1. 爲事先擬定的土地使用計畫，尋找適當的開發或再開發的土地。
2. 在當下的租金、報酬、建築成本、土地價值、利率與開發時間等條件下，評估開發計畫。
3. 整合數個基地的土地狀況，評估如何取得或強制徵收。
4. 以適當而且有利的條件，獲得足夠的開發資金。
5. 選擇並且組成有效的專業工作團隊。
6. 評估開發案的設計，以確保它們的銷售。
7. 以技術的複雜性、美學的品味、經濟學，以及時程與規模爲基礎，選擇建築商。
8. 建立評估系統，在市場可能發生變化的情形下，監控建造的整個過程。
9. 決定最佳的行銷時機。
10. 建立適當的管理與維護計畫。
11. 訂定銷售和租賃契約型態，以獲得適當的投資報酬。

要負起以上這些責任，需要對開發計畫的實質、功能和財務目標，以及所牽涉到的法律爭議，有全盤的瞭解，並且要注意到專業團隊中，其他成員對開發程序中如何開始、設計、財務、營造、管理、行銷等方面的貢獻和意見。

不動產管理

面對愈來愈相對稀少的都市土地，土地開發的獲利邊際更形窄小，使得不動產管理也更形重要。良好的不動產管理，會增加報酬、吸引承租的需求。最早實施不動產管理的是購物中心，至今已經有多年的歷史。不動產管理是一項相當複雜的專業，需要專業的技術，包括：行銷、人際關係、建築物設施管理、保全、環境和財務等。購物中心的管理經驗，至今已經推廣應用在其他不動產管理方面。例如：辦公空間的管理，近年來已經專業化到設施管理，成爲全面化的商業不動產管理。

隨著高科技科學園區、企業園區的來臨，工業不動產開始開發成低密度、高品質設計、精緻景觀和多樣化設施與服務的重要資產。它們吸引高階的專業管理，來維護它們的投資價值。除了公共住宅之外，居住型的不動產管理，主要關心的是高級住宅或豪宅的管理。既使是在市場的較低階層，其管理水平，不論是強制的或自發的，都在不斷地提升。不動產管理的最終型態，可能是重整（refurbishment）。從 1980 年代起，全世界都感受到保護與管理既存不動產，而非剷除重建的壓力。這種重整建築物的趨勢，可能一直持續下去，而且擴及所有各種類型的建築物。

不動產行銷

在大多數的不動產市場裡，產品的銷售成爲一種高度專業化的行業。使用者的需要，愈來愈重視產品的設計與品質。簡言之，**行銷就是使賣方的產品能夠迎合買方的需要以賺取利潤的技術**。在一個開放的市場裡，愈來愈需要深入瞭解行銷的步驟和功能。這些工具包括：資訊的蒐集、廣告、公關、推廣等，而且這些功能也愈來愈複雜。任何行銷工作必定少不了對行銷的研究，近年來，多數大型不動產公司，已經相當投入他們的研究工作。除了行銷之外，他們對投資與開發的研究也不遺餘力，終究投資、開發與行銷之間的關係是緊密相連的。

不動產行銷的主要目的是出售或出租不動產，以獲得最高的價格或租金。爲了達到這個目的，不動產必須自由開放地上市，而且要看此一不動產的性質，以及當前的市場狀況。行銷的基本方法有四種，它們是：私人交易、公開拍賣、正式徵求買家，以及非正式徵求買家，每一種方法各有其利弊。行銷的程序和方法必然需要創新，特別是在資訊科技日新月異的時代。然而行銷沒有魔術般的公式，它仍然需要一步一腳印地應用合邏輯的技術和操練。

都市規劃與不動產市場

當世界上的經濟、政治和社會秩序發生變化時，都市規劃系統和不動產市場，一定也會跟著不斷地發生變動。影響這種變動的主要因素，是經濟的不確定性。經濟的不確定性，會使不動產市場產生大幅度的波動，又連帶地牽扯到規劃系統。這種影響可能是全球性的、區域性的、國家性的，甚至在一個國家裡、城市裡，產生區位的競爭。影響世界性不動產市場表現的因素，大概可以歸納出以下幾類：

1. 受基本供需法則的規範。
2. 一般經濟活動所衍生的行爲。
3. 不動產市場本身的週期性變動。
4. 日漸增加的國際性經濟變動。

這幾類因素又可以比較具體地說明如下。

全球化的影響

就都市規劃和不動產市場兩個領域來看，英國的規劃系統和不動產市場，可以說是世界上最複雜的。不動產管理的歷史最悠久，開發者的專業人員也最有經驗。在全球注意都市環境的時代，英國的豐富經驗足以提供給世界各國參考。

永續發展

根植於 1970 年代，羅馬俱樂部（Club of Rome）所描繪的灰暗時代，1980 年代的Global 2000 報告，以及 1987 年的《布倫德蘭報告》，永續發展一詞，成爲世界性各種環境政策、議題等的時髦用語。永續發展定義爲**我們的發展不可爲了滿足這一世代人類的需要，而妨礙未來世代的人去滿足他們自身的需要**。在實踐上，這種想法雖然吸引人，然而卻充滿衝突與政治上的問題。不過，仍然有許多國家把它作爲環境政策，以及都市規劃和不動產開發的基調，英國就是其中之一。

環境評估

同樣地，**環境評估**（environmental assessment，EA）從 1980 年代中期開始，在都市規劃和不動產開發領域上，也愈來愈受到重視。在歐盟 1985 年的指導原則下，英國不甚情願地在 1988 年立法規定，某些特定的開發案，必須提交環境評估報告。對於報告的數量、品質的參差不齊、巨大的製作成本、評估人的專業能力，以及它們如何與英國的規劃體系結合，都是重重問題。或許只有經過時間與實踐的考驗，才能告訴我們這些文件的眞正價值。

不動產循環週期

從 1960 年代中期開始，整個世界的自由經濟市場，都會重複出現一個不規則的不動產循環週期。這種不動產循環週期，經常會對整體經濟福利造成傷害。它們與一般的經濟循環直接關聯，但是不動產產業本身，更潛藏著不穩定的基因。雖然因爲資料的不斷更新，以及基本分析的廣泛使用，能對這種循環更加瞭解，也應該會減少循環所引起的不良後果，但是不動產循環又與經濟循環迴然不同。它波動的產生，不僅是由於建築業的興衰，和純粹的財務投機行爲，更是由於不動產本身的性質使然。建築業的興衰可以簡單地解釋，是因爲業者對市場供需落差的反應。但是由於利之所趨，公共政策的改變，更使市場不穩。一般認爲，負責規劃的公部門和負責開發的私部門，都掌握著研究的工具，可以幫助改善以往的表現，但是他們的作爲，卻往往令人失望。

商用不動產與規劃

規劃系統的存在，是爲了公眾的利益。如果規劃系統要運作得成功，商用不動產的能量，必須站在中心的地位。也可以說，商用不動產的動能，會決定規劃決策的成功與失敗。然而，目前不論公、私部門，對商用不動產能量的評估都存有一些疑慮。如果各方面有經常的對話與更多的彼此瞭解，使政策的形成與規劃的決策，都能在資訊充分的狀況下做成，便對規劃有所幫助了。

不動產市場的民營化

過去，公部門涉入不動產市場的行爲較多，特別是在都市規劃與開發方面。但是隨著時代的變遷，私部門的參與愈來愈多。例如：外包工程、私人金融機構融資、新式融資機制、市場測試、私人提供設施與服務。政府由自行承擔變爲協助的角色，這種改變，對市場參與者來說，是危機也是轉機。對某些規劃機構而言，規劃功能會產生外部性，政府對私人經營外部性的監督仍然是必要的。例如：大的如高速鐵路，小的如台北市的大巨蛋，還有數不清的都市更新案、公共工程案，無一不是民營，卻沒有監督管理好的案件。

都市的再生

都市的再生是指市鎮和城市衰敗到某一個程度，單獨的市場力量已經不足以起死回生時，它的經濟與社會動能開始反轉復甦的過程。在此同時，政府的政策促使棕地（包括汙染的土地）回復做新的使用，並且會迫使某些綠地開放作爲都市、工業或商業使用。都市再生要成功，整體的環境都要改變。也就是說，除了實質的改變之外，社會與經濟體系也須要做重大的改變。政府要帶頭促進公共規劃，並且領導私人企業的開發。政府的公共投資，可以作爲私部門投資的媒介或種子資金。

市中心與市郊的開發

一個主要討論的問題，就是城市中心的未來，以及郊區的發展對它的衝擊。許多城市的中心地區，近年來都經驗到衰敗的命運。主要的影響來自郊區多樣化購物設施的興起、市中心購物設施失去吸引力、休閒娛樂設施褪色、小汽車的增加、市中心的擁擠、地價地租的升高，以及資金流向郊區不動產。特別是近數十年來，市政當局的市地重劃都在市郊進行，市中心的更新卻由於困難重重，雖受注意卻無法進行。

不動產是策略性資源

大家愈來愈注意到，須要把不動產問題提高到公司高階策略管理的層次。在美國一個名爲「Corporate Real Estate 2000」的方案，其目標在於發展一項架構和方法，幫助高階主管和不動產專家，把不動產納入更廣泛的公司思考領域，來有效提升不動產管理。在英國也有同樣的研究，旨在找出公司組織所面對的最重要問題。這些問題包括：新的市場機會、企業業務的主軸、品質的改良、投資技術，以及作業程序的更新。所有這些都與公司的不動產管理有關。此外，關於地方政府的組織改造、交通設施、就業、住宅、綠帶、土地汙染、保育、生活型態、科技與人口問題等，這些問題都會影響未來的都市規劃與不動產開發。都市規劃與不動產開發的挑戰，就要看我們如何面對這些問題了。

未來的趨勢與展望

不僅都市規劃與不動產開發是一個國家的重要功能，不動產投資也是一個國家大部分的財富所在。今天規劃與開發的品質愈好，未來的都市環境也會愈好。我們將對以下三個主題加以申論：

1. 都市規劃及其變遷。
2. 不動產開發與其所面對的挑戰。
3. 人造環境與它的持續發展。

都市規劃及其變遷

1. 規劃與不確定性需要互相協調

社會上的各種事務，存在不確定性是一種常態。然而，規劃又意味著一種常態穩定的趨勢，我們能夠掌握某一地區的未來發展，對它預作準備，未來加以實現。假使一個社區所追求的是確定性，最安全的做法就是維持現狀。社會面對環境問題的態度也是如此，特別是自然世界更不是靜態的。它是一個動態情境，每一個行動都會引起一連串的連鎖反應，完全沒有可以預測的確定性。環境對人類產生衝擊，人類也對環境產生衝擊。這種相互的互動，是持續不斷的，我們每一個人都逃不出此一網羅。我們土地資源使用的挑戰，是要能夠在規劃與環境變遷中找到確定性。

我們必須認清，世界的變化是不會逆轉的。在過去的五、六十年中，我們經歷了三種重大的革命。它們是農業革命、製造業革命和服務業革命。在此期間，農業與製造業的就業人口在逐漸減少，而服務業的就業人口卻在增加。這種革命性的改變，是由於資訊科技的進步、企業的民營化，以及金融的自由化。企業組織的改造，以及對增加生產的壓力，促使對區位偏好、交通運輸的要求和對不動產的需要都產生變化。教育、衛生和休閒服務業，是另一個須要考慮的族群。或許未來更重要的就業機會，會在休閒、文化、娛樂和運動與觀光領域。這些領域對土地與不動產的需要與投資、開發、管理，將又是一個新的挑戰。

2. 住宅問題

其實，更重要也更現實的挑戰是住宅問題。由社會變遷所衍生出來的年輕專業人口、單親家庭、老年與寡居人口，傳統的核心家庭已經不再流行了。因爲住宅的型態、品質與區位，以及住宅的有無與居住者的負擔能力，都是與每一個人息息相關的。住宅的規劃一直都是在政策與實踐上爭議最多的。現行國家層級的住宅規劃政策，土地使用系統有其侷限。例如：地方政府無權涉及土地所有權制度，也無法以土地增值所得補貼新建住宅，這些權力都屬於中央政府。另外，目前規劃與建所謂的社會住宅、合宜住宅等政策，又有可能重蹈過去國民住宅失敗的覆轍。

3. 行業的創新

從另外一個角度看，這些非傳統的家庭型態，也可能給老舊市中心更新更大的機會。因爲的確有相當大部分的人口喜歡過都市生活，而非郊區或鄉村的恬靜與愜意。或許比較簡單的想法是，市中心的更新，和郊區新市鎮的開發要同時進行。

像商店出售獨家特殊商品一樣，城鎮也需要創造它的新賣點。近代推出的購物中心、企業園區、複合式休閒設施等，已經不算新鮮了。新一代的行業，有醫藥、生物工程、電腦、環境科技、資訊、國防電子、食品、出版、時裝和休閒設施等。其實更重要的都市政策是，想像力、創新力與執行力。支持這些核心行業與能力的，還有教育、研究、訓練、法律、財務金融、不動產、行銷等服務業。在邏輯上，任何事情都是相對的。從表面上看，發展這些行業會使一個城鎮發展起來。然而眞正的關鍵在於是否走在正確的軌道上，而且有遠見、有彈性的去改變現狀，唯有時間會證明這些觀念的意義。

4. **城鎮中心的管理**

許多城鎮中心的問題，實際上是出於管理不當。尤其是現代市郊購物中心的興起，具有有效率的設計、受控制的環境、足夠的免費停車空間，以及良好的管理結構，愈顯示出改善城鎮中心管理的迫切需要。研究顯示，以下各種措施，是需要儘快付諸行動的：

(1) 零售業的需要

A. 應付零售業與消費停滯的策略。

B. 與地方主管機關配合一般目標。

C. 確定不動產發展策略的審查足夠廣泛。

D. 最好利用現有可用的不動產，而盡量不做新的開發。

(2) 不動產開發與投資人的需要

A. 清楚知道所有權人的要求（標準愈來愈高），而盡量改善對他們的服務。

B. 租賃條件與結構要有彈性。

C. 注意主要大街的狀況來考慮新的投資型態。

D. 以新型態的參與方式克服凌亂的所有權屬。

E. 考慮混合使用的開發方式。

F. 以大破大立與先進的做法從事管理。

(3) 地方政府的需要

A. 決定主要大街所扮演的角色。

B. 開發主要大街的自然資源。

C. 尋求多樣化的土地使用。

D. 對小汽車要管理但是不必抗拒。

E. 鼓勵居民提升對地方的認同感與榮譽感。

F. 尋求開發法規在應用時的彈性。

(4) 城鎮中心的管理人員的需要

A. 籌措適當的經費。

B. 實施對市場與消費者的研究工作。

C. 瞭解主要大街的歷史背景。

D. 使現有的土地做更好的使用，並且尋找更好的開發機會。

E. 擬出實際可行的商業發展計畫。

F. 透過管理瞭解交通運輸的問題。

G. 實際執行大小規模的發展與行銷方案。;

H. 與區域性購物中心產生競爭和合作關係。

5. 城鎮規劃須把休閒元素納入

長期的人口結構變遷、休閒時間的增加，以及休閒設施的創新，將掀起所謂的休閒革命。休閒設施市場也將跟著蓬勃發展，引來更多的不動產投資，市場結構的變化與業者的競爭。造成這種休閒革命現象，使休閒活動成爲經濟系統的主要部分之一，其因素如下：

(1) **生活富裕**：雖然家庭休閒支出不像一般支出，呈現一貫的水平，但是從 1980 年代起，它的成長一直都超過一般支出。再者，展望未來，休閒支出的成長率大約會在每年 4% 上下，而一般支出的成長率只有每年 1~2% 左右。

(2) **人口結構的變化**：特殊種類的休閒設施，會受到人口減少和人口老化的影響。

(3) **消費者的喜好**：消費者對休閒種類和設施的喜好，和對一般消費產品的喜好是一樣的。提供新穎的休閒活動方式和設施，對吸引人們從事休閒活動相當重要。

(4) **產品與流行活動的創新**：休閒活動如觀賞影劇、體育活動、保齡球等，已經存在多時。戶外登山、水上、空中活動，也在推陳出新。休閒娛樂產品日新月異，尤以 3C產品爲最，特別是近年推出的VR、AR等科技產品，更是吸引人們的新穎時尚產品。爲了因應這些室內、戶外的休閒活動，土地不動產的開發、投資、行銷，顯然也必須跟著做適當的規劃。

6. 鄉村的規劃要與都市規劃緊密結合

每個人對鄉村的品質，在地景、環境衛生、建築物的設計、可及性與愜意性等方面的看法都不一樣。現代人類的活動方式，在交通、居住、就業、能源消費、休閒、環境永續性等方面，無論是鄉村或都市，都與現代規劃政策的主軸息息相關。

至於農業社區，鄉村自然是眾多人口生活與工作之所在。在過去的幾十年中，鄉村地區的經濟與社會結構，因爲農業的式微，起了極大的變化。這種趨勢顯然會繼續下去，因此合宜的住宅、交通、協助中小企業的發展，以及現代的通訊設施，都是需要積極規劃提供的。至於前面所提到的休閒革命，鄉村正是提供休閒活動的絕佳場所。這些活動包括：健行、騎單車、登山、水上活動等，也都需要大量投資在設備，以及土地與水資源使用的特殊規劃上。

7. 都市規劃與交通規劃應該緊密結合

這裡所討論的交通規劃，並非只涉及運輸方面，而是包括愈來愈受重視的都市交通對環境的汙染，交通運輸的周邊設施，以及對道路的投資和土地使用規劃。這些規劃的困難在於都市地區城市、鄉鎮、區域之間的整合與協調。長期目標的達成以及公眾的參與，將有助於社會整體以及未來的世代。然而，這些規劃不僅是發展大眾運輸、如何配置當前私人交通旅次等問題，而是進一步思考如何減少對小汽車的倚賴，以步行、自行車、巴士、捷運代之。交通運輸必須納入整體土地使用規劃，停車必須嚴格限制並且從高定價。

不動產開發與其所面對的挑戰

全球的經濟成長，雖然在不同的地方有不同的方向，但是在金融自由化、企業私營化的大旗之下，在國際市場中，不動產更是全球投資、開發與交易的重要策略性資源。在 1995 年，英國學者做過一個調查，企業界認爲有效地管理與開發不動產，是促進公司發展的重要策略。這些工作包括：瞭解市場區位的需要、處理非核心的不動產、更新老舊的空間、引用創新的技術和工作方式等。同一個調查顯示，也有不少的企業主管認爲，與資訊、金融財務、人才與技術相比，財產並不是最重要的資源。不論如何，不動產業終究是爲製造業、商業、住宅、商店、休閒活動提供建築物和土地空間的重要行業。

姑且不論孰是孰非，社會上對不動產開發業的觀感並不是很好。首先是土地開發對環境的衝擊與對景觀視覺的影響，業者對環境保護並不同情。加上社會的大量財富都集中在少數人手裡，造成貧富不均的現象。這種對不動產開發業的不佳看法，一方面需要政府有一個全面性的改善政策。另一方面，業者也需要積極建立它的作業準則，成爲環境友善的企業，才能在社會上建立比較正面的形象。最重要的是，對每一個受到開發影響的人，無論是所有權人、使用人，都要把他們看作珍貴的顧客。

1. 土地不動產估價工作必須謹慎爲之

土地不動產估價，是一項重要卻也是備受爭議的工作。一般的問題在於所蒐集的資料不夠充分，所用的估價技術，以及基本的假設前提也未必恰當。用於市場交易分析，以及預測不動產投資的資訊品質比較缺乏。通常，似乎對顯然需要注意的因素，並沒有在估價過程的每一個階段給予適當的關注。至於對價值的預測，經常會比經濟情況的變化慢了半拍。在商業投資和開發的估價技術方面，通常都有相當大的分歧。所倚賴的多數是市場所呈現的結果，但是對造成這些結果的背後因素則所知有限。

關於這些問題，我們有幾項建議。政府主管機關或公會機構，對於估價作業的標準與程序，要訂定行爲準則，並且對估價師要有相當的管束與培訓。此外，要使估價師有某項專業估價能力、估價報告的資訊要能公開、不動產資料的紀錄要容易取得，以便做分析的比對。也要有一貫的估價作業程序、要仔細評估影響成本與價值的因素。估價師的教育訓練要經常改進，以便改進估價作業的品質。英國稱爲：「New Red Book」的*RICS appraisal and valuation manual*，應該是值得參考與學習的。

至於估價師對未來的展望，如何面對市場的變化，調整自我的態度與步調，也是非常重要的。有些專業人士認爲，估價工作只要反映現在的市場狀況就好。不過，這種看法對於關心不動產投資與開發的人士而言，愈來愈感覺不能接受。無論未來的情形如何，爲了不動產估價專業能力的進步，良好的資訊與較高的作業水平，仍然是必須要求的。

2. 聯合開發與夥伴關係是未來的趨勢

聯合開發是兩個或兩個以上的個人或團體，爲了實現某項開發案件，正式結合組成一個合作團隊的做法。通常參與的成員包括土地所有權人、開發商和提供資金的人。其實這種作法開始於1980年代中、後期，主要是因應日益複雜的開發案件。這些因素包括：分散風險、取得資金、分享獲利、獲得專家的專長、整合土地、取得規劃許可、透過某些參與的有力人士取得某項利益，或是爲了適應市場狀況等。聯合開發是使開發案件成功的有效方法，不過如果結構或經營不當，也可能造成災難。不過不論如何，在可預見的未來，它的發展可能是一種趨勢。

另一種型態的聯合開發，可以稱爲「夥伴關係」。「夥伴關係」主要是公私雙方合作，從事都市更新工作的方法。這種夥伴關係必須建立在高度互信的基礎上，公部門要有良好與恰當的規範與監督，私部門也不可只顧營利不顧其他。例如台北市的大巨蛋，營造商即有超挖土地，擴張容積之嫌。台灣近年來所實施的BOT辦法即爲夥伴關係，但是從大的如高鐵，小的如文林苑都更案，以及爲數眾多的BOT案，似乎沒有一件是成功的。不過不論如何，在可預見的未來，夥伴關係的發展，也會是一種不動產開發辦法的趨勢。

3. 對不動產的研究要繼續不斷地加強

通常我們說「**知識就是力量**」，就不動產的經營而言，當然也不例外。研究的動機在於找出降低風險、減少成本、使報酬最大化等。研究的範圍非常廣泛，包括人口趨勢、社會經濟狀況、公共政策、消費者需求與消費型態、營建成本、財務、租賃價值與資產價值、利潤、投資條件、使用條件等。而且這些資訊，要從地方、國內，一直到國際，蒐集得愈完備愈好。

談到研究與分析，大家都覺得不動產業的興衰，似乎都是跟著經濟的波動在走。但是要瞭解它們之間究竟有什麼關係，卻是一件難題。從某種程度上講，研究不動產的人，讓人既羨慕又嫉妒。因爲幾個世代以來，他們的地位非常穩固。只因爲他們認爲不動產這種產品和行業與其他產品和行業非常不同，它不需要任何分析工具和思維，也不需要主流的靜態經濟學與財政學的均衡模式。如果這種看法是對的，他們的確過得輕鬆愉快。但是現在的情形卻完全不同。在一般不動產，以及特別是不動產開發領域裡，需要研究的問題清單卻愈來愈長。現在包括國際與國內、區域與地方的各種問題，以及公部門與私部門的各種需要。他們希望知道開發什麼？在哪裡開發？爲誰開發？開發多少？這些問題都需要研究來解答。

人造環境與它的持續發展

一般的觀念認爲土地資源的開發與環境保護，是互相衝突的兩件事。但是在我們討論不動產開發與都市規劃的時候，我們必須強調，眞正的開發必須是環境永續的開發，眞正的成長也必須是環境永續的成長。進一步講，我們關於環境永續性的信念，是要關心環境品質的各公、私決策方面，都必須把環境永續性作爲重要的開發決策前提。基於此一信念，爲了滿足目前生產者與消費者需要的投資與開發，必須不至於影響到未來世代的生產者與消費者需要的投資及開發。也正符合世界環境與發展委員會在 1987 年發表《我們共同的未來》研究報告，也稱爲《布倫德蘭報告》所下的定義。所謂永續發展是說：**我們的發展不可爲了滿足這一世代人類的需要，而妨礙未來世代的人去滿足他們自身的需要**。

套用Milton Friedman的話：「天下沒有白吃的午餐」，可以說：天下沒有不花錢的環境。要有良好的環境，必須付出代價，也就是看得見的和看不見的成本。然而，生態的破壞無法用現在的會計帳來計算。某些發展國家，嘗試發展出所謂的「資源會計帳」（resource accounting）系統來計算，世界銀行也用類似的方法在發展中國家實驗。

另外受到注意的是，近十多年發展出來的「環境經濟學」（environmental economics），或「市場環境學」（market environmentalism）。環境經濟學認爲，環境資源也可以一般經濟財貨來看待。也就是說，可以把財產權的概念應用到環境資源，如同土地財產一樣。這種資源也需要一個市場，以購買與出售。同時也需要一種方法，來估計它們的現在經濟價值，以及預計它們的未來價值，用經濟規劃的方法，來達到未來的持續發展。有關外部性與公共財貨的理論，學術界已經建立了堅實的基礎。

環境保護必然會受到開發界的重視

在愈來愈多的西方經濟社會裡，環境保護是一項正面、動態，具有持續性的概念，應該納入各種規劃領域中。但是不可避免的，在平衡經濟成長與資源保育和生活品質之間，必然會有互相抵換（trade-offs）的現象。也可能會以短期的成本來換取長期的成長。然而，我們必須認知，環境保護絕對不是像大家所想的，是反開發和成長的。

拿北美和西歐國家來看，從 1980 年代開始，私人企業很明顯地，已經把價值與品質做同等考量。在不動產領域裡，環境品質已經被優先考慮。顧客的要求更多，也需要更多的資訊。投資者在財務分析、投資組合的管理方面，也開始用更長遠、更寬廣的眼光，來審視一個城市、一個區域的環境愜意性、公共服務、都市設計和一般的管理。開發者所注意的是，設計的要求、特殊的設計標準、高標準的服務、工程的管控和財產管理，以及未來的租賃與資產價值。不動產專業人員，則注意不動產的開發程序、開發工作者的主動性、專業程度、責任感與可靠性，以及品質管制。其結果不僅是改善的環境品質，也更具獲利性。

從1960年代開始，環境保護運動加速地成長，對環境的注意與態度更爲專業化。永續的開發，給大家一個策略性的思考方向，對規劃與開發之間的關係，建立了一個新的、合理的理論基礎。更重要的是，永續發展具有一個空間向度，讓規劃者對開發案有一個截然不同的看法。這種看法，是以前的一般開發理論所沒有的。這對未來實際的都市規劃，和有效的不動產開發，都是非常重要的。

綠色不動產開發

一位非營利組織的CEO最近說：「面對環保人士的最大挑戰，並不是全球暖化、有毒廢棄物，或失掉動植物的棲息地。面對環保人士的最大挑戰，乃是告訴非環保人士一些他們並沒有注意到的事情。」不動產開發業者正處在一個道德的矛盾當中，這個矛盾就是如何在生態意識和經濟意識之間取得平衡。

湯瑪士．傑佛遜（Thomas Jefferson）[2]說，我們都瞭解：「地球是屬於每一個世代的，沒有任何一個世代的人，可以在他們生存的時候，攫取超過他對地球資源所做的貢獻。」今天，我們把它叫做**永續的發展——滿足現今世代的需要，而不至於影響未來世代滿足他們的需要的能力**。

我們要如何做，才能在持續不斷成長與發展的同時，保持與自然界的平衡與和諧？我們需要用什麼方法去規劃、設計、建造，才能達到永續發展的目標？事實上，對於這個問題，我們沒有一個既簡單又有效的答案。但是有一件事情是肯定的，就是我們希望有一個沒有超過政府規範，而且有活力的私經濟部門。我們需要一個有活力的私經濟部門，能夠大幅度、有創意地改變我們的土地使用和開發建築方法，在開發建設社區的時候，既能讓人民獲利，同時又能減少對自然資源的消耗與浪費。

早期的綠色不動產開發，在設計上並不吸引人，在市場上也不討好。但是跟著技術的進步，以及對綠色不動產開發的瞭解日益增加，已經對早先綠建築的誤解有所改變。今天的綠建築設計，已經能夠兼顧美學與耐久性。另外一個牢固的迷思，就是綠色不動產開發的成本太高。但是隨著技術的不斷進步，以及對營運效率的改善，已經使永續開發的作法，成爲正確的經濟與良心的事業。

除了有關綠色不動產開發知識與經營方面的進步之外，在市場方面也給開發者更多營利的機會。在心理、社會和文化的趨勢上，市場對於具有生態責任產品的接受度也大幅地增加。人們開始追求生活的品質而不是生活的型態；在追求生活品質的時候，人們注重的是健康而不是財富，是福祉而不是富有。市場對我們對待土地的道德關係，曾經一度黯淡。但是，當我們回顧我們過去的行爲時，我們開始覺悟。市場也開始帶領我們走向永續發展的道路。

人們與生俱來就有一種欣賞自然，倚靠自然的天性。簡單地說，當人們看到水、綠色植物、花朵，而不是建築物、玻璃與水泥時，就會打從心底有一種舒適、健康的感覺。可是，諷刺的是，我們常用我們人類的智慧、創意，去摧毀滿足我們所賴以過健康生活的大自然。如果自然景觀眞的是

---

❷ 美國開國元勳之一，起草《人權宣言》、《獨立宣言》、《美國憲法》。

那麼美好的東西，我們的開發者必須具有更敏銳的社區意識，把自然和人文連接在一個共同的生命網絡裡。因此，開發商和我們一般公民一樣，在營造一個高品質的生活與工作環境時，都必須合理地保護我們的自然生態資源。我們不但要把這些原則應用在河流、森林上，也要把它們應用在鄉村和城市裡。

綠色不動產開發也不是提倡要開發商犧牲金錢，而保護環境的利他主義者（altruistic）。綠色不動產開發將使開發商、投資者、使用人跟環境，都能受益。我們相信，在尊重環境的條件之下開發不動產，對企業絕對是一件好事。

什麼是綠色不動產開發？

綠色不動產開發有不只一個面向。就一個開發案來看，最容易看得出來的，就是節能的效果，其次可能是對生態系統的保護，再其次就是促進社區的凝聚力，以及減少對小汽車的倚賴。更重要的是，要把這些功能整合起來，減少對環境的衝擊，會產生多方面的利益。綠色不動產開發的發展，雖然至今還在起步階段，但是發展得很快。其實，綠色不動產開發在很多方面是復古的，或者可以說是新舊觀念與技術的結合。因爲很多的開發方式與設計，已經被人類使用了好幾百年了。例如：不動產在景觀和建築上，都力求適應當地的氣候、地理和文化條件。一個很好的例子，就是東海大學校園的規劃。

綠色不動產開發對開發商和所有權人而言，都有諸多的潛在利益。例如：可以減少建築物與景觀的經營和維護成本、增加租售率、增進不動產價值、減少負債風險、增進人們的健康、減少申請許可程序上的耽擱。雖然這些好處不會在每一件開發案上實現，但卻是經常會出現的。這些利基可以大概分成三大類，它們包括：對環境的知覺、資源使用的效率，以及對社區與文化的敏感度。而且這些功能也是相輔相成的。例如：如果一個開發案的設計是要減少對小汽車的倚賴，它也能同時促進社區的凝聚力，減少犯罪率。因爲步行的居民增加，居民的互相認識也增加。

對環境的知覺

傳統的不動產開發往往對自然環境並不敏感。這種案件會傷害地景，使寶貴的農地無法生產，破壞野生動植物的棲息地。對環境知覺的關鍵，在於「**尊重**」土地所在的區位和應該使用的方式，也就是要講究「土地倫理」。環境知覺應用在土地使用上，就是小心的選擇開發的地點，要與自然環境混爲一體，盡量使用已經開發的土地，復育遭到破壞的土地，盡量保留未開發的處女地。如果把環境知覺概念應用在公共設施的開發上，就是要注意洪水的管理、沖蝕的控制，和道路的設計。應用在建築物的開發上，就要注意採光、通風、地形、植生，並且減少對當地生態系統的衝擊。

資源使用效率

資源是指我們能獲得與使用的物料和能源：土地、水、土壤、木材、石化燃料、太陽能等。在不動產開發上，這些物料和能源都是資本，開發商用來選址、建造和經營建築物。資源使用效率就是用較少的資源，完成開發的目標。資源使用效率可以應用在不動產開發的許多方面，包括：土地使用、建築物設計、材料的選擇、減廢、節水和能源效率。簇群式的開發，可以減少對公共設施的需要，可以同時節省資源和金錢。行人友善與捷運導向的規劃，可以減少小汽車的使用與空氣汙染。循環使用廢棄的建築物，可以節省土地與能源。更重要的是節省財務的支出。

對社區與文化的敏感度

社區是自然形成的，社區包括個人、家庭、朋友與各種機構之間互動的質與量，加上安全、參與感、鄰里街坊和環境之間的關係，也就是生態系統的關係。但是，我們往往忽略了這種關係，當我們試圖改變一個因子或關係時，並沒有注意到它對整個社區的影響。不動產開發者應該注意到，當他開發一樁不動產時，整個社區都會受到影響。影響可能是正面的，也可能是負面的。有的是細微的，也有的是有傷害性的。

社區的社區敏感度反映在土地使用、建築物的設計與鋪陳，以及它們的經營。綠色不動產開發在土地的使用上，要注意其規模的大小與功能是否適合社區的需要。開發計畫要注意車輛，也要注意行人，要適當地提供公共設施，如：就學、工作、購物的便利，以及公共廣場供休閒與集會之用。文化的敏感度是指對當地的歷史、文化紋理、風俗習慣和對人造環境的尊重。綠色不動產開發者通常會支持文化、經濟，或市場區隔的多樣性。

整合生態與不動產開發

一個成功的綠色不動產開發，是要加強人與地方、人與自然，建築物與自然之間的關係。生態是關乎生物與環境之間的關係，當然人也包括在內。從社會學理論來看，「生態」是指人與自然之間的關係，所孕育出來的社會與文化型態。從整個生態系的角度看，既看全局，也看每一個部分與其他部分的關係。沒有任何東西是能夠單獨存在的，每一樣東西都是整個生態系統的一部分。[3]綠色不動產開發，就是把生態系統的思維應用到不動產開發的行業上。不動產開發業者如果能瞭解，並且應用生態系統的思維來開發不動產，他將會是明天不動產業的領導者。

綠色不動產開發的土地使用

一般人的觀念，往往認爲綠色不動產開發就是建築物的建造就地取材，使用本地生產的建材，配合地景，使用太陽能和自然光線等方法。事實上，綠色不動產開發的做法遠不止於此。試想如果一棟建築物非常節能，而且非常環境敏感，但是使用的人要花很長的通勤時間，或者破壞了鄰里的和諧，他的負面影響就大於任何環境利益了。因此，我們須從更高、更廣的土地使用規劃的角度，來看此一問題。簡單地說，就是我們對土地與其他資源的使用，要愈有效率愈好。也就是前面所說的，**要有對環境的知覺**、**要提高資源使用的效率**、**要對社區與文化有高敏感度**。這些策略，可以大概分爲兩大類。第一類做法是避免開發綠地、開放空間，或其他低度開發的土地，而盡量利用已經開發、還沒有充分利用的土地。第二類做法是既使不得不開發，也要盡量把開發所造成的環境影響極小化。

第一類做法所針對的問題，產生於都市的蔓延。第二次世界大戰之後，美國的不動產開發，顯示出非常沒有效率的土地使用，這種情形有幾種因素。廣泛的建造高速公路與小汽車使用的快速增加，讓人們可以居住在環境較好的郊區。對開發商而言，開放空間（包括農地）比較廉價，也比較

❸ Rocky Mountain Institute, *Green Development: Integrating Ecology and Real Estate*, John Wily & Sons, Inc., 1998, p. 9.

容易大規模地開發獲利。現行的分區使用規則（zoning regulations），往往把開發商推向鄉村，因爲現在的社區拒絕過度成長。

這種成長，除了讓開發商獲利之外，其實製造了許多隱藏的成本。例如：愈來愈多的居民倚賴小汽車作爲交通工具，製造了更多的空氣、噪音、灰塵等汙染，更使市中心衰敗，鄰里的凝聚力瓦解，優良農地流失。美國銀行（Bank of America）發表了一篇研究報告《蔓延之後：適合新加州的新成長模式》（*Beyond Sprawl: New Pattern of Growth to Fit the New California*）。這篇報告的結論警告說，蔓延給加州製造許多負擔不起的成本。諷刺的是，無法遏止的蔓延力量，降低了生活品質，現在反過來成爲遏止蔓延的力量。這篇報告呼籲加州開始實施城市智慧型成長，引導成長走向緊湊和有效率的成長模式，以符合各種所得人民的需要，同時能維持加州的競爭力和生活品質。

第二類做法是引導開發行爲使用現有已經開發，但是還沒有充分利用的土地。從經濟的角度看，如果能夠利用已經開發的基礎設施，便可以節省開發商、納稅人、所有權人和企業大量的成本。避免綠地的開發，可以放緩鄉村土地的都市化，保存農地和林地，保護野生動植物的棲息地，維護遊憩休閒用地。同時，更能促進多樣、有活力，而且環境友善的社區。具體的做法有如下幾種：

1. **建築物與社區的再利用／整修**：雖然具有極大的經濟、環境、社區和文化上的利益，開發者卻往往忽略現有建築物再利用／整修的機會。這種做法最適用於可及性高的住宅與辦公用建築物，同時可以降低蔓延對開發郊區土地的壓力，也可以保護農地、森林和自然生態地區。老建築物的整建，可以保留它們的歷史意義，也能比開發新建築物產生較少的環境衝擊。因爲老建築物的某些結構可以重複使用，可以節省材料與建造的能源。也能夠顯示出對生態和社區的責任與敏感度，甚至給衰敗的老市中心注入新生命。

2.**內塡式開發**：內塡式開發是指在已經開發的地區加上新的建築物，增加密度與集約度。內塡式開發可以在獨棟住宅區、商業區、市中心區和倉儲區等地實施，這種做法可以利用已開發的基礎設施，如道路、上下水道、公園等，要比蔓延開發節省成本。不過，也有人擔心增加已開發地區的密度與強度，會侵蝕綠地與開放空間，破壞當地的環境，甚至超過公共設施的承載力。因此，內塡式開發最好能配合都市更新，做整體的規劃。目前，台灣以容積獎勵的辦法，從事局部老舊或毀損建築物的改建或重建，可能並不是理想的內塡式開發。

3.**棕地的再開發**：每一個城市都會有廢棄的工廠或其他使用過而目前閒置的土地，我們通常稱之爲棕地。**美國環保署（EPA）把棕地定義爲：放棄、閒置，或低度使用的工業和商業設施**。這些土地實際上或被觀察到環境汙染，它們的再開發，情況比較複雜。棕地通常都有良好的區位，對公共運輸與基礎設施的可及性高，但是價格相對較低。棕地的開發可以帶動衰敗地區的復甦。當然，對於環境汙染的處理，以及處理成本的歸屬，是需要立法以鼓勵棕地再開發的。

4.**開放空間和簇群式**（clustered）**開發**：在開發土地時，增加密度、保留一部分的土地作爲開放空間，應該是比較明智的做法。開放空間可以讓人欣賞大自然，並且保護生物的多樣性，和牠們的棲息地。**開放空間並不是隨機或隨意留下的一塊空地，而是要經過精心設計，有意義、有多項用途的空間**。在綠色開發中，開放空間必須能夠提供遊憩、休閒、保護生態、吸收CO_2、生產糧食、滯洪，和防止噪音等功能。保留開放空間，除了它本身之外，也要考慮它與周邊土地的關係。要與周邊的開發保留足夠的緩衝地帶，以保持生態系統的完整。在台灣的都市裡，你會看到許多大樓前面或側邊，留下一小塊象徵性的空地，並且豎立一塊牌子，上面注明根據某項法規，留下這塊空地提供公眾使用。這種做法，可以說只是應付政府法令，聊備一格而已。在農地受到開發的壓力時，簇群式開發特別重要。一項 1990 年 Jeff Lacy 在麻薩諸塞州（Massachusetts）所做的研究，比較簇群式開發與傳統式住宅區開發的價值和利益。顯示居民願意花費較多的錢，在公共開放空間的愜意設施利益上，而非較小的、較零星的個別建築物的開放空間。

還有一項研究，是在芝加哥西北大約 45 英里的 Prairie Crossing。這是一樁混合式的開發案，包括好幾個大基地的住宅區、簇群式的住宅，和混合使用的鄰里單位。此一開發案恢復了幾處原有的棲息地、草場、溼地和一個湖。更有 150 英畝的農地仍然在生產，包括一個 10 英畝的有機菜園。另外撥出 75 英畝的土地做工業與商業使用。在開發案的南緣，有一個軌道運輸車站，供通勤居民前往市區和機場。開始的時候銷售較慢，隨著媒體的報導，銷售開始增加。[4]

開放空間的價值難以量化，開發商往往只考慮他們的損失而裹足不前。但是，只要有保護開放空間的信念，專心開發他可以開發的土地，直接和間接的利益終將到來。因為保護開放空間，提高環境品質，終將會吸引人們來購買，價值自然會提高。

5. **新傳統開發模式**：我們提倡高密度的開發，但是，因為密度高，反而不吸引人。因此，「新傳統開發模式」希望能平衡高密度開發與土地和基礎建設的成本。美國與我們對住宅的傳統觀念，都是希望建築在自己的私人土地上。然而，愈來愈多的先進開發商和社區規劃師認為，大基地、低密度的開發會鼓勵小汽車的使用，並且會使社區的凝聚力鬆散。開發緊湊的市鎮，讓居民可以在步行的距離內獲得公共服務、公共交通，以及對社區產生認同感的想法，就是所謂的新傳統開發模式。因為內容與應用的不同，也有人稱之為捷運導向的開發、傳統的鄰里開發、行人尺度的開發，或新都市主義。不論如何稱呼，「新傳統開發模式」的目的，就是要模仿幾個世紀以來，人們享受工作、生活的傳統袖珍型小鎮，或鄰里的功能、土地使用的型態，設計、創造更宜居的生活環境。

事實上，直到今天爲止，大多數新傳統開發都是在綠地上，因此受到批評，認爲這只是比較漂亮的郊區蔓延。但是，新傳統開發包括一連串的做法，從規模、區位到開發策略，包括：內塡、再利用，以及棕地開發。在1966年，新都市主義協會（Congress of New Urbanism, CNU）——由認同新傳統開發的規劃師、建築師所組成的團體——在他們的新憲章裡指出：「**新都市主義大會認爲：不在城市中心投資更新，讓城市毫無止境地蔓延，任憑人們因種族和所得產生隔離，環境的敗壞，農地與野生地的流失，以及對人造遺產的侵蝕與破壞，是我們一連串社區建造的挑戰。**」

新都市主義憲章的主張，是要創造土地使用和人口都能多樣化，設計行人、捷運和小汽車都能包含的社區，建築和景觀的設計能夠傳頌當地歷史、文化和生態的市鎮。憲章包括二十七項有關政策、開發方法、都市計畫和設計等原則。我們在《城鄉規劃讓生活更美好：理念篇》第九章已有引述。

有些人有一種錯誤的觀念，認爲新傳統開發和綠色開發是同樣的東西。事實卻不是這樣，新傳統開發或新都市主義的規劃和設計，的確包含一些綠色的元素，例如：行人導向、提高密度、混合使用開發和袖珍型開放空間等，但是卻缺少能源效率、建築材料的選擇、用水的效率和景觀設計等。CNU憲章建議，建築與景觀設計，應該用當地的材料，地形、歷史與建築方法，以及使用自然方法取暖和空調，更有效率地利用資源。然而，除非這些概念能夠眞正運用在新傳統開發的規劃設

---

❹ Rocky Mountain Institute, p. 89.

計上，否則我們未必能有一個永續發展的未來。

綠色不動產開發的未來

環保人士往往認爲開發，和土地保育和其他環保目標是敵對的。但是，有責任感的開發商已經開始認識到，開發和環保是夥伴關係。他們所需要的，是一個新的典範，讓社會認識到，他們能夠做到使環境衝擊極小化，讓開發能夠一方面促進人類社區的健康成長，同時也能復育自然環境。當然，這種事情不可能由開發者單獨做到。它需要政府的認可與鼓勵，環保組織和公民團體的瞭解與合作，才能使各方面都能受益。

在有些地方，居民認爲蔓延是經濟發展的自然結果，所以就被動地接受。在另外一些地方，社區爲蔓延傷腦筋，只好採取零成長的政策，停止一切開發行爲。更有一些社區支持開發與反對開發雙方陷入爭執，甚至互相訴訟，最後沒有任何人成爲贏家。但是，開發並不一定等同於實質上的擴充或成長。開發者可以改善社區的生活品質，去思考他的開發案與周邊有什麼關係？鄰里之間還缺少什麼？而並不一定需要在實質上增加社區的規模。一個好的綠色開發案，不論規模大小，都能增進社區的品質。

美國奧瑞岡州的許多城市，在綠色開發方面具有領先的地位。在 1979 年，奧瑞岡是全美第一個立法劃設「都市成長邊界」（UGB）的州。「都市成長邊界」的劃設，是要禁止在邊界之外進行土地開發，同時鼓勵在邊界之內做增加密度的開發，邊界成爲一個農業和開放空間的綠帶。從 1979 到 1996 年，奧瑞岡每年流失的農地，從 30,000 英畝減少到 2,000 英畝。

奧瑞岡州首府波特蘭都會區的UGB涵蓋 364 平方英里，波特蘭都會區正在人口成長的壓力下，努力維持它的UGB。據估計，到了 2040 年，波特蘭都會區的人口將會增加 77%，市政當局只承諾增加 6% 的住宅用地。從 1992 年起，成長管理成爲都會區一等一的重大政策。此一計畫從區域面規劃，把與成長管理有關的問題，如：交通、土地使用、地方的社會爭議等，做綜合性的考量。有了UGB和區域計畫，開發商開始進行一些創新方法，把綠色住宅開發和混合使用開發帶進城市。

目前，舊金山灣區（Bay Area）有 6.5 百萬人口，這個地區仍然有 4.5 百萬英畝的開放空間。然而，據估計三十年後，如果繼續照現在這種方式開發新市鎮，老市鎮繼續擴張，都市地區將會倍增。於是一個名爲Urban Ecology的非營利機構，倡導重建與自然和諧的城市。目的是要使灣區的各種土地使用，從緊湊、內塡式的鄰里（甚至把住宅蓋在市中心商店的樓上），到荒野的生態系統，都能符合綠色開發的要求，同時興建捷運連接工業區，並且發展一個成長邊界計畫。

10

規劃永續發展的奧瑞岡

假使我們要成功地拯救地球，戰役的勝負都決定在地方階層。

——奧瑞岡州長 湯姆・馬寇

美國奧瑞岡州的土地使用規劃，以及它的首府波特蘭市的城市規劃，乃是全美，甚至世界知名的。奧瑞岡州的土地使用規劃在 1973 年，向前邁了一大步。根據該州參議院第 100 號法案，州政府要求州內每一個城市與郡，都根據州的目標，做一個綜合計畫。這個計畫不但要盡到地方政府土地使用規劃的責任，也要顧到全州的共同福利。規劃工作由「土地保育與開發委員會」（Land Conservation and Development Commission, LCDC）指導與監督。奧瑞岡州的土地使用計畫，受到佛羅里達、緬因、新澤西、喬治亞，以及美國其他各州的重視，作爲研究與學習的對象。對於奧瑞岡州的土地使用計畫，外州與本州人士的看法迥然有別。外州人士認爲那是一樁了不起的工作，部分的原因認爲計畫是在當時，並沒有合作、協調機制的環境下做出來的。本州人士則抱著一種等著看它凸槌的態度。其實，平心而論，外州人士的看法應該更平實一點，而本州人士則應該認識到，規劃工作所面對的是一個嶄新的環境。

奧瑞岡州的土地使用規劃立法開始於 1919 至 1923 年間，州授權各市擬具計畫與土地使用規則。在 1920 年的一次公投（referendum）中，波特蘭市拒絕做全市的使用分區。四年之後，該市通過了一個簡化版的分區規則。在 1947 年以前，規劃一直都是城市的功能。在二戰期間，由於郊區的都市化，規劃才延伸到郡，郡計畫的實施並不需要分區規則。在 1960 年代，由於城市的成長，奧瑞岡州所關心的是都市的蔓延。廣義地看，都市蔓延成爲一種環境的災難，因爲它糟蹋了無可取代的景觀、農地、森林與能源。州長馬寇（Tom McCall）在議會直指郊區化與別墅的開發是罪魁禍首。馬寇在他第一任州長任期（1967~1970）內，就成立了州的「環境素質部」（Department of Environmental Quality），開始規劃約有一百英里長的威麗湄河綠園道（Willamette River Greenway），把海岸收歸公有，拆除廣告招牌。爲了保護農地，奧瑞岡州立法規定農地的稅率，依照地租（生產力）價值，而非供需價值。

州政府在 1969 年，依照參議院第 10 號法案，要求每一個市與郡都要在 1971 年底以前做好綜合土地使用計畫和分區規則，以實現州的十九項計畫目標。

奧瑞岡州的十九項土地使用計畫目標

在 1973 年五月，參議院通過SB 100 法案，成立了「土地保育與開發委員會」，監督地方政府的規劃是否符合州的目標。奧瑞岡州的十九項規劃目標如下：

目標一：**公民的參與**：要建立計畫，確實使公民能夠參與規劃程序的每一個步驟。使公民有機會與官員溝通，資訊要清楚、容易瞭解。

目標二：**土地使用規劃**：建立一個土地使用規劃的工作程序與政策架構，作爲所有與土地使用有關的適當決策與行動的基礎。有關的議題包括：可負擔的住宅、成長管理。土地保育與開發和社區緊密合作，協助完成重要工作。

目標三：**保護並且維護農業使用的土地**：農業一直都是奧瑞岡的最重要產業，開放的草原是奧瑞岡的地景之美。都市成長邊界讓城鎮的土地使用，在都市地區之內。另外的辦法，是嚴格限制優良農地改變使用。爲了反映農業的多樣性，各郡可以採取不同的計畫保護農用的土地。各郡要與LCDC、農業與森林部，以及農業與林業專家，調查小尺度的土地資源，並繪製圖說，顯示重要與高價值的農地，保護並且維持做農業使用。非重要與非高價值的農地，可以保護並且維持做經濟農作使用。

目標四：**森林土地**：森林是奧瑞岡的重要經濟基礎。保育森林、維護森林土地基礎，保護州的森林經濟基礎，盡可能地經濟有效使用森林；並且悉心管理土壤、空氣、水，以及魚類與野生動植物資源，並且提供遊憩使用。

目標五：**開放空間、地景與歷史遺跡，以及自然資源**：保留開放空間，保護自然與景觀資源。計畫的目標，應該包括：(1)確保開放空間；(2)爲未來世代保護地景、歷史遺跡與自然資源；(3)在與自然地景和諧的關係中，提升健康、賞心悅目的環境。

目標六：**空氣、水與土地資源品質**：維護並且改善空氣、水與土地資源品質。所有由於現在與未來開發所產生的汙染，不得危害州或聯邦的標準與法規。排放於空氣域、水域的汙染物質，規定得：(1)不得超過這些資源的承載量；(2)不得降低這些資源的品質；(3)影響這些資源的供給與可使用性。

目標七：**天然與人爲災害地區**：要保護生命財產，免於天然與人爲災害。土地開發不得規劃在已知可能會產生危害生命財產安全的天然與人爲災害地區，計畫應該基於對天然與人爲災害地區清楚的調查。

目標八：**戶外遊憩的需要**：要滿足州民與觀光客對戶外遊憩的需要，包括遊憩設施與食宿。地方、州與聯邦政府應該密切合作，保護遊憩資源與設施。

目標九：**經濟發展**：提供各種適當的工商經濟活動機會，以增進全州人民的健康、福利與繁榮。

目標十：**住宅**：提供全州人民住宅的需要。做住宅使用的建築用地，應該調查清楚，住宅計畫應該滿足需要的戶數，住宅的價格與租金水平應該與州民的財務能力相當，住宅的區位、樣式與密度要有適當的彈性。

目標十一：**公共設施與服務**：城市人口超過兩千五百人，即需要有公共設施與服務計畫。要使公共設施與服務的提供及時、知所先後，並且要有效率。

目標十二：**交通運輸**：交通運輸計畫要提供安全、便利與經濟的交通運輸系統。交通運輸計畫應該：(1)考慮各種運輸方式，包括大眾運輸、航空、水運、軌道、管線、自行車與步行；(2)要以地方、區域與州的運輸需要爲基礎；(3)要考慮各種不同運輸方式整合，對社會所造成的影響與結果；(4)避免倚賴任何單一種運輸方式；(5)要使對社會、經濟與環境所帶來的負面成本極小化；(6)節約能源；(7)改善運輸服務，滿足弱勢族群的需要；(8)要便利貨物與服務的流通，以強化地方與區域的經濟；(9)要配合地方與區域的綜合計畫。

目標十三：**能源保育**：土地的開發與使用，都與能源使用有關。應該依照經濟原則管理，使能源保育的功能極大化。

目標十四：**都市化**：要使鄉村的土地有秩序、有效率地轉變爲都市土地使用。要建立都市成長邊界，明顯地區隔都市土地使用與鄉村土地使用。都市成長邊界的建立與改變，要考慮以下各種因素：(1)要顯示容納長期人口成長的需求，並且要與LCDC的目標一致；(2)要考慮人民對住宅、就業機會，以及宜居性等因素；(3)要經濟而有先後次序地提供公共設施與服務；(4)現在與都市成長邊緣的土地使用效率要極大化；(5)要考慮環境、能源、經濟與社會的果效；(6)農地的保護要依照品質、功能建立優先次序；(7)將要改變爲都市使用的土地，要與周邊的農業發展相容。

目標十五：**威麗湄**（Willamette）**河綠園道**：要保護、保育、維護與增進綠園道的自然、景觀、歷史、農業、經濟與遊憩的土地使用品質。

目標十六：**河流入海口的資源**（estuarine resources）：要保護、維護每一個河口的這種獨特資源，以及其周邊溼地的環境、經濟與社會價值。開發要有適當的方法，並且要用適當的復育方法，恢復其多樣性與利益。

目標十七：**水岸土地**：要保護、保育所有的海、湖、河岸土地，因爲它們的價值在於保護水質，以及魚類與野生動植物的棲息地。水岸土地也提供倚賴水源的其他使用，以及遊憩與景觀、港口的使用。水岸土地的管理也要與周邊水域相容，以減少對人類生命財產的威脅。

目標十八：**沙灘與沙丘**：要保育與保護沙灘與沙丘，開發、遊憩使用之餘，要復育這些地方的資源，並且要減少天然或人爲災害，對人類生命財產的傷害。

目標十九：**海洋資源**：保育近海的海洋與大陸棚的長遠價值與利益。所有影響領海的地方、州與聯邦的計畫、政策、方案，與開發、管理行爲，都要維護、增進與復育奧瑞岡沿海的資源。因爲這些可再生的海洋資源，對糧食生產、水資源品質、航行、遊憩與美質的欣賞，都有長遠的利益，應該加以正確的保護與管理。[1]

---

[1] Carl Abbott, Deborah Howe and Sy Adler, Editors, *Planning the Oregon Way-A Twenty-Year Evaluation*, Oregon State University Press, 1994, pp.299~303.

這些目標的基本想法，是要求土地的開發都要在「都市成長邊界」（UGB）之內。在UGB之外的土地是資源土地，在使用政策上，它們是作爲支援城市生存的農業和森林產業之用的，與資源使用無關的使用是被禁止的。支持這項政策最爲有力的，是Portland、Salem和Eugene三個城市。

奧瑞岡州的都市成長邊界政策

遏制都市蔓延是美國二戰以後，規劃界的基本目標。在所有的辦法中，發現最有效的是劃設「都市成長邊界」（UGB）。劃設「都市成長邊界」肇始於奧瑞岡州，最簡單的方法就是對都市發展劃出一個絕對的限制邊界。在UGB之外的土地，可以做農業、森林或開放空間使用。

UGB政策的實施

UGB的概念產生於Salem、Marion各城市與Polk郡，是爲美國第一個有效遏阻都市蔓延的案例。UGB外圍適合農業使用的土地，必須與鄰近的農業經營方式相稱，也與LCDC所規劃的目標十四的要求一致。UGB的主要功能就是管理都市成長，使城市智慧地成長。成長管理也涉及密度的規定、開發的管制，以及人口數量的限制。UGB不是限制成長，而是管理成長的區位，因爲成長不必向城市周邊蔓延。UGB政策的目標也包括保護優良農地、提供公共設施、減少空氣、水與土地的汙染，以及創造獨特的都市環境。地方政府必須在UGB範圍內提供住宅、工業、商業、遊憩、開放空間，以及其他的都市土地使用。

實施UGB政策的工具有許多種，包括「稅」的誘因與遏制、購買土地做儲備（land banking）、公共使用，保留做開放空間，實施使用分區與規劃公共設施等。UGB政策由地方政府與州政府共同合作執行，土地使用法規則由地方政府執行。UGB政策的概念十分單純，但是它的實施並不容易，因爲都市發展的快慢與時機並不確定。UGB範圍劃得太小，會使地價上漲，劃得太大又難以防止都市蔓延。比較具有爭議性的問題是，如何處理劃在UGB以外，已經細分爲都市建築使用的土地。

雖然UGB的劃設是政府之間合作的工作，但是市與郡之間，以及市與都會區之間常會發生爭執。此外，地方政府與州政府的LCDC之間，也會有不同的意見。地方政府所要求在UGB範圍之內的土地，常會比州所認可的爲多。在UGB範圍之內的土地，大致可以分成兩類，「都市土地」是指已經開發的土地，以及因爲都市地區發展需要，而即將開發的土地。「都市化的土地」是指基礎建設已經完善，可供高密度開發的土地。同時，也允許農業與低密度的使用，但是並不排除日後的再開發。

目標十一的公共設施與服務計畫，要求提供及時、有先後順序，並且有效率的公共設施與服務，以供城市與鄉村的發展。這個目標的主要目的是要引導都市地區的開發，管制都市化地區過早的開發，並且防止在鄉村地區進行都市發展。都市地區的主要設施包括供水、排水系統，消防、公共衛生與遊憩設施等。鄉村地區的設施，只提供有限的鄉村開發，包括道路、能源與電話線路等。

UGB的理論與實踐

從財產權的經濟學假設看，UGB從根本上改變了區域性的土地市場。有些經濟學者純粹從理論上認爲，決定最佳土地使用的人，是私有財產所有權人。他們認爲私有財產所有權人，能夠做比實施成長管理政策更有效率的成長與土地開發。然而，要達到有效率的土地開發，都市土地市場必須滿足以下七項有如完全競爭的條件：(1)眾多的買方與賣方；(2)充分的資訊；(3)生產者能夠自由地進出市場；(4)沒有交易成本；(5)有長期的一貫報酬；(6)買方與賣方的生產、消費結果完全內部化，所以沒有任何人會因爲其他任何人的行爲，使福利受到損失；(7)所有的消費者都有同樣的品味與偏好。

然而，問題是幾乎沒有任何這些條件，能在任何時間同時滿足。很多沒有效率情況的發生，是由於政府的政策；其他的原因只是資訊不足，以及沒有能使利益與成本由引起的人享受及負擔的機制。政府對市場的干預，目的在於使公眾利益與效率保持平衡。有的時候要維持公共利益，也會犧牲一些效率。例如：購屋貸款利息可以從所得稅中扣除，會減低效率，但是所獲得的利益會超過成本。然而，從規劃的角度看，許多經濟與政策分析學者認爲，成長管理的需要，是因爲：(1)要平衡其他政策所造成的無效率開發；(2)改善不同土地使用所造成的公害；(3)讓買賣雙方知道什麼是理想的開發方式；(4)達成各級政府開發土地的公共政策；(5)減少地主各自土地使用決策所造成的負外部性；(6)提供適當的公共設施與服務；(7)減少提供公共服務的成本。

實施UGB對都市土地市場的影響

在理論以及實際情形上，學者的研究顯示，實施成長管理政策，把都市土地開發限制在UGB之內，並且管制UGB之外的土地只做資源類的使用。則UGB之內的都市土地價格就會上漲，UGB之外的鄉村地價就會下跌。而UGB即會使從都市中心往郊區逐步下降的地價趨勢中斷。因爲UGB的目的就是在減少對資源土地的開發壓力。

從永續發展的觀點看，在城市周邊設置綠帶，不但能爲下個世代的子孫保留一片淨土，而且可

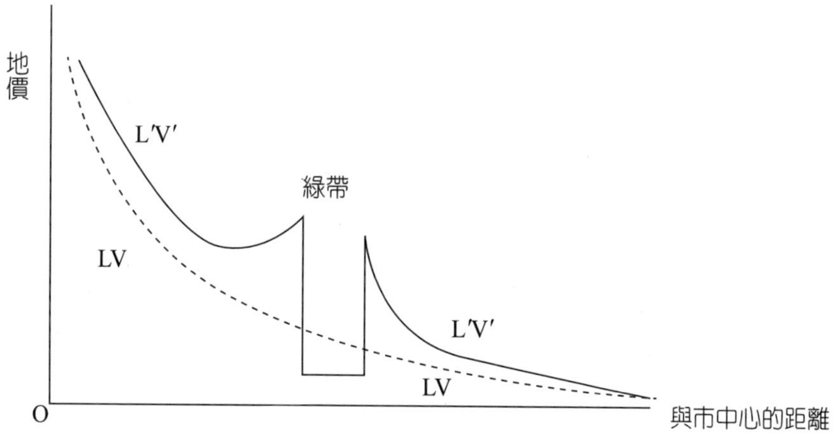

圖 10-1　綠帶示意圖

以立即提升目前的土地價值。在圖 10-1 中，假設原來的土地價值爲虛線LV，由市中心向郊區緩緩下降。但是如果我們在城市近郊區劃設一個綠帶，土地的價值會從LV升高到L'V'，而所增加的價值，足夠彌補在綠帶上減少的土地價值而有餘。圖 10-1 中顯示，接近綠帶的土地價值特別高，表示這些土地對綠帶所提供的寧適環境有較高的可及性。

實施UGB對都市公共設施的影響

「UGB政策」的基本目的，就是要使UGB範圍之內的土地開發更有效率。這樣做也是爲了提供適當的公共設施，要達到這個目的最有效的方法，就是透過中心化的區域性規劃。假使公共設施能在區域的層面協調規劃，就能全面性地看到在何時、何地提供公共設施最爲恰當，這樣也能減少成本。研究顯示，區域性地整體規劃公共設施，要比個別城市各自規劃與提供公共設施來得經濟，並且人均成本會較低。

實施UGB對都市住宅的影響

在 1950 年代末到 1960 年代初，美國開始了兩項改革運動，最終在 1970 年代合而爲一。此一運動製造了一個嶄新的政治環境，使州政府廣泛地注意到公眾的問題。因素之一是對環境問題的日益重視。另外，社會的氛圍也使公眾更重視參與政府的決策程序，去表達他們所關心的社會問題。前者使州政府注意到土地使用的問題，後者則使州政府注意到都市的發展程序，住宅問題剛好與兩者都息息相關。

讓居民擁有負擔得起的住宅是奧瑞岡州的一項重要規劃目標，是關乎居民經濟、社會、健康、安全與福利的中心工作，其起源是與城市的興起同樣久遠的。紐約 1867 年的《城市住宅租賃法》（City Tenement Act），爲現代城市規劃的里程碑。該法雖然接近建築設計，卻反映了當時城市住宅的狀況，如貧民窟的問題。也使之後的改革開始注意改善居住環境，而並不是住者是否有其屋的問題。

奧瑞岡州的十九項土地使用計畫目標中的第十項，即是有關住宅的目標。它的要求是要提供奧瑞岡州的居民適當的住宅，而且其價格或租金水平要與家庭所得相稱。第十四項目標也同樣重要，因爲它陳述了UGB的建立，同時注意到住宅對土地的需要。由於UGB的建立，對住宅土地價值的影響很大。如果其他狀況不變，假使在UGB範圍之內有限的土地開發上，對住宅有較大的需求，地價將會上漲。那麼，我們就要進一步問，房屋的價格是否也會跟著上漲？如果房屋所占的基地很大，價格當然會上漲。從另一方面看，即使沒有UGB對土地供給的限制，政府要蓋豪宅以增加稅收，自然就會蓋大基地的住宅，小基地的住宅就減少了。

比較近期對目標十的影響和目標十四的有效性的研究，顯示出一些令人失望的事實。就是除了波特蘭地區之外，大量的住宅開發都發生在UGB之外。這種現象的出現，顯示出奧瑞岡的成長管理政策，並沒有發揮它預期的效果。這種現象是否表示政策的失敗，或者只是偶然的出軌？研究的結果顯示，由於《都會區住宅管理條例》（Metropolitan Housing Rule, MHR）對密度的規定，在各地方寬嚴並不一致所造成的。不過在波特蘭地區，對有關目標十和十四，以及MHR的要求多是正面的。在許多方面，MHR也鼓勵地方政府在自己的政策上有其獨立性。不過，大多都支持較高密度和可負擔的住宅政策。

實施UGB對農地保護的影響

在沒有GBU的情形下，都市與鄉村的過渡地帶，都市使用與農業使用土地互相競爭。在「最高與最佳的土地使用」原則下，都市土地的價格要比農業使用爲高，因此農業土地競相變更爲都市建築使用。然而，UGB的目的就是要清楚地分隔土地的都市使用與農業使用。在UGB範圍之外的農業土地，可以避免土地投機，維持農地的價值。在另一方面，因爲都市居民喜好鄉村地景，移向UGB邊緣，即會使接近UGB邊界的土地價值上升。在UGB邊界以外的土地，則會種植高價值的經濟作物，使農民的生產增加，農民的所得提高，即會保護農地不至於汲汲於希望變更爲都市土地。

實施UGB對都市型態的影響

雖然很多其他的州，也學習奧瑞岡州的全州規劃，但是都不如奧瑞岡州做得那麼理想。奧瑞岡州的做法是使每一個城市，無論大小，都追求緊湊的市中心發展型態。它們的鄉村地區，主要都做合於自然資源的使用，可居住的地區則以各種不同的密度興建住宅。學者的調查顯示，超過 90%

的新居民都居住在UGB範圍之內。根據 1987 年的農業普查，自然資源使用地區的人口，實際上不是保持恆常，就是減少。[2]

理論上，遏制都市蔓延的做法，並不包括鄉村地區的小型都市聚落。但是規劃程序也認可許多在UGB範圍之外，已經存在的非農業，或非自然資源的使用方式。政府准許這些地區進行建築，以免鄉村住宅侵蝕生產的農地與林地。

UGB政策的管理

關於UGB政策的研究，注意到幾件重要的事情。一個是已經注意到和沒有注意到的，在UGB之外的住宅和非住宅開發。第二件事是緊鄰UGB內外的開發密度和型態，是否和都市地區的開發水平一致？因此，UGB政策可以從UGB範圍之外的開發，與UGB範圍之內的開發兩方面來看。

UGB範圍之外的發展

UGB最初的設計是要指導都市的發展，希望限制土地的供給，以鼓勵更有效率地使用已經都市化的土地。因爲，在低密度的地區延伸公共設施非常困難而且成本高。因此UGB政策如果要延長它原來規劃的二十年發展，應該做如下修正：

1. 建立長期（五十年）的公共設施計畫，訂出明確的UGB擴大標準和時程。
2. 在都市保留區之內，特別保留作爲農業或森林使用的土地，禁止興建住屋。
3. 在保留區內的住宅區基地面積，最小要有十到二十英畝。在任何沒有公共設施地區的開發，必須在規劃的概念上，考慮到未來都市設施的區位。

4. 在已經開發或半都市化地區，要鼓勵內填式，更有效率的土地使用；並且避免未來全面的都市化。

5. 鼓勵城市納入郊區UGB範圍之內的半都市化地區。此一政策可以鼓勵城市與郡合作提供公共設施。城市必須確保這些半都市化地區，不得在沒有公共設施的情況下開發。❸

UGB範圍之內的發展

雖然在UGB範圍之內也有低密度的住宅開發，然而，在波特蘭以及其他城市，低密度的開發會提高不必要的公共設施成本和對小汽車的倚賴。因此，根據學者的研究，對UGB範圍之內的開發政策也有以下幾項建議：

1. 在都市公共設施適當提供之前，禁止可能都市化地區做大住宅基地（十到二十英畝）的分割。

2. 透過土地使用分區管制規則，制定一個必須達到的最低與最高密度標準。除非能夠達到最低密度標準，否則不得在集合住宅區興建獨棟住宅。

3. 要求在沒有都市設施地區的開發或土地分割，必須考慮未來都市設施的區位。

4. 禁止連續的土地分割，任何土地的細部計畫，必須以具有適當的都市設施為前提。

---

❷ Carl Abbott, Deborah Howe and Sy Adler, Editors, *Planning the Oregon Way-A Twenty-Year Evaluation*, Oregon State University Press, 1994, p. 33.

❸ Abbott, Howe and Adler, pp. 36~37.

5.要求在可能都市化地區的開發或土地分割，必須提出公共設施計畫，說明未來的道路、上下水道、洪水排水設施等區位、建設的時程與財務來源。

6.要求地方的分區規則，禁止在都市化地區的商工與集合住宅土地上，興建獨棟住宅。[4]

未來的都市型態會是什麼樣子？

奧瑞岡州的土地使用計畫，開始於 1974 年到 2000 年。所有UGB的設計，都是計畫容納都市發展到 2000 年。因此，在 2000 年之後應該怎麼辦，便成爲土地規劃所面臨的挑戰，對於此一問題，也有許多推測和想法：

1.有人認爲，假使奧瑞岡州的各城市，仍然希望保持高素質的生活環境，它必須保留目前雙倍的資源土地，而且更強烈地要求都市地區更緊湊地開發。

2.建議UGB可以訂個落日條款，到 2000 年爲止，不過這項建議是不大能實現的。

3.建議讓某些城市的UGB擴大到可能都市化的地區，開發出高密度的衛星城市。

因爲在 2000 年將要到達之前，即有許多有關 2000 年之後UGB政策將何去何從的討論：

1.是否資源土地仍然保留不得做任何型態的開發？

2.如果在現在的UGB範圍之內，已經無法容納所需要的開發，這些開發將可能在何處？

3.是否需要重新評估城市與都市地區的發展，找出區域中可以容納所需要的開發？

4.是否應該慎重考慮對開發衛星城鎮的需要？

5.政府應否干預土地市場、在規劃程序中改變土地使用？政府在都市內塡、再開發，以及改變土地使用方式的角色爲何？

6. 是否應該增加都市地區的公共設施用地，以利更多緊湊式的都市發展？

7. 是否應該設法購買某些資源土地作爲永久綠帶？

8. 政府是否應該更積極地提供居民可負擔的住宅？

9. 州政府是否應該對公共設施收費（如高速公路），以更有效地提供公共設施？

10. 州政府是否應該對某些蔓延式的土地開發，取消公共設施與服務的補貼？

面對這些問題的挑戰，奧瑞岡州的規劃機構要認眞地想一想，在UGB政策之下所形成的城市型態，是否須重新加以評估？又將如何塑造更爲理想的都市型態？

波特蘭的智慧成長——2035[5]

波特蘭是波特蘭都會區的中心城市，是奧瑞岡州人口與就業最集中的地方。大約有三萬兩千人，居住在不到五平方英里的土地上，以及十三萬個工作機會。以規劃的目的而言，市中心區分爲十個區。波特蘭市具有豐富的自然、經濟、文化與歷史資源，也面對著成長與氣候變遷的挑戰。它的「計畫—2035」正面對著這一挑戰，一方面要保存珍貴的歷史，也要尋找未來的新方向。

波特蘭的綜合計畫（comprehensive plan）包含五項指導方針，它們是經濟繁榮、人們健康、

---

❹ Ibid., pp. 38~39.

❺ 本節參考City of Portland, Oregon 2016 年出版之*2035 Comprehensive Plan*, 2012 年出版之*The Portland Plan*, 2016 年出版之*Central City 2035*, *Proposed Draft*.

環境健康、人人平等、具有韌性（resilience）。波特蘭的「計畫—2035」累積了五年悉心的規劃，在規劃的過程中，有上千的波特蘭公民，為了改善他們的社區，貢獻他們的時間、經驗與專長。城市計畫希望引進新居民和企業，使更多的居民能夠使用捷運系統、購物、服務與愜意性設施，以及住宅和就業機會。造就一個完整、經濟繁榮、人們健康、環境健康、人人平等，而且具有韌性的城市。波特蘭到 2035 年時，將有 30% 的人口成長，生活在 3% 的城市土地上。在 2010 到 2035 之間，將會增加大約三萬八千個新家庭（大約增加 235%），以及五萬一千個新工作機會（大約增加 40%）。

第一、所謂經濟繁榮，是要波特蘭成為一個低碳，但是具有活力與韌性的區域經濟體。「計畫—2035」認識到，要提升低所得家庭的生活水平，縮小不同族群的所得差距，最重要的是發展一個強壯、可持續，而且有韌性的城市經濟。非常重要的是規劃長期的政策，使投資能加強波特蘭適應經濟變化的能力，並且改善每一個家庭的經濟狀況。2035 的綜合計畫包括幾項支持經濟成長的政策。

1. 對棕地的投資再開發，包括 600 英畝低度利用或汙染的土地，使它們能夠恢復使用。
2. 增加企業與就業的機會，改變一些商用或住宅用地成為就業使用的土地。
3. 保留現有的工業用地，並且加強其使用強度。
4. 提高大學和醫院的就業成長。
5. 促進經濟繁榮，會受城市生活品質的影響，包括教育、資金和自然與人造環境的良窳。

第二、人們健康的目的是要避免最小的對人們健康的負面影響，同時改善人們過健康生活的機會和能力。「計畫—2035」注意到市民健康與城市型態及成長的關係，首先要建立一個完整的鄰里社區。所謂完整的鄰里社區，是要讓居住在這個鄰里社區的人，不論年齡、性別、種族，都能安全、便利地取得日常生活所需要的物資與服務。例如：食物、學校、公園、交通設施、文化設施等。

第三、環境健康是要把自然環境融入在城市環境裡，這樣可以使人們、鄰里、野生動植物共同生活在一起。認識到自然生態系統的空氣、水與土地，對城市居民生活的內涵價值。自然資源與開放空間，是波特蘭的珍貴資產，「計畫—2035」將投資擴展開放空間系統。以低碳交通系統，彌補在自然資源土地上開發所造成的衝擊。未來的開發將與自然和平共存，支持自然友善（或綠色）的基礎設施，減少都市的綠島效應。此外，波特蘭也要強化綠色廊道，融入其街道、公園、步道、開放空間系統，讓它成爲連接人們、水與動植物之間的網絡，以改善人與環境的健康。

第四、人人平等是要增進社會的環境正義。環境正義是在做任何公共決策時，要公平對待所有的人。要知道誰獲得開發與成長的利益、誰負擔成本？並且要減少人與人之間的隔閡、開發的壓力，以及增進社區利益和可負擔的住宅，並且改善劣勢族群與有色人種的社會經濟機會。波特蘭的人口與就業成長，必須針對不同地方的需要，實施不同的計畫與方案。

第五、營造具有韌性的城市，是要使波特蘭成爲一個能減少風險，並且加強個人、社區、經濟系統，以及自然與人造環境，抵抗、恢復與適應自然與人爲災害、氣候變遷、經濟景氣變化的能力。經濟繁榮、人們健康、環境健康、人人平等，都是一個韌性城市的重要元素。

總結來說，波特蘭的新綜合計畫，和城市中心計畫（計畫—2035），都希望繼續以上所說的開發指導方針。從現在到 2035 年，30% 的成長將會在波特蘭的城市中心，50% 會在其他城市與廊道。在已經有捷運系統的地方，密度會增加，單車和步行設施也會跟著增加。然而，有些鄰里會有仕紳化（gentrification）的危險。因此，未來的都市成長，應該鼓勵穩定現有社區人口和中小企業的成長。

波特蘭計畫的六大亮點（Six "big ideas"）：

波特蘭的長程規劃，鼓勵創新與有理想、有抱負的想法。因此在規劃的過程中，提出六大亮點。這些亮點將可以幫助發展計畫目標與政策的產生，以及計畫的實踐：

1. **發揚波特蘭的公民與文化生活**：波特蘭的城市中心不只是商業中心，它孕育著城市的公民生活與文化，它是歷史與文化的資產，並且是遊憩的重要景點。它的「計畫—2035」，包含一整套與文化生活有關的方案——街道景觀的改善、擴大遊憩機會和創新的公共藝術活動。

2. **波特蘭的城市中心孕育著創新、改變和生產力**：從歷史上看，城市是獨特的生產基地。它聚集各種人們、想法、企業和投資，它又創造各種機會和就業。城市又有大學、研究機構，它們互相合作，協助企業發揮特殊的創造力與生產力。

3. **設計街道**：波特蘭的街道較窄，街廓較短，充滿了人群，有的騎單車，有的漫步看櫥窗。或者在街邊雅座喝咖啡、吃點心，享受城市中心的街景、聲響和氣味。這些街道和人行道，以及建築物，組成了城市的公共領域。這些空間的設計和使用，營造出這個城市最好的公共空間。「計畫—2035」重新思考這些街道的角色。大多數的街道容納各種的交通工具，軌道運輸、公交車和小汽車。或者形成另類的街景，成爲人們豐富而多樣化的開放空間。

4. **「計畫—2035」也將規劃一個綠帶**（Green Loop），綠帶是一個大約六英里的長條公園，其中有單車與行人步道。城市最關鍵的交通網絡和布滿全市的綠園道系統（Citywide Greenway System），可以讓人步行或做慢跑運動。它也可以連接鄰里、商店和市政府與文化設施，以及休閒遊憩。規劃之後，它將會吸引各個地方的人，來享用這個安全、充滿綠意的遊憩環境。

5. **威麗湄河形成波特蘭的發展，它是這個城市歷史的重要部分，是這個區域的表徵**。1988 年的計畫，把沿著河流的公園、廣場、步道，以及其他的使用納入流域。「計畫—2035」要更進一步提升沿岸成爲 21 世紀此一都市河流，人類與野生動植物的安全家園。良好的水質，使人和魚類都能優游其中，並且同時增進文化、歷史、經濟與生態的意義。

6. **「計畫—2035」的另一個重要目標，是要把波特蘭變成一個具有韌性的城市**。一個具有韌性的城市，是一個對外來不可抗力量，產生適當反應的城市。它具有企業、工作與社會結構的力量，從經濟衰落，以及天然災害中恢復健康的城市。它也具有遠見與準備，應付氣候變遷的衝擊。「計畫—2035」會鼓勵企業的多樣性混合，以增強城市的經濟韌性。它也會增加可負擔的住宅，以增強城市的社會韌性。「計畫—2035」也會透過土地使用政策、基礎設施投資策略與綠帶系統、多樣化的交通網絡，以及新開發的低碳排放，來加強對環境與天然災害的韌性。

11

與老天爭地的大城——香港

在我們尋找城市永續發展途徑的時候，一個很重要的事情，是再一次對緊湊型城市的理論與政策產生興趣。

都市化是世界性的趨勢。所謂都市化，是在都市地區，因爲工商業的發達，提供更多的設施、服務以及就業機會，吸引人口集中到都市地區的現象。在 1950 年到 1996 年之間，世界人口居住在都市地區的，幾乎增加了十三倍，從兩億增加到二十五億。

特別是在未來的五十年中，城鄉之間的人口移動，又是另外一個重要問題。根據聯合國 2009 年的資料，世界都市人口在 2009 年已經超過鄉村人口。都市地區人口的快速成長與鄉村地區人口的緩慢成長，將會愈形造成城鄉發展的失衡。都市化一方面是既有都市人口的增加，另一方面也是因爲都市地區的增加。2009 年，有二十一個都市地區的人口數超過一千萬，堪稱爲超級城市（megacities），占世界都市人口的 9.4%，到 2050 年時將占 10.3%。[1]在 1960 年，只有紐約和東京是超級城市，到了 1999 年，便有十七個。再過十五年，便會有二十六個，其中二十二個會在開發中國家，十八個會在亞洲。

是否這些統計數字在告訴我們什麼？問題可能包括：過度使用土地、水與能源等天然資源，和人造的公共設施，以及造成社會經濟的

❶ United Nations Department of Economic and Social Affairs/Population Division, *World Urbanization Prospects: the 2009 Revision*.

不公不義。特別是不成比例地使用資源的都市型態，將會使城市不能持續成長。特別是工商企業和到處都有的購物中心，會製造更多的廢棄物、汙染和有害的排放物。郊區低密度居民的生活方式，也會比同樣所得的城市居民，消耗較多的資源。

城市有問題，並不是因爲它是城市，而是因爲城市環境治理的失靈。如果從正面看，許多高密度、緊湊的城市，能使居民減少旅行的距離與汽車廢氣的排放。也能更有效地提供公共設施、公共運輸、廢棄物處理、醫療保健和教育。這些事實與想法，會改變人們的態度和生活型態，也因此會有渴望去改善生活水平，使都市發展成爲永續的型態。

關於永續發展的概念，最爲廣泛引用的定義，是 1987 年的《布倫德蘭報告》，或稱《我們共同的未來》。所謂永續發展，意指：**我們的發展不可以爲了滿足這一世代人類的需要，而妨礙未來世代的人去滿足他們自身需要的能力**。此一定義有兩個重要的概念。第一、所謂「需要」，是指我們需要優先考慮世界上窮人的需要。第二、所謂「滿足需要的能力」，是指現代的科技與社會組織，要應付現在與未來需要的能力是有一個極限的。[2]世代之間與世代之中的永續發展，是說發展不至於超過環境的承載力（carrying capacity），是公平的、符合社會正義的，是產生於完整的決策程序的。影響城市持續發展的元素，包括：城市的大小、形狀、密度和緊湊度、集中與分散度、土地使用、混合使用、建築物的種類與鋪陳（特別是住宅），以及綠地與開放空間。[3]

在我們尋找城市永續發展途徑的時候，一個很重要的事情，是再一次對緊湊型城市的理論與政策發生興趣。自從城市發展型態問題開始被討論以來，在過去一百五十年間，使城市更緊湊發展的理由一直在變。現代對緊湊型城市的期望或需要，是因爲對資源保育的訴求（特別是石化能源）、廢棄物的減量（特別是碳的排放對全球氣候變遷的影響），以及都市發展的永續性。當然除了以上的理由之外，還有不少經濟、社會、文化與政治的訴求。

在我們嘗試釐清緊湊型城市和都市永續發展概念的同時，還有城市空間分布的問題。它是指一個城市本身，還是指一個都會區？是指廣大的區域，還是指都市體系？或者它應該是鄰里街坊、都市中心或近郊？或者是指都市和區域交通走廊或節點？還有，所謂的緊湊，是要集中在新的開發地區，或是改造現存的地區？對於城市究竟應該如何緊湊，有相當多的討論與爭論。這些問題不僅是因爲什麼力量決定城市的緊湊性，也是因爲我們對於決定城市在空間上集中或分散的力量，並沒有充分的瞭解。也許目前我們只能嘗試地說：緊湊是指增加建築物與人口的密度；集約都市地區的經濟、社會與文化活動，因而控制城市的大小、型態和居住的系統，集中都市功能，以尋求環境、社會持續發展的利益。

現代緊湊型城市思想的復甦，大約開始於 1980 年代後期，主要的動力是受《布倫德蘭報告》（1987）和《二十一世紀議程》（*Agenda 21*, 1993）的影響。希望全球在氣候變遷的威脅下，追求資源的永續使用。這種理論與政策的發展，與早期的都市規劃思想有兩點不同。第一、它與田園市和區域規劃運動有別。它主要重視的，是因應都市發展的能源生產與消費，所造成的環境和經濟社會問題，這是早期都市規劃理念所沒有注意到的。第二、它的視野是全球性的，因爲快速的全球

---

❷ Simon Dresner, the Principles of Sustainability, Earthscan Publications Ltd. 2002, p. 67.

❸ Mike Jenks and Rod Burgess, Edited by, Compact Cities: Sustainable Urban Form for Developing Countries, SPON Press, 2000, p. 3.

化，環境問題已經不再侷限於某一個固定的空間。都市的建築、規劃與設計必須綠化與全球化。都市的持續發展，不得將都市開發行為所產生的影響和成本，轉嫁給其他國家或地區；也不得從公共領域榨取資源，並且利用公共資源來吸收和消化廢棄物，而破壞公共資源生態系統的再生能力。

都市發展與緊湊型城市

城市的大小與數目，和空間、密度的環境影響，隨著經濟型態從農業到二級、三級產業的發展而增加。城市與都市系統，由於生產與貿易行為，和它周邊的鄉村、區域，以及其他城市與都市系統、全國市場，甚至全球空間經濟連結都有關係。

因此，如果我們要對都市的持續發展問題有適當的瞭解，我們必須充分地檢驗個別城市與區域，在全球的空間系統裡，既整合、又分歧的功能。這種結構包括城市中心、近郊與遠郊的經濟、政治、文化的空間不均衡發展，以及它們所造成的城市特殊環境問題。這種發展的差異，包括：「可更新」和「不可更新」資源使用的型態與多少、能源的生產與需求、CFC與溫室氣體的產生、空氣與水汙染的種類與多少、固體廢棄物的成分與含量、土壤的沖蝕與退化、植被的移動與改變，對生物多樣性的衝擊，以及對全球公有資源的掠奪。

緊湊城市政策，還要注意各個國家、各個地區都市化與都市成長率的不同。根據聯合國 2009 年的資料，世界都市人口在 2009 年已經超過鄉村人口。預測從 2009 年到 2050 年，居住在都市地區的人口，會從 2009 年的三十四億增加到 2050 年的六十三億。而且大多數都市地區的人口會集中在開發中地區。特別是在亞洲地區，都市人口將會增加十七億、非洲八億、拉丁美洲與加勒比海地區二億。都市化的趨勢在較開發地區更為明顯。以至於在較開發地區的都市人口數於 2009 年占

75%，而在較低度開發地區的都市人口數只占 45%。到 2050 年，較開發地區的都市人口數將會達到 86%，而在較不開發地區的都市人口數也會增加到 66%。整體而言，到 2050 年，將會有 69% 的人口居住在都市地區，而這些增加的人口，大部分將被低度開發國家所吸收。特別是在未來的 50 年中，城鄉之間的人口移動，又是另外一個重要問題。

都市地區人口的快速成長與鄉村地區人口的緩慢成長，將會愈形造成城鄉發展的失衡。都市化一方面是既有都市人口的增加，另一方面也是因爲都市地區的增加。伴隨而來的經濟成長，生活與消費水平的提高，帶來對土地、能源、糧食與飲用水的需求。同時，也帶來等量的汙染與廢棄物。低密度都市郊區的蔓延，都會區的去中心化，使農地和自然棲息地快速流失。愈來愈多的使用小汽車，增加了能源的消費與碳的排放。

眾所周知的基本問題是，高度使用資源，並且製造大量廢棄物的都市生活，是與開發、生產與消費模式分不開的。因爲這個緣故，大多數關於緊湊型城市的討論，都接受「社會經濟持續發展」的概念。這種概念的形成，是由於無可避免地，要追求經濟成長與社會公平正義的需要。然而，對於如何達到永續發展的目標和方法與步驟，意見仍然相當分歧，特別是對於目前占社會主流，具有新自由放任發展思想的人，更是如此。

由於開發中國家都市人口、社會經濟條件的不同，對於緊湊型城市的看法，仍然聚焦在發展那一面。他們認識到發展與成長對人類的基本需要，以及對未來期望的重要。因此，對於開發自然資源、利用環境與自然資源的想法與作爲，已經無法自拔了。然而，他們也意識到，開發與不開發都會引起環境的敗壞，緊湊型城市政策是針對社會的貧窮和不公平而來的。在貧窮的狀況下，要資源能永續地使用，而且恰當地處理廢棄物，是非常困難的一件事。因爲，就他們來說，求目前的生存遠比顧及後代來得重要。而且，**聯合國人權宣言特別指出，人民的開發權要使生活的健康與福利達到適當的水平**。這些包括：食物、衣著、居住、醫療保健，以及必要的實質與社會服務。因此，必須發展能夠生財的生產事業，以保障老、殘、病、貧和失業者的經濟生活。發展能夠生財的生產事業，必須開發自然資源，而且，無可避免地會敗壞環境。這些問題都是我們必須考慮的。

緊湊型城市發展的條件

就字義或定義來看，發展或塑造緊湊型城市，必須注意的元素，大致包括：建築的面積和居民的密度、都市經濟的集約度、社會與文化活動、都市大小的控制，在追求環境永續條件下的居住型態與結構，以及都市功能集中利益的持續性等，以下再進一步加以討論。

緊密化（densification）

因爲目前都市的人口密度，以及未來趨勢資料的缺乏，我們目前還無法準確地掌握，什麼是恰當的都市人口密度，以及如何量度它們，並且制定緊湊型城市的發展政策。這些問題還需要更多的研究。更重要而且難以衡量的決定因素，是我們必須考慮，但是難以量化的社會經濟因素。文化當然也是影響空間使用的重要因素，但是它們在都市之間的差別就更難以衡量了。一般來看，亞洲國家的人口密度最高，歐洲其次，北非與中東再次。北美和澳洲則最低。但是，從文化的觀點看，什麼是最爲人所接受的都市人口密度，是無法有一個一致標準的。以環境因素來說，例如：可都市化土地的缺乏，水資源的限制，生產農產品腹地是否足夠，也是重要的影響因素。在開發中國家，城市往往建立在可能發生天然災害的地方，例如：斷層帶、洪水平原、季風通常經過的地方等。

高人口成長、低經濟發展、所得不公平、都市預算過低、環境基本設施不足，以及住屋及服務設施短缺，都會影響都市的人口密度。從另一方面看，如果密度已經過高、基本設施已經超過所需、人口過度擁擠、造成空氣汙染、缺少公共空間和綠地，又該怎麼辦？在這種情形下，緊湊型都市成長所能獲得的利益，可能都會被限制或抵消了。

基礎設施與土地承載力

要發展緊湊型城市，一個先決條件是要看一個城市，是否有足夠的基礎設施與土地承載力。在理論上，認爲較高的密度會降低基礎設施的成本，以及吸收多餘的市內承載力。然而，既使任何城市有多餘的承載力，它們也只是會在高所得地區，這些地區的高地價，未必能節省基礎設施的建設成本。也許用一些具有誘因的方法，如：開發權移轉、公私合作的夥伴關係、土地分享等，或者會有些希望。近幾年快速高漲的地價，實在是提供開放空間和基礎設施的一大障礙。要緊湊化，但是又沒有對基礎設施做適當的投資，對都市的持續發展，將是一大災難。

關於土地使用，有一種說法認爲，緊密化可以把廢棄的土地，做具有生產性的再利用，但是這種做法有其極限。因爲在城市中心的棕地，是去工業化和去中心化的結果。而且在開發中國家，工業化和都市化，都還在過渡階段，都市中心和都市邊緣的土地，都在充分使用中，並沒有所謂的廢棄土地或棕地。主張緊湊式發展，以減少對都市周邊農地與開放空間侵蝕的利益，只有在都市化率高、耕地生產成長率低的國家，才有意義。如果我們使用縮小建地面積、提高可建住宅比等法規工具，對貧窮的都市農民將會有較大的影響。因此，對低經濟發展的城市，如何緊密化城市開發，又保留農地、空地，將是一件互相矛盾的事情。

此外，緊密化在社會、政治方面的可行性也需要加以考慮。高密度的都市生活，在開發中國家要比在已開發國家的可行性高。然而，已開發國家的都市生活方式，在全球化與個人主義盛行的風潮下，低密度的居住與炫耀式的消費型態，對開發中國家的中產階級產生顯著的影響。在這些城市中，富裕人家因爲所得較高，會有消費較大空間的傾向。而貧窮人家則充分利用他所能獲得的土地。如果對緊密化的方式，採取放任的政策，則可能使現在的環境、健康和社會狀況變得更糟。如果能在規劃引導之下，以社區本身的能力、地方政府的權力，和民主參與的方式進行，或者可能有較大持續發展的機會。

都市活動的緊密化

在發展中國家，都市活動的緊密化，不一定能像在發達國家一樣，可以獲得永續發展的利益。因爲在發展中國家，土地已經有很高的混合使用程度，對於財貨與服務已經有很高的可及性。然而，這種混合使用，卻會造成環境的外部效果，包括：擁擠、髒亂、廢棄物處理、人爲與天然災害、健康的風險，以及社會經濟問題，如：低薪資、長工時、剝削童工、容易逃漏稅等。

另一個我們所關心的問題，則是會在城市近郊，開發零售與批發的商業中心、購物中心、超級市場，和沿街的商店。這樣的土地開發，會讓使用小汽車的機會增加。跟著經濟的進一步成長，所得的繼續提高，將會使經濟活動的「緊密化」更爲困難。在這種情形之下，整合土地使用和空間規劃，更顯得特別重要。我們必須注意鼓勵經濟活動，讓它們沿著「交通走廊」與「節點」發展，並且規劃衛星新市鎮，以及促進城市中心的復甦與更新，使以前的單一使用多樣化。

都市型態與規模

很多城市爲了吸引國內外經濟活動的投資，以增加其競爭力，放鬆了城市周邊開發的管制，也延宕了都市智慧型成長的努力。然而，因爲都市去中心化和都市蔓延的惡化，控制都市型態使其能持續成長的工具，又再次爲人們所注意並且使用，例如：實施綠帶政策，劃設綠色廊道和生態保護區等。對都市紋理與型態的變化，更注意歷史性老城市的改造，使其能夠持續發展。這些方法包括：在都市內部和鄰里街坊層面，使用景觀規劃設計手法，使其人造環境符合當地的地方與區域環境。

另一個大家經常討論的問題，就是一個城市最適當的規模，究竟應該是多大？我們從邊際人口數和公共設施經濟與不經濟的角度，或者可以討論此一問題。然而，我們也必須從環境的角度，來看此一問題，特別是資源使用、廢棄物的產生與處理，以及環境外部性的產生與如何避免。通常我們的注意力，多半放在大城市的環境影響強度與廣度上。實際上，許多超級城市的人口與消費程度，早已超出了它們資源（水、空氣、生態系）的承載力，甚至影響到人的健康與安全。就這種趨勢來看，我們實在難以想像，市場導向的土地開發和城市成長，如何能減少，甚至避免環境的負面外部效果。城市愈大，消費愈多，它們的生態足跡也愈大。至於城市規模大小與都市的持續發展，其間的因果關係，至今尚未被完全建立。解決環境敗壞問題的關鍵，或許應該是如何增進都市行政的效率和生產力。

都市結構

都市結構是另一個發展中國家實現持續發展的問題。大多數的環境問題，如：能源的耗用與高碳排放率，都可能歸咎於都市結構不良。這種情形，可能因爲都市人造環境的改變，而得到改善。改變的途徑包括：都市交通系統與土地使用的協調，人造環境與自然環境的和諧。有幾種新近發展出來的模式，可以用來改變都市的空間結構。高聳而且高密度的大樓、縮短居住與工作的旅程、增加大眾運輸與服務的可及性，開發自給自足的新市鎮、提供適當的公共空間等，都是最能使環境和社會持續發展的作法。但是對空間不同的文化概念，往往是一大障礙。例如，中國人有土斯有財的觀念，認爲土地空間做公園、綠地，就是一種浪費。尤其是政府利用公有土地的思考模式與做法，可以說，是戕害都市環境品質的主要因素。台灣在都市周邊從事市地重劃的做法，就是一個很實際的例子。

第二種廣泛使用的模式是：「集中的去中心化模式」（concentrated decentralization）。這種模式，是嘗試把單一核心的結構，變成多核心的結構。用交通走廊，把主要中心和次要中心連接起來。特別要在「城中村」和鄰里街坊階層，用改進景觀設計的手法，採用混合使用與集約而且集中的政策，打破單一功能的設計。

第三種可能是最爲廣泛使用的緊湊模式，是「巴西庫里提巴（Curitiba）線型捷運發展模式」（linear transit-oriented development model）。這種模式是利用多種交通工具（multi-mode）的配合，來節約能源、減少旅行，並且限制私人小汽車的使用。都市的成長是沿著幾條交通軸線，配合其他交通工具，組成一個整體城市交通系統。此一模式是利用交通與環境政策，整合緊密、集約與混合使用來完成的。

第四種都市緊湊結構的模式，是傳統的內塡、緊密與集約的模式。這種模式，多數用在城市中心的更新、歷史中心，以及廢棄的工業使用及其他土地。

以上這幾種模式，主要的重點在於整合交通與土地使用規劃。廣泛地使用硬體和社會、經濟的規劃工具，遏阻小汽車的使用。並且使用一連串的景觀與設計手法，使人造環境與自然環境做最恰當的協調。這些作法可以有效地節省交通，和建築物的能源消費。也會有更多的自然與綠色空間，以及社會與美學的改善。但是，我們也不能忽略這些模式可能帶來的副作用。這些副作用包括：摩天大樓所造成的熱島效應和空氣汙染，對土地價值的影響，中產階級人口的持續往郊區移居帶走了稅基等。

香港的高樓和高密度緊湊都市模式

關於都市的分散和集中的討論，已經有相當長的一段時間。尤其是過去二十年來，大家廣泛地認識到永續發展的重要性。都市計畫專家和政府的政策，都愈來愈多地相信，永續發展和都市型態有關聯。對於都市集中最有力的說法，是歐盟委員會（Commission of European Communities, CEC, 1990）提出。他們認爲永續發展的都市型態，是緊湊型城市。這種說法，是建立在高密度可以減少旅程需求和能源消費與汙染，並且可以獲得生活環境品質利益的假說（hypothesis）上的。

與歐洲提倡開發緊湊型城市相比，香港的作法要早得多，可能已經有超過半個世紀的歷史了。以香港的情況來看，快速的人口成長與有限的土地，如果採用分散式的開發，將會使它無法持續地發展。所以，香港採用了高樓，而且高密度的發展模式。現在，香港已經是世界上密度最高的都市地區，也是一個最好的都市緊湊發展模式。

以人口的快速成長而言，香港 1945 年的人口數爲六十萬，1946 年增加了 50% 到九十萬。到

1947 年增加到一百四十萬，到 1957 年就超過了兩百五十萬。1996 年已達六百二十萬。到 2013 年底，香港的人口數已經超過七百二十萬。中國 1949 年的內戰，以及改革開放之前的動亂，都使大量的人口流入香港。❹

在土地使用方面，香港不僅面積小，人口居住的土地也受到實質上地理環境的限制。1958 年的已建築面積爲五十七平方公里，占總面積九百七十九平方公里的 5%。未開發的土地占 80%，而且多爲丘陵地，坡度爲三十到四十五度。未開發的平地，多爲森林、草地或沼澤地。不過，也正因爲如此，香港政府在北邊的新界和海岸，開闢了十多個、二百多公頃大小的自然公園，提供香港居民假日休閒旅遊的設施。

香港的都市緊湊發展政策

香港的都市發展政策受實質與理想雙重因素的影響。當 1947 年香港新成立的Town Planning Office 開始草擬香港的城市計畫時，人口與地理的條件，並沒有後來那麼嚴重。所以，1947 年的計畫建議一個分散式的都市發展策略，此一綱要計畫（Outline Plan）一直延續到 1960 年代（Bristow, 1984）。當時的綱要計畫，估計都市地區可以容納三百七十萬人口。如果有更多的人口，則可以放在新界（New Territories）的新鎮裡。這個分散式的都市發展策略，帶來都市建築地區的快速擴張。從 1963 到 1973 年，因爲開發有限的鄉村土地，都市建築地區的面積倍增，從總面積的 5.6%，增加到 11.5%。到了 1970 年代發現，這種分散政策不能在香港彈丸之地持續下去。於是，規劃者重新檢討分散發展政策，認爲高樓與高密度的緊湊發展，是香港所應該走的路。

在香港，所有的土地都是政府所有，土地的供給與使用，完全由政府控制。政府釋出土地給私人住屋、商業和工業使用，完全用競標拍賣的方式。用這種方式出售的土地，可以使它達到最高價值和最集約的使用。政府在拍賣之前，會對土地的使用方式和設計做詳細的審查，使土地的開發完全符合政府的要求。雖然政府並不希望地價太高，但是這種標售的方式，必然會使地價升高。而高地價最後即導致高集約度的高樓，和高密度的都市發展。

因爲缺乏土地資源，香港無法發展倚賴土地發展的工業與農業，而使經濟的發展轉向資本集約的服務業，如貿易、金融和觀光旅遊。這種服務導向的經濟，使緊湊的發展比發展工業的經濟更爲可行。這種高地價、高樓的住商發展，使香港成爲世界上企業最能獲利的都市。土地開發商不斷的投資，造就了香港都市地區高聳的天際線。

香港政府從 1950 年代，介入住屋發展政策，提供給中低收入家庭可負擔的住屋。香港是目前世界上實施市場經濟，提供公辦住屋（public housing）比例第二高的地區。香港政府所提供的公辦住屋，是私經濟部門所提供的兩倍半，而且它們的價格只有市場價格的 20% 到 47%。它們也是高樓、高密度的建築，顯示出公辦住屋政策對都市發展型態的影響。香港的高密度發展，並沒有像西方國家高密度發展所帶來的功能與實質衰敗的問題。這種情形也鼓勵了政府繼續推動高樓和高密度的都市發展政策。從財政方面看，高樓和高密度的土地開發，也是政府所需要的。政府需要提高商業大樓的高度與密度，用來平衡公辦住屋低租金政策的財政損失。

---

❹ Xing Quan Zhang, "High-Rise and High-Density Compact Urban Form: The Development of Hong Kong", in Compact Cities: Sustainable Urban Forms for Developing Countries, Edited by Mike Jenks and Rod Burgess, SPON Press, 2000, p. 246.

高樓和高密度是否爲永續發展的都市型態？

跟西方國家相比，香港的高樓和高密度都市發展，可以說非常成功。都市的緊湊型態，使住宅大樓接近，或根本就座落在都市中心。這樣可以讓居民很容易地獲得質與量多樣化的都市服務，以及文化與休閒愜意設施。因爲城市的緊湊性，開放空間和鄉村地區都近在咫尺，大大地提高了都市生活品質。都市商業、工作與居住地方的集中，使人員、貨物的流通成本減少到最低。例如：依照香港交通局 1993 年的統計，香港居民 64.5% 的總旅程都在市中心地區；其他 20.8% 在九龍附近。郊區新鎭的旅程，只占總旅程的 14.7%。

土地的稀少、高密度和高地價，使香港成爲全世界辦公空間租金最貴的地方。這種情形，可能影響國際企業進駐和經濟發展。此外，高樓和高密度的都市發展，也影響香港的環境。這些問題包括：空氣與水汙染、噪音與過多的廢棄物需要處理。從香港的經驗，可以發現西方國家的城市，不可能，也不願意像香港一樣發展。許多西方國家的城市，市中心的人口在過去的幾十年中，都在外移而減少，都市範圍都在蔓延與擴大（台灣也不例外）。西方國家緊湊型城市發展的環境利益模式，已經在香港得到驗證。然而，也許是因爲香港的發展過度地密集，已經超過了最適當的密度極限，而產生一些負面的影響。當一個都市的發展緊湊到某一個程度時，或者就會獲得環境的利益。但是，如果超過了此一限度，就不一定能夠完全獲得在理論上所說的環境利益了。要使緊湊都市的環境利益達到最大，不利減少到最小，在經濟學上，企業經營的最適當規模的模式，似乎也可以用在都市最適當緊湊程度的解釋上。也就是說，緊湊都市的環境利益，在前一階段會隨著緊湊程度的增加而遞增。但是在到達某一個程度之後，就會發生報酬遞減的現象。不過，這樣的假說還有待實際的驗證。

有一種說法認爲，緊湊的都市型態，可能會使不相容的土地使用混合，而造成人多擁擠的現象。然而，香港的緊湊都市環境，並沒有這些社會弊病。應該是與《城鄉規劃讓生活更美好：理念篇》中，所引述珍雅各的規劃理念，以及其他當代城市規劃文獻的理念相一致的。香港永續發展的目標，是要建造一個現在與未來世代，在社會、經濟與環境的需要，都能平衡發展的城市。爲了達到這一目標，仍然有幾項工作需要積極去進行。

1. **提高新市鎮的自給自足程度**：香港的新市鎮發展，亟須多樣化與混合使用開發，以建構一個多核心的都市型態。也就是使香港的發展，既集中又去中心化。使工作機會和商業空間，分散到新市鎮，以減少新市鎮與中心地區的交通負荷及擁擠。

2. **建構永續的交通系統**：香港的交通系統是公私合作經營的。MTR和KCR（East Rail）兩個高運量的系統是公營的，其他交通工具是私人經營的。這樣的方式非常有效率，而且成本低廉，成爲世界上最有效率的交通系統之一。每天大約有 90% 的香港居民要靠公共交通系統通勤，所以未來需要發展高運量、低耗能的運輸系統，而且更需要發展軌道運輸，以提高運量、降低耗能與汙染。

3. **建構短程行人友善的交通空間**：建構人車分道與轉車的便利，以及高樓之間的空中走廊，以增加行人的便利與減少地面的擁擠。

總而言之，從文獻上可以得知，永續發展與都市型態，在某些方面有密切的關係。香港的緊湊都市型態，可以說是支持了這種理論。它的土地高密度混合使用，有利於捷運系統。特別是軌道運輸系統，運量大而耗能低、汙染少。大多數美洲和亞洲國家的城市，經驗到都市蔓延的問題（台灣有過之而無不及），帶來大量汽車的使用，消耗能源，造成汙染與壅塞，以及環境的敗壞。香港爲了因應人口的成長，其都市發展，承襲了緊湊式發展的良好傳統。未來的發展，則採取集中／去中心化的策略。在郊區發展自給自足的新市鎮，但是又與市中心有緊密的連接。如果我們回顧一下在《理念篇》裡所談的霍華德田園市模式，以及珍雅各的城市規劃理念，似乎可以思過半矣。

參考文獻

中文

1　丁士芬，市地重劃後重劃區之發展及其與都市發展間關係之研究，逢甲大學土地管理研究所碩士論文，1999。

2　王月娥，市地重劃開發時機指標之研究，逢甲大學土地管理研究所碩士論文，1999。

3　台中市政府地政局土地重劃課檔案及資料。

4　台中市政府都市發展局都市計畫規劃資料。

5　台中市政府地政業務 2008 年定期督導考評報告書。

6　台中市政府，變更台中市都市計畫主要計畫（不包括大坑風景區）（第三次通檢討）（經內政部都市計畫委員會第 604 及 607 次會議審決部分）書，2005 年五月。

7　台中市政府，變更台中市都市計畫（第一期公共設施保留地、干城地區道路系統出外）主要計畫（第二次通盤檢討）說明書，1995。

8　台中市政府，擬定台中市都市計畫（副都市中心專用區南側）細部計畫說明書，1989。

9　台中市政府，台中市市地重劃成果簡介，2002。

10　台中市政府，變更台中市都市計畫主要計畫書（不包括大坑風景區）（第三次通盤檢討）（有關計畫圖、第十二期重劃區、部分體二用地、後期發展區部分），2004。

11　台中市政府，變更台中市都市計畫（不包括大坑風景區）（通盤檢討）說明書，1986。

12　台中市政府地政處，台中市政府地政業務 2008 年定期督導考評報告書。

13　台中市政府，變更台中市都市計畫（福興路附近地區）細部計畫（第一次通盤檢討）說明書，2004。

14　吳文彥全球化永續發展願景下的台灣「都市計畫與市地重劃關係」探索。

15　吳次芳、丁成日、張蔚文，主編，《中國城市理性增長與土地政策》，中國科學技術出版社，2006。

16　黃書禮，《生態土地使用規劃》，詹氏書局，2000。

17 湯國榮，台中市空間發展政治經濟史考察（1945-1995），逢甲大學建築及都市計畫研究所碩士學位論文，1996。
18 韓乾，2006，《營造觀光、休閒遊憩與健康養生小區的規劃研究》：一個台灣的智慧成長模式。
19 韓乾，《土地資源環境經濟學》，三版，五南圖書出版有限公司，2013。
20 韓乾，譯，《都市土地經濟》，五南圖書出版有限公司，2014。

英文

1 Abbott, Carl, Deborch A. Howe and Sy Adler, edited, *Planning the Oregon Way—A Twenty-year Evaluation*, Oregon State University Press, 1994.
2 Adler Sy, *Oregon Plans—The Making of an Unquiet Land-Use Revolution*, Oregon State University Press, 2012.
3 Agyeman, Julian, Robert D. Bullard and Bob Evans, Editors, *JUST Sustainabilities Development in an Unequal World*, Earthscan, 2003.
4 Aldo Leopold, *A Sand County Almanac,* Ballantine Books, 1966, 240.
5 Andres Duany, Jeff Speck, and Mike Lydon, *The Smart Growth Manual*, McGraw Hill, 2010.
6 Ashworth, Graham et al., *Toward a New Land Use Ethic* , the Piedmont Environmental Council 1981, 18.
7 Babcock, Richard F., *The Zoning Game: Municipal Practices and Policies,* The University of Wisconsin Press, 1966.
8 Babcock, Richard F. and Charles L. Siemon, *The Zoning Game Revisited*, Lincoln Institute of Land Policy, 1985.
9 Barton, Hugh, Marcus Grant & Richard Guise, *Shaping Neighborhoods: for Local and Global sustainability*, Second Edition, Routledge, 2010.
10 Benfield, F. Kaid, Matthew D. Raimi, Donald D.T. Chen, *Once There Were Greenfields—How Urban Sprawl is Undermining America's Environment, Economy and Social Fabric*, NRDC, 1999.
11 Berke, Philip R., David R. Godschalk, and Kaiser, Edward J. with Daniel A. Rodriguez, *Urban Land Use Planning*, 5th Edition, University of Illinois Press, 2006.
12 Birch, Eugenie L. and Susan M. Wachter, Editors, *Growing Greener Cities—Urban Sustainability in the Twenty-First Century*,

University of Pennsylvania Press, 2008.

13 | Birkeland, Janis, *Design for Sustainability: A Sourcebook of Integrated Ecological Solutions,*Earthscan Publications, 2002.

14 | Bishop, Kevin and Adrian Phillips, Editors, *Countryside Planning—New Approaches to Management and Conservation*, Earthscan, 2004.

15 | Branch, Melville, *Comprehensive Planning, General Theory and Principles,* Palisades Publishers, 1983.

16 | Break, George F., ed., *Metropolitan Financing and Growth Management Policies,* The University of Wisconsin Press, 1978.

17 | Bromley, Daniel W., Editor, *The Hand Book of Environmental Economics*, Blackwell , 1995.

18 | Brower, D David J., David R. Godschalk and Douglas R. Porter, *Understanding Growth Management—Critical Issues and a Research Agenda*, The Urban Land Institute, 1991.

19 | Brown, Lester R., *Plan B 3.0—Mobilization to Save Civilization*, W. W. Norton & Company, 2008.

20 | Brunn, Stanley D., Jack F. Williams, & Donald J. Zeigler, Editors, *Cities of the World: World Regional Urban Development*, Third Edition, Bowman & Littlefield Publishers, Inc., 2003.

21 | Bulkeley, Harriet, Vanessa Castan Broto , Mike Hodson and Sumon Marvin, Editors, *Cities and Low Carbon Transitions*, Routledge Taylor & Francis Group, 2011.

22 | Burton, Ian and Robert W. Kates, *Readings in Resource Management and Conservation*, The University of Chicago Press, 1960.

23 | Campbell Scott and Susan S. Fainstein, Editors, *Readings in Urban Theory*, Third Edition, Wiley-Blackwell, 2011.

24 | Carmona, Matthew, Tim Heath, Taner Oc and Steven Tiesdell, *Urban Places—Urban Spaces: The Dimensions of Urban Design,* Architectural Press, 2003.

25 | Cicin-Sain, Biliana and Robert W. Knecht, *Integrated Coastal and Ocean Management-Concepts and Practices*, Island Press, 1998.

26 | Clawson, Marion and Peter Hall, *Planning and Urban Growth: An Anglo-American Comparison,* the Johns Hopkins University Press, 1973.

27 | Costanza, Robert, Editor, *Ecological Economics—The Science and Management of Sustainability*, Columbia University Press, 1991.

28 | Cullingworth, Barry and Vincent Nadin, *Town and Country Planning in the UK*, 13th Edition Routledge, 2002.

29 | Dasmann, Raymond F. *Environmental Conservation,* 5th. Ed., John Wiley & Sons, Inc., 1984, 429-431.

30 | David, Joshua and Robert Hammond, *High Line—The Inside Story of New York City's Park in the Sky*, Farrar, Straus and Giroux, 2011.

31 | Desfor, Gene, Jennefer Laisley, Quentin Stevens and Dirk Schubert, Editors, *Transforming Urban Waterfronts*, Routledge Taylor & Francis Group, 2011.

32 | Dresner, Simon, *the Principles of Sustainability*, Earthscan Publications, Ltd. 2002.

33 | Duany, Andres and Jeff Speck with Mike Lydon, *The Smart Growth Manual*, McGraw Hill, 2010.

34 | Duke, Joshua M. and Junjie Wu, Edited, *The Oxford Handbook of Land Economics*, Oxford University Press, 2014.

35 | Ebenezer Howard, *Garden Cities of To-morrow,* The MIT Press, 1965.

36 | Elson, Martin J., *Green Belts—Conflict Mediation in the Urban Fringe*, Heinemann,1986.

37 | Faludi, Andreas, ed., *European Spatial Planning*, Lincoln Institute of Land Policy, 2002.

38 | Farge, Annik La, *On the High Line—Exploring America's Most Original Urban Park*, Thames & Hudson, 2014.

39 | Fischel, A. William, *Zoning Rules! The Economics of Land Use Regulation*, Lincoln Institute of Land Policy, 2017.

40 | Forester, John, *Planning in the Face of Conflict,* the American Planning Association, 2013.

41 | Friedmann, John, *Planning in the Public Domain,* Princeton University Press, 1987.

42 | Garvin, Alexander, *The American City: What Works, What Doesn't,* Second Edition, McGraw-Hill Companies, 2002.

43 | Gehl, Jan, *Life Between Buildings—Using Public Space*, Island Press, 2011.

44 | Gilg, Andrew W., *Countryside Planning, the first Half Century*, Second Edition, Routledge, 1996.

45 | Glasson, John, *An Introduction to Regional Planning,* Hutchinson & Co.,1978.

46 | Goodman, David, Editor, *The European Cities & Technology Reader—Industrial to Post-Industrial City*, Routledge, 1999.

47 | Gravel, Ryan, *Where We Want to Live: Reclaiming Infrastructure for a New Generation of Cities*, St. Martin's Press, 2016.

48 | Hack, Gary, Eugenie L. Birch, Paul H. Sedway and Mitchell J. Silver, Editors, *Local Planning: Contemporary Principles and Practice*, ICMA Press, 2009.

49 | Hall, Kenneth B., Jr., and Gerald A. Porterfield, *Community by Design*, McGraw-Hill, 2001.

50 | Hall, Peter, *Good Cities, Better Lives: How Europe Discovered the Lost Art of Urbanism*, Routledge, 2014.

51 | C. Martijn van der Heide and Wim J. M. Heijman, Edited by, *The Economic Value of Landscape*, Routledge, 2013.

52 | Hartwick, John M., Nancy D. Olewiler, *The Economics of Natural Resource use*, Harper & Row, Publishers, Inc., 1986.

53 | Heckscher, August, *Open Spaces: The Life of American Cities*, Harper & Row, Publishers, 1977.

54 | Heilbrun, James, *Urban Economics and Public Policy*, Second Edition, 1981.

55 | Herfindahl, Orris C. and Allen V. Kneese, *Quality of the Environment*, Resources for the Future, Inc. The Johns Hopkins Press, 1965.

56 | Herfindahl, Orris C. and Allen V. Kneese, *Economic Theory of Natural Resources*, Charles E. Merrill Publishing Company, 1974.

57 | Hillier, Jean and Patsy Healey, Editors, *Contemporary Movements in Planning Theory*, Ashgate Publishing Limited, 2010.

58 | Holcombe, Randall G. and Samuel R. Staley, *Smarter Growth: Market-Based Strategies for Land-Use Planning in the 21st Century,* Greenwood Press, 2001.

59 | Honachefsky, William B., *Ecologically Based Municipal Land Use Planning,* Lewis Publishers, 2000.

60 | Hong, Yu-Hung and Barrie Needham, Editor, *Analyzing Land Readjustment: Economics, Law, and Collective Action,* Lincoln Institute of Land Policy, 2007.

61 | Howard, Ebenezer, *Garden City of Tomorrow*, The MIT Press, 1965.

62 | Howe, Elizabeth, *Acting on Ethics in City Planning*, Rutgers, the State University of New Jersey, 1994.

63 | Hull, Angela, *Transport Matters—Integrated approaches to Planning City-Regions*, Routledge, 2011.

64 | Hunt, D. Bradford and Jon B. DeVries, Planning Chicago, American Planning Association Press, 2013.

65 | Ingram, George K., Armando Carbonell, and Yu-Hung Hong, *Smart Growth Policies*, *An Evaluation of Programs and Outcomes*, Lincoln Institute of Land Policy, 2009.

66 | Ingram, George K. and Yu-Hung Hong, *Evaluating Smart Growth: State and Local Policy Outcomes*, Lincoln Institute of Land Policy, 2009.

67 | Jacobs, Jane, *The Death and Life of Great American Cities*, 1961, Vintage Book Edition, 1992.

68 | Jacobs, Jane, *The Economy of Cities*, Vintage Books, 1970.

69 | Jenks, Mike & Rod Burgess, Editors, *Compact Cities: Sustainable Urban Forms for Developing Countries*, Spon Press, 2000.

70 | John Randolph, *Environmental Land Use Planning and Management*, Island press Second Edition, 2012.

71 | Kaufman Jerome L, *Ethics in Planning*, Edited by Martin Wachs, Rutgers, The State University of New Jersey, 1985.

72 | Kemp roger L. and Carl J. Stephani, Editors, *Cities Going Green: A Handbook of Best Practices*, McFarland & Company, Inc., 2011.

73 | Klein, Naomi, *This Changes Everything: Capitalism vs. The Climate*, Simon & Schuster, 2014.
74 | Knaap, Gerrit and Arthur C. Nelson, *The Regulated Landscape,* Lincoln Institute of Land Policy, 1993.
75 | Kostof, Spiro, *The City Shaped*, *Urban Patterns and Meanings Through History*,Little, Brown and Company, 1991, Third Printing, 1999.
76 | Landry, Charles, *The Creative City, A Toolkit for Urban Innovators,* Second Editioin, Earthscan, 2008.
77 | Landry, Charles, *The Art of City Making*, Earthscan, 2006.
78 | Leopold, Aldo, *For the Health of Land*, Island Press, 1999.
79 | Lu, Ding, *The Great Urbanization of China*, World Scientific Publishing Company, 2012.
80 | Lynch, Kevin, *The Image of the Cities*, The MIT Press, 1960.
81 | McHarg, Ian L., *Design with Nature,* Doubleday/Natural History Press, 1967.
82 | Merriam, Dwight H., *The Complete Guide to Zoning*, McGraw-Hill, 2005.
83 | Miller, G. Tyler Jr., *Living in the Environment—Principles, Connections, and Solutions,* 10th Edition, 1998, Wadsworth Publishing Company.
84 | Montgomery, Charles, *Happy City—Transforming Our Lives through Urban Design*, Farrar, Straus and Giroux, 2013.
85 | Morgan, Peter H. and Susan M. Nott, *Development Control : Policy into Practice*, Butterworths, 1988.
86 | Mumford, Lewis, *The Culture of Cities*, Harcourt Brace & Company, 1938.
87 | Mumford, Lewis, *The Urban Prospect*, Harcourt, Brace & World, Inc., 1968.
88 | Mumford, Lewis, *The City in History-Its Origins, Its Transformations, and Its Prospects*, Harcourt, Inc., 1961, renewed 1989.
89 | Munasinghe, Mohan and Jeffrey McNeely, *Protected area Economics and Policy: Linking Conservation and Sustainable Development*, World Bank and World Conservation Union（IUCN）, 1994.
90 | Ndubisi, Forster O., Ed. *The Ecological Design and Planning Reader*, Island Press, 2014.
91 | Nebel, Bernard J. and Richard T. Wright, *Environmental Science: The Way the World Works*, Sixth Edition, Prentice Hall, 1998.
92 | Norton, Bryan G., *Sustainability—A Philosophy of Adaptive Ecosystem Management*, The University of Chicago Press, 2005.
93 | Olmsted, Frederick Law, *Civilizing American Cities*, Da Capo Press, 1997.
94 | Olson, Donald J., *The City as a Work of Art: London, Paris, Vienna*, Yale University Press, 1986.
95 | Ozawa, Connie, Edited, *The Portland Edge—Challenges and Successes in Growing Communities*, Island Press, 2004.

96 | Philip R. Berke, et. al., *Urban Land Use Planning*, 5th ed., University of Illinois Press, 2006.
97 | Polunin, Nicholas, Ed., *Population and Global Security* , Cambridge University Press, 1998.
98 | Porter, Douglas R., Patrick L. Phillips and Terry J. Lassar, *Flexible Zoning: How it Works*, The Urban Land Institute, 1991.
99 | Pushkarev, Boris with Jeffrey M. Zupan, *Urban Space for Pedestrians,* MIT Press, 1975.
100 | Radovic,Darko,Editor,*Eco-urbanity—Towards well-mannered built environments*, Routledge, 2009.
101 | Randolph, John, *Environmental Land Use Planning and Management*, Second Edition, Island Press, 2004, 2012.
102 | Ratcliffe, John & Michael Stubbs, *Urban Planning and Real Estate Development*, UCL Press Limited, 2001.
103 | Ravetz, Joe, *City Region 2020-Integrated Planning for a Sustainable Environment,* Earthscan Publications, LTD., 2000.
104 | Regan, Tom, Earthbound, *New Introductory Essays in Environmental Ethics,* Random House, Inc., 1984.
105 | Rocky Mountain Institute, *Green Development—Integrating Ecology and Real Estate*, John Wily & Sons, Inc., 1998.
106 | Sadik-Khan and Seth Solomonow, *Streetfight: Handbook for an Urban Revolution*, Viking, Penguin Random House LLC, 2016.
107 | Sagoff, Mark, "Ethics and Economics in Environmental Law", in Tom Regan, *New Introductory Essays in Environmental Ethics,* Random House, Inc.,1984, 173.
108 | Schwartz, Samuel I, *Street Smart—The Rise of Cities and the Fall of Cars*, Public Affairs, 2015.
109 | Scott, Allen J., *The Cultural Economy of Cities*, Sage Publications, 2000.
110 | Selman, Paul, Editor, *Countryside Planning in Practice—the Scottish experience*, Stirling University Press, 1988.
111 | Shaw, Jane S. and Ronald D Utt, ed., *A Guide to Smart Growth: Shattering Myths, Providing Solutions*, The Heritage Foundation, 2000.
112 | Shepard, Cassim, *City Makers—The Culture and Craft of Practical Urbanism*, The Monacelli Press, 2017.
113 | Sit, Victor F S, *Chinese City and Urbanism Evolution and Development,* World Scientific, 2010.
114 | Song, Yan and Chengri Ding, *Smart Urban Growth for China*, Lincoln Institute of Land Policy, 2009.
115 | Speck, Jeff, *Walkable City—How Downtown can Save America, One Step at a Time*, North Point Press, 2012.
116 | Soule, David C., Ed., *Urban Sprawl—A Comprehensive Reference Guide*, Greenwood Press, 2006.
117 | Steiner, Frederick R., George F. Thompson and Armando Carbonell, Ed., *Nature and Cities—The Ecological Imperative in Urban Design and Planning*, The Lincoln Institute of Land Policy, 1997.
118 | Szold, Terry S. and Armando Carbonell, ed., *Smart Growth: Form and Consequences*, Lincoln Institute of Land Policy, 2002.

119 | Theodorson, George A., *Urban Pattern: Studies in Human Ecology*,The Pennsylvania State University Press, 1961.
120 | Tillman Lyle, John, *Design for Human Ecosystems: Landscape, Land Use, and Natural Resources*, Island Press, 1999.
121 | Twombly, Robert, Edited, *Frederick Law Olmsted: Essential Texts*, W. W. Norton & Company, 2010.
122 | ULI, *New Urbansim/Neotraditional Planning Selected References*, Urban Land Institute, 2003.
123 | ULI, *Urban Sprawl—Causes, Consequences and Policy Responses*, Urban Land Institute, 2002.
124 | ULI, *Mixed-Use Development Handbook*, Urban Land Institute, 1987.
125 | Wakeford, Richard, *A merican Development Control: Parallel and Paradoxes from an English Perspective*, HMSO Publications, 1990.
126 | Ward, Stephen V., ed., *The Garden City: Past, Present and Future,* E & FN SPON, 1992.
127 | West, Geoffrey, *SCALE*, *The Universal Law of Life, Growth, and Death in Organisms, Cities, and Companies*, Penguin Books, 2017.
128 | Whyte, William H., *The Social Life of Small Urban Spaces,* The Conservation Foundation, 1980.
129 | Worldwatch, *Can City be Sustainable*? Island Press, 2016.
130 | Yu-Hung Hong and Barrie Needham, *Analyzing Land Readjustment: Economics, Law, and Collective Action*, Lincoln Institute of Land Policy, 2007, p.145.
131 | Zukin, Sharon, *The Cultures of Cities*, Blackwell, 1999.

國家圖書館出版品預行編目資料

城鄉規劃讓生活更美好：實踐篇／韓乾著.
——初版.——臺北市：五南，2019.09
面；　公分
ISBN 978-957-763-519-8（平裝）

1.都市計畫　2.區域計畫　3.土地利用

445.1　　108011464

1K3B

城鄉規劃讓生活更美好：實踐篇

作　　者— 韓　乾
發 行 人— 楊榮川
總 經 理— 楊士清
總 編 輯— 楊秀麗
副總編輯— 張毓芬
責任編輯— 紀易慧
封面設計— 王麗娟
封面插畫— 羅瑞儀
內文插畫— 楊涵婷
文字校對— 石曉蓉、陳貞宇、黃嘉琪
出 版 者— 五南圖書出版股份有限公司
地　　址：106台北市大安區和平東路二段339號4樓
電　　話：(02)2705-5066　　傳　　真：(02)2706-6100
網　　址：http://www.wunan.com.tw
電子郵件：wunan@wunan.com.tw
劃撥帳號：01068953
戶　　名：五南圖書出版股份有限公司
法律顧問　林勝安律師事務所　林勝安律師
出版日期　2019年9月初版一刷
定　　價　新臺幣550元

經典永恆·名著常在

五十週年的獻禮——經典名著文庫

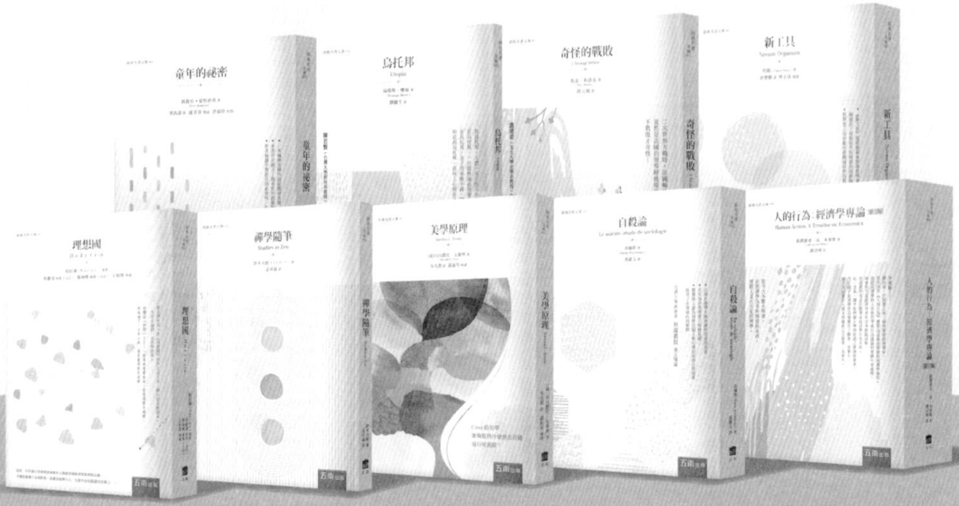

五南，五十年了，半個世紀，人生旅程的一大半，走過來了。
思索著，邁向百年的未來歷程，能為知識界、文化學術界作些什麼？
在速食文化的生態下，有什麼值得讓人雋永品味的？

歷代經典·當今名著，經過時間的洗禮，千錘百鍊，流傳至今，光芒耀人；
不僅使我們能領悟前人的智慧，同時也增深加廣我們思考的深度與視野。
我們決心投入巨資，有計畫的系統梳選，成立「經典名著文庫」，
希望收入古今中外思想性的、充滿睿智與獨見的經典、名著。
這是一項理想性的、永續性的巨大出版工程。
不在意讀者的眾寡，只考慮它的學術價值，力求完整展現先哲思想的軌跡；
為知識界開啟一片智慧之窗，營造一座百花綻放的世界文明公園，
任君遨遊、取菁吸蜜、嘉惠學子！